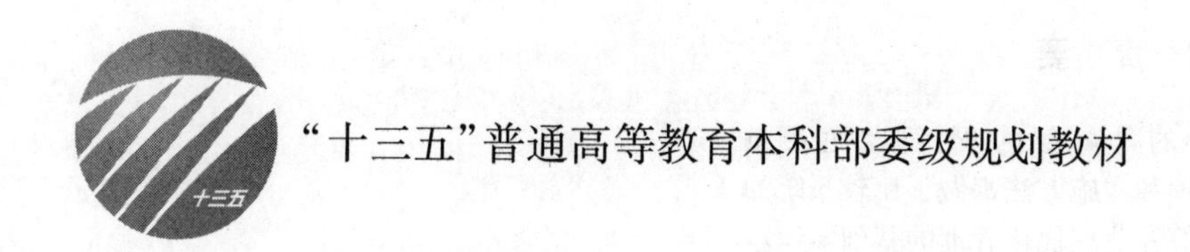

"十三五"普通高等教育本科部委级规划教材

测色与计算机配色

（第3版）

董振礼　郑宝海　轩桂芬　刘建勇　编

中国纺织出版社

内 容 提 要

本书对颜色的表示、颜色的测量、颜色的计算、颜色测量的仪器以及计算机配色的原理和实施方法都做了比较系统的论述，是染整工程、服装工程等专业现代化管理的基础知识。

本书可作为轻化工程专业、服装工程专业等学生的教材，亦可供染整、染料及服装工程等相关专业的技术人员参考。

图书在版编目(CIP)数据

测色与计算机配色/董振礼等编. --3版. --北京：中国纺织出版社，2017.3 (2023.5重印)
"十三五"普通高等教育本科部委级规划教材
ISBN 978-7-5180-3110-8

Ⅰ.①测… Ⅱ.①董… Ⅲ.①测色—高等学校—教材 ②计算机应用—配色—高等学校—教材 Ⅳ.①TS193.1-39

中国版本图书馆CIP数据核字(2016)第284128号

策划编辑：秦丹红　　责任编辑：朱利锋　　责任校对：寇晨晨
责任设计：何　建　　责任印制：何　建

中国纺织出版社有限公司出版发行
地址：北京市朝阳区百子湾东里A407号楼　邮政编码：100124
销售电话：010—67004422　传真：010—87155801
http://www.c-textilep.com
中国纺织出版社天猫旗舰店
官方微博 http://weibo.com/2119887771
三河市宏盛印务有限公司印刷　各地新华书店经销
1996年6月第1版　2007年9月第2版
2017年3月第3版　2023年5月第16次印刷
开本：787×1092　1/16　印张：15.75
字数：298千字　定价：48.00元

第3版前言

本书从第2版发行至今已经过去近十年,其间受到了兄弟院校师生和相关公司的好评,编者深感欣慰。过去的十年,无论是颜色测量方法,还是颜色测量仪器,都有了很大的进步。因此,对书中的内容进行更新,就显得非常紧迫。在这次修订中,一方面增加了近十年在颜色测量方面的新的进展,删掉了一些在实际中少有应用的内容,另一方面还在某些章节前增加了延伸阅读的标识,以方便广大读者阅读。主要增加的内容如下:

1. 带有荧光材料的织物的白度评价　以往在概念上不够清晰,所以得到的测试结果往往不能令人满意,重现性也比较差。这次修订对这类织物在测试方法、测试的仪器以及测试中的注意问题等方面,进行了比较详细的阐述,希望对白色样品进行白度评价时,能得到更加令人满意的结果。

2. 增加了这些年才逐渐成熟的所谓的无接触测量方法　这种测量方法很好地解决了拉链、纽扣等具有凹凸不平表面样品的测量。因为这类样品,目前广泛采用的方法是不能测量的。另外,这种测量方法也很好地解决了某些小面积印花样品的测量问题。此外,对于粉状样品和某些液体样品,也可以方便地用无接触设备进行测量。这些都是常规方法无法测量的样品。无接触测量方法,其解析、评价颜色的原理与常规方法不同,是更接近人类通过目测,对颜色进行评价的测色方法。

在新增加的内容中,白度评价部分由董振礼编写,无接触测量部分由郑宝海编写,各章的习题及相应的答案,由刘建勇编写。

在编写过程中,得到了众多专业人士的帮助,在此深表谢意。由于编者水平有限,疏漏之处在所难免,恭请广大读者指正。

编　者

2016年10月

第 2 版前言

随着科学技术的不断发展，目前已经基本实现了对颜色进行准确的测量和评价，并且已经得到了如：纺织工业、服装加工业、印刷业、染料制造业、涂料工业、塑料生产业、造纸工业以及摄影、交通、光源遥感等领域的认可，并在这些领域得到越来越广泛的应用。本书的再版适应了这样的形势，在修订时除了保留原来的特点外，又增加了颜色测量、颜色评价、测色仪器、计算机配色、颜色的异地沟通等方面的最新进展，使学生学过本课程后能更快地适应相关工作。

本书的第一章、第二章、第三章、第五章、第六章、第七章由董振礼编写，第四章、第八章和第九章由郑宝海编写，本书的附表及书中的一些图表，由轪桂芬收集，各章后面的习题及相应的答案由刘建勇编写。

由于编者水平所限，不妥和疏漏之处在所难免，望广大读者批评指正。

编　者

2007 年 3 月

第1版前言

自然界有各种各样的颜色,这是我们每个人都极为熟悉的,而物体为什么会有颜色,如何对物体的颜色进行测量,又是近几十年来人们十分感兴趣的问题。颜色的度量是一门涉及物理光学、视觉心理、心理物理学各学科的新兴科学。它在纺织印染、服装、涂料、染料、塑料、造纸、摄影、交通、光源、遥感等方面都有广泛的用途。我国在测色及计算机配色方面的研究与应用虽然起步较晚,但近几年发展极为迅速,特别是在纺织印染行业。全国各地已经引进和制造了相当数量的测色及配色设备,相信今后测色及配色技术在纺织印染行业一定会得到广泛应用。

本书内容以颜色测量在纺织印染行业的应用为主,除简明地阐述基本理论外,对应用部分也给予一定的重视。在各章中都写进一些在纺织印染行业应用的实例。以便于广大读者参考。

本书经西北纺织工学院姚穆教授认真审阅,特此感谢。

由于编者水平有限,不妥及疏漏之处在所难免。望广大读者批评指正。

编　者

1995年12月

课程设置指导

课程名称 测色与计算机配色

适用专业 轻化工程专业

总学时 32~44 学时

课程性质:本课程为轻化工程专业的专业必修课;服装工程专业选修课。

课程目的

1. 了解 CIEXYZ 表色系统的建立和颜色的表征。

2. 掌握颜色测量的基本理论和方法,熟悉颜色色差、白度、表面深度、条件等色的计算及其评价。

3. 了解计算机配色的基本实施过程及影响计算机配色结果的各种因素。

4. 掌握现代纺织加工和贸易过程中相关的颜色信息管理知识,初步了解颜色管理和远程传递的有关内容。

通过学习使学生在今后的生产和研究工作中能够正确处理如颜色的评价、远程传递和计算机配色等各种问题。

课程教学基本要求 教学环节包括课堂教学、实践教学、作业和考试。通过各教学环节重点培养学生对理论知识的理解和运用所学知识进行颜色评价和计算机配色的能力。

1. 课堂教学:采用课件进行启发、引导式教学,在讲授基本概念的同时,举例说明颜色测量和计算机配色在染整生产实际中的应用,并及时补充最新的发展动态;在讲授过程中给出各章节主要专业名词的英文表述。

2. 实践教学:在实践教学环节中,为学生安排颜色测量和计算机配色的演示以及实际操作,通过现场讲解测色和配色的整个过程,提高学生理论联系实际的能力。

3. 课外作业:每章给出若干习题,尽量系统地反映该章的知识点,布置适量书面作业。

4. 考核:采用课堂练习、阶段测验进行阶段考核,以考试作为全面考核。考核形式根据情况采用开卷、闭卷笔试方式,题型一般包括论述题和计算题。

课程设置指导

教学学时分配

章	课 程 内 容	学时分配
第一章	光与色的基础知识	4
第二章	CIEXYZ 表色系统	6
第三章	色差及色差计算	4
第四章	白度的测量	2
第五章	颜色的测量方法与常用测色仪器	2
第六章	孟塞尔表色系统及其新标系统	2
第七章	染色物的表面色深	2
第八章	条件等色及其评价方法	2
第九章	计算机配色	4
第十章	颜色信息管理	2
实践教学 1	测色仪器的认识和基本使用方法	2
实践教学 2	色差的测试与评价	0 ~ 4
实践教学 3	计算机配色演示与实践	0 ~ 8
合计		32 ~ 44

目　　录

第一章　光与色的基础知识

第一节　光与色

若要看到一个物体的颜色,必须满足如下三个条件:

第一个条件,由光源把物体照亮。

第二个条件,物体把照射到其表面的一部分光散射出来。

第三个条件,物体散射出来的光投射到人的眼睛中。

投射到人眼睛中的光信号,通过人的视觉神经,把它传递给大脑,经大脑分析判断后,就产生了视觉(图1-1)。于是,人们就能够根据观察到的结果以及人的记忆和经验,而对物体的颜色、形状、性质等做出判断。由此,我们可以看出,人的颜色视觉,是光、物体和视觉系统共同决定的,它们对颜色视觉都有着决定性的影响。

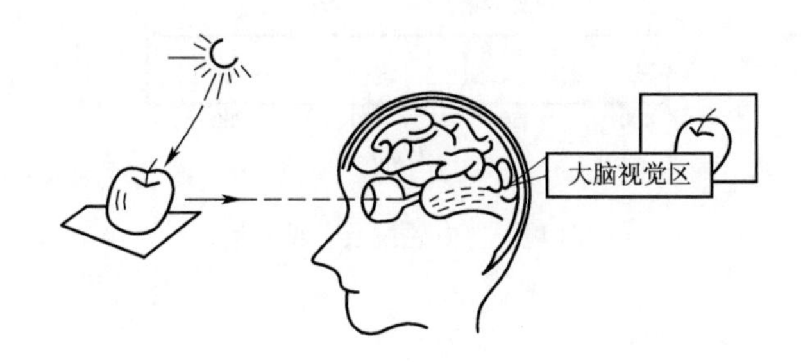

图1-1　人的颜色视觉

一、光

光是一种电磁波。电磁波包括宇宙射线、X射线、紫外线、可见光、红外线、雷达波、无线电波、交流电等。电磁波波长短的小于1nm,长的超过10^3km。一般来说,可见光的波长在380~780nm。由此可见,可见光的波长在整个电磁波中,仅仅占据其中很小的一段。但是,对于可见光实际的可视波长范围,不同的人之间是有差异的。实际检测发现,有些人对于长波一端的光比较敏感,能看到波长更长的光。而有些人则对于短波一侧的光比较敏感,可以看到更短波长的光(图1-2)。但可见光波长的两端,对任何人颜色视觉的贡献都非常小。所以,对于工业生产中的颜色评价,人们也常常把可见光的波长范围确定为400~700nm(图1-3)。实际上,这样的波长范围,对于一般的颜色测量和颜色评价,精度已经足够了。

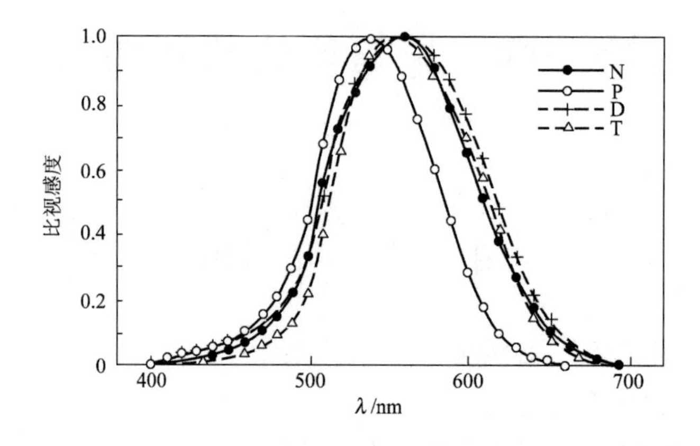

图1-2　不同人的光谱效率曲线

N—视力正常人的光谱光效率曲线　P、D、T—三种视力有偏差人的光谱光效率曲线

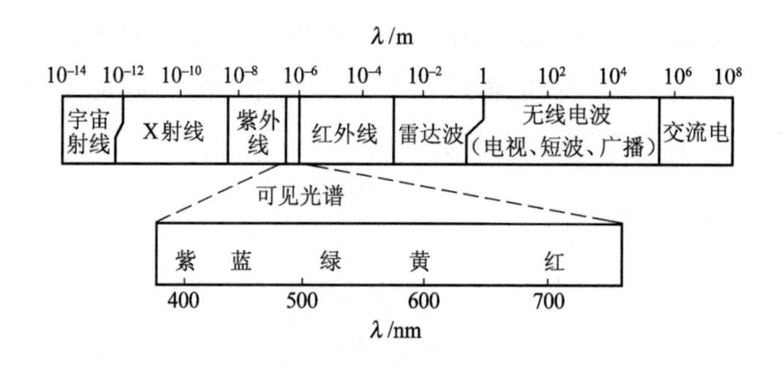

图1-3　电磁波及可见光谱

二、光的色散

光是由光源发出的,常见的光源有太阳、灯、火焰等。当一束太阳光,通过一个三棱镜时,则可得到如图1-4所示的一个彩色谱带,其中有红、橙、黄、绿、青、蓝、紫等一系列颜色。还可以看到,各种颜色之间并无明显界限,而是一个连续谱带。人们把太阳光等光按波长展开的现象称之为光的色散。

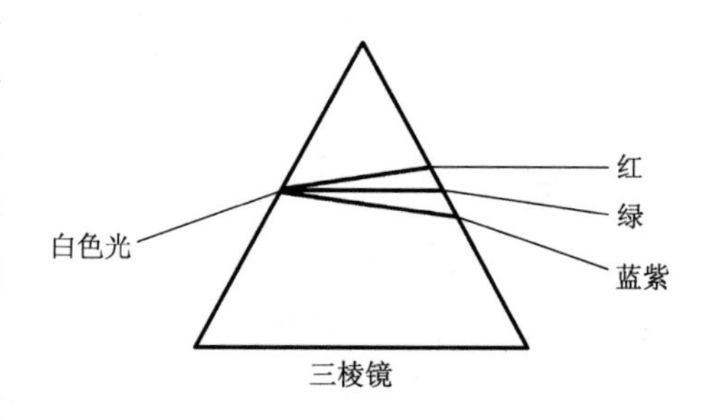

图1-4　光的色散

像太阳光那样,色散后可以得到一个谱带,或者说是由不同波长的光混合在一起的光,在物理学中称之为复色光,而把单一波长的光称之为单色光。由光栅、棱镜、滤光片等得到的较窄波长范围的光,虽然理论上仍然是由不同波长的光组成的复色光,但在颜色测量上,通常也将其看成是单色光。

三、物体的颜色

物体为什么会显示出各种各样的颜色，其根本原因就是它具有对光选择吸收的特性。太阳光照射在物体上，物体可选择吸收某一波长范围的光，而将其余波长的光反射出来，反映到人的大脑中，就可以得到对这种物体显示什么颜色的印象。例如，一个物体吸收了 400 ~ 420nm 的蓝紫色的光，则该物体即显示黄颜色，而吸收了可见光中 560nm 左右的绿光，则此物体显示紫颜色。图 1－5 所示为各种不同颜色的物体，对可见光区不同波长的可见光的吸收和散射情况。而物体颜色的深浅（浓淡），则是由多方面因素决定的。

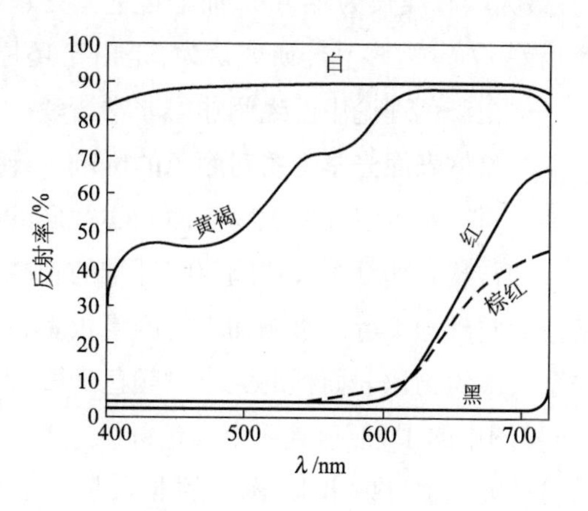

图 1－5　各种颜色物体的反射率曲线

1. 有色物质的浓度　有色物质的浓度对物体颜色的影响与溶液中的情况是相似的。即有色物质的浓度越高，物体的颜色也越浓（深）。反之，有色物质的浓度越低，物体的颜色越淡（浅）。但是物体中，有色物质浓度对颜色影响的规律性，远不如液体中有色物质浓度对溶液颜色的影响。溶液中有色物质的浓度与吸光度之间，在一定浓度范围内，有非常好的线性关系。这可以由比耳定律准确地描述。

$$I = I_0 \times 10^{-kc}$$

或

$$-\lg \frac{I}{I_0} = -\lg T = kc = A \tag{1-1}$$

式中：I——透射光的光强度；

I_0——入射光的光强度；

k——比例常数；

c——溶液的浓度；

T——透光率；

A——吸光度，也称消光度（用 E 表示）。

但是在固体物质中，有色物质浓度与物体颜色深度之间的关系，无论是库贝尔卡—蒙克（Kubelka－Munk）函数，还是其他的相关的函数，都不像比耳定律有那么好的规律性。因此给以后固体物质中，物体的颜色与有色物质浓度之间关系的评价带来了不小的麻烦。

2. 固体物质中，有色物质物理状态和分布状态对物体颜色的影响　对于纺织品来说，显得尤为重要，因为上染于纤维上的染料，在纤维上产生物理状态的变化是普遍存在的，而且染料不同，在染整加工过程中，物理状态的变化以及对颜色造成的影响也往往有很大的差异。染料在纤维材料中，随着染色过程的进行，发生物理状态的变化，对于每一个印染工作者来说，都是再熟悉不过的事情了。例如，在用还原染料对棉纤维进行染色的过程中，大多数染料在皂煮工艺进行的前后都有不同程度的色相变化。其中还原黄GK是最典型的。未经皂煮处理的染色织物,最大吸收波长为445nm,而经过皂煮处理以后,最大吸收波长则由445nm变成了462nm,两者相差17nm之多。经研究认为,是由于还原黄GK经过皂煮处理后,物理状态发生了变化所致。这在染色理论中已经阐述得非常清楚。

3. 物体表面光学性质对颜色的影响 纤维的比表面大小不同、织物的组织结构不同、不同纤维材料以及可以改变织物表面光学性质的加工方法,都会使纤维表面光学性质产生差异。

如常规聚酯纤维及聚酯超细纤维的碱减量加工、合成纤维的低温等离子体加工、纺织品的某些后整理加工等。影响加工的因素很多,各种因素相互关联,与物体颜色之间有着很复杂的关系。如织物比表面积的大小对颜色的影响,从光学角度来分析,可由图1-6来说明。当一束白光(图中的Ⅰ)照射到一束染色纤维上时,通常会出现图1-6所示的结果。一部分光以镜面反射的方式被反射出来(图中的Ⅱ),另一部分光则进入纤维内部,在进入纤维内部的光中,一部分被有选择地吸收,而另一部分则被从内部反射出来,称之为内反射(图中的Ⅲ),还有一部分光在纤维内部经反复折射而被吸收(图中的Ⅳ),也可能有部分的光穿过纤维层而发生透射(图中的Ⅴ)。人们看到的物体颜色,实际上是由镜面反射的白光和内部反射的彩色光等混合后所显示的颜色。在这一混合的反射光中,镜面反射光占的比例越大,颜色显得越淡,也越萎暗。在反射光中,镜面反射光占的比例越小,颜色显得越浓艳。例如聚酯超细纤维的比表面比常规聚酯纤维的比表面大得多。所以,用同一种染料染色,染料的上染量相同的情况下,比表面积比较大的聚酯超细纤维,颜色显得浅而且萎暗。或者说,要想把聚酯超细纤维染成很浓艳的颜色,必须用更多的染料。

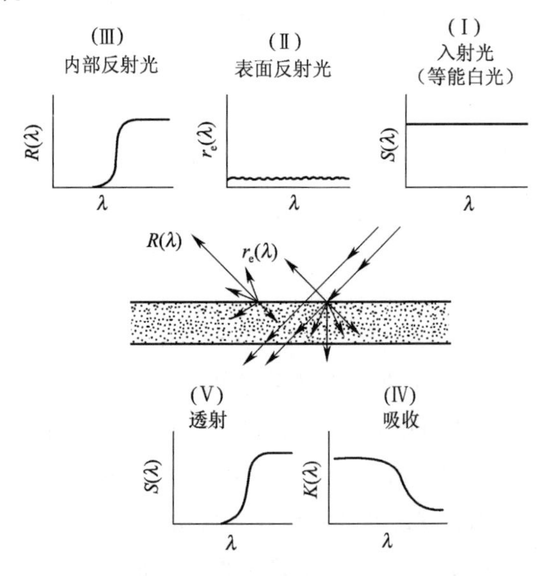

图1-6 各向同性彩色薄膜反射、折射、透射模型

纤维材料的折射率,是影响物体表面光学性质的另一个重要因素。它可以改变物体表面对入射光的吸收和反射特性。折射率越大,物体对入射光的吸收越少,而镜面反射光的比例会增

大;折射率越小,物体对反射光的吸收越强,而镜面反射光的比例减小。也就是说,折射率越大的物质,越难以染得深浓的颜色,而折射率越小的物质,越容易染得深浓的颜色。如蛋白质纤维,通常比较容易染得比较深浓的颜色。而聚酯纤维,由于折射率很高,所以比较难于染得深浓色。聚酯超细纤维,不但纤维折射率很高,而且,比表面也很大,所以染得深浓的颜色就更加困难。表1-1所示为常见纤维材料的折射率。

表1-1　常见纤维材料的折射率

纤维＼折射率	$R_{/\!/}$	$R_{\perp}$	纤维＼折射率	$R_{/\!/}$	$R_{\perp}$
锦纶6	1.568	1.515	苎麻纤维	1.594	1.532
腈纶	1.520	1.524	粘胶纤维	1.550	1.514
羊毛	1.555~1.559	1.545~1.549	醋酯纤维	1.474	1.479
丝	1.598	1.543	涤纶	1.793	1.781

织物的组织结构对颜色的影响,也是由织物表面的光学性质决定的,因为织物表面的光学性质,决定着织物对入射光吸收和反射的特性。例如平纹织物和绒布,当上染于两种织物上的染料浓度相同时,绒布的颜色总比平纹织物的颜色显得深而且鲜艳。这是因为入射光照射到平纹织物上,平纹织物的镜面反射光相对较强,而对入射光的吸收相对较弱,因而,在平纹织物的反射光中,镜面反射光所占的比例就比较高,因此平纹织物的颜色就显得比较浅,并且颜色鲜艳度也比较差。而绒布由于表面的特殊组织结构,使入射光可以在绒布表面反复、多次地反射和吸收,所以对入射光的吸收增强,而表面反射光的比例大大减小。因而,绒布的颜色看起来不仅深而且鲜艳。

纺织品的后整理加工,也会改变织物表面反射光中镜面光的含量,因为有不少助剂的折射率比较低,如有机硅柔软剂的折射率一般在1.4~1.5。所以经有机硅类柔软剂整理过的织物,特别是具有高折射率的聚酯纤维,由于整理后会在纤维表面形成助剂覆盖层,从而改变了纤维表面的光学性质,降低了折射率,所以,颜色通常会稍微深一些。

4. 温度和相对湿度对纺织品颜色的影响　由于纺织品会在自然环境中保持温度和湿度的平衡,在高相对湿度下,纺织品的含水率会增加。含水率的改变,一方面改变了纤维表面的光学性质,同时也使上染于纤维上的染料状态发生了改变,因而织物显示的颜色也会发生不同程度的改变。

构成纺织品的纤维材料不同,回潮率会有很大差异,不同纺织品之间,在相对湿度发生变化时,造成的纺织品含水率的变化也不相同,从而使纺织品显示出的颜色变化,受其所处环境相对湿度的影响也就大不相同。显然,纺织品所处的温度和环境的相对湿度,对其颜色是有很大影响的,是不容忽视的。

测量颜色时,必须在规定的条件下,才能够得到正确和稳定的结果。这种现象已经引起了广大颜色工作者的重视。如沃尔玛公司规定,对纺织品进行颜色测量时,必须把被测织物置于温度为22℃ ±2℃、相对湿度(65 ± 5)%的条件下,并且有模拟 D_{65} 光源照明,放置2 ~4h,然后再进行测量。或者在温度为22℃ ±2℃、相对湿度为(65 ±5)%,并且在模拟的 D_{65} 光源照明下的环境箱中放置30min,取出后应在5min内测试完毕。

德塔(Datacolor)公司的技术人员,曾经对用各种不同类型染料染得的不同纤维材料纺织品试样的颜色,在不同相对湿度条件下进行过全面测试,以判断相对湿度对这些试样颜色的影响。测试结果见表1 -2和表1 -3。

表1 -2 不同相对湿度下对不同材料染色织物色差的影响

色差 ΔE 相对湿度/% 染料及染色织物	60	75	85
分散染料染涤纶	0.02 ~0.19	0.02 ~0.28	0.05 ~0.21
酸性染料染锦纶	0.02 ~0.31	0.06 ~0.27	0.05 ~0.40
活性染料染棉	0.05 ~0.27	0.05 ~0.44	0.08 ~1.08
直接染料染棉	0.04 ~0.28	0.07 ~0.46	0.08 ~0.62
酸性染料染羊毛	0.04 ~0.35	0.10 ~0.56	0.12 ~1.05
分散/活性染料染涤/棉	0.03 ~0.28	0.02 ~0.28	0.08 ~0.72

表1 -3 不同相对湿度对直接染料染棉织物色差的影响

色差 ΔE 相对湿度/% 直接染料	60	75	85	色差 ΔE 相对湿度/% 直接染料	60	75	85
藏青	0.12	0.13	0.28	粉红	0.07	0.12	0.08
棕	0.22	0.16	0.30	米色	0.16	0.16	0.28
灰	0.17	0.24	0.37	绿灰	0.22	0.46	0.02
蓝	0.13	0.20	0.38	橙	0.13	0.23	0.38
黄	0.04	0.07	0.08	红	0.28	0.22	0.25
绿	0.24	0.12	0.18	平均	0.16	0.19	0.21
玫红	0.13	0.21	0.27				

从表1 -2和表1 -3可以看出,相对湿度对不同纤维材料颜色的影响,是与纤维材料的亲水性成正比的,即亲水性越强,颜色变化越大。而用直接染料染得的纯棉织物,颜色不同,受环境相对湿度的影响也不相同,出现这样的结果,应该主要是由于染料的结构不同造成的,而与织物是什么颜色并无直接关系。

影响织物颜色实际上还有入射光的角度和观察方向等因素。国际照明委员会(CIE)在这方面也有相应的规定。这些都是进行纺织品颜色评价时应该注意的。

四、人的视觉系统

人的眼睛主要是由角膜、晶状体和感光细胞组成的(图1-7)。物体只要有光反射出来,投射到人的眼睛里,则物体的像将呈现于视网膜上,通过视网膜上的感光细胞,把信号传递给大脑,经过大脑的综合判断,就产生了视觉。对颜色的研究,正是在对人眼睛的视觉特性进行深入研究的基础上进行的。广大科技工作者,通过长时间的艰苦努力,对于人眼睛的视觉特性已经有了深入的了解,并且对与其相关的生理基础也进行了非常深入的研究。

1. 视角　视角为被观察对象的大小对人眼睛形成的张角。视角的大小,决定于视网膜上物体投影(物体在视网膜上的像)的大小。与人的眼睛距离一定的物体,若物体面积较大,则与眼睛形成的张角也大,物体在视网膜上的像就大。同一个物体,越远离人的眼睛,与眼睛形成的张角就越小,因而在视网膜上,形成的像也越小(图1-8)。因此,视角的大小,既取决于物体本身的大小,又取决于物体与眼睛之间的距离。但是,我们用眼睛直接对纺织品的颜色进行评价时,通常是在比较适宜观察距离下(约33cm)进行的,此时视角的大小主要是由试样的大小决定的。颜色是由人眼睛视觉系统的结构所决定的,视角的大小对颜色视觉也有重要的影响。

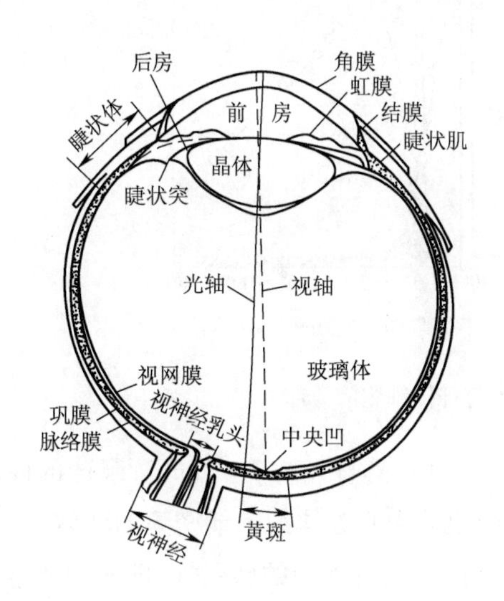

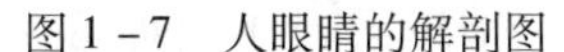
图1-7　人眼睛的解剖图

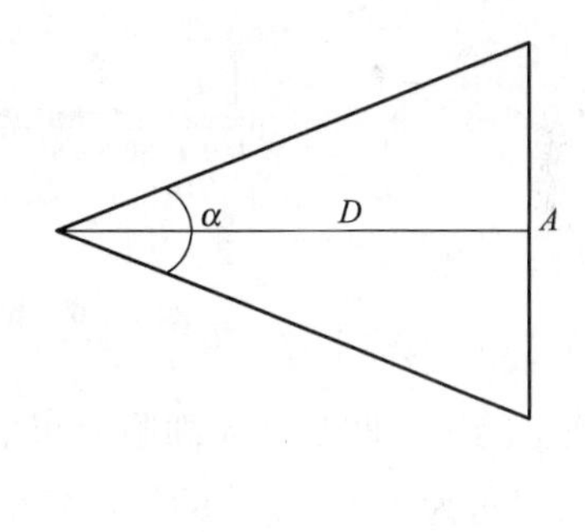

图1-8　视角计算示意图

视角的大小可由式(1-2)计算:

$$\tan\frac{\alpha}{2}=\frac{A}{2D} \qquad (1-2)$$

式中:α——视角;

D——物体与眼睛之间的距离;

A——物体面积的大小。

2. 明视觉、暗视觉　人的眼睛在明亮的条件下,可以分辨物体的细节和颜色,但是在黑暗的条件下,则只能分辨物体的大致轮廓,却分辨不出物体的细节和颜色。人们经过长期研究发现,人眼睛的视网膜中,有两种不同的感光细胞,这两种感光细胞分别在不同条件下执行着不同的视觉功能。这就是人们通常所说的视觉二重性,也称之为明视觉、暗视觉特性,这种理论是得到医学解剖学证明的。这两种感光细胞分别被称为锥体细胞和杆体细胞。锥体细胞在明亮的条件下,可以分辨物体的细节和颜色,杆体细胞在黑暗的条件下可以分辨物体的轮廓,而不能分辨物体的细节和颜色。介于明视觉和暗视觉之间的视觉状态,称为微明视觉。此时人的视觉功能最差。也有人把这种视觉状态称之为间视觉,此时锥体细胞和杆体细胞都只有很微弱的视觉功能。动物中有很多夜视动物,如猫头鹰等,它们眼睛的感光细胞中,只有杆体细胞而没有锥体细胞,所以,它们看到的物体都是明暗不同的灰色。

锥体细胞和杆体细胞,在人的视网膜上的分布是不均匀的,锥体细胞主要分布在中央凹的附近,杆体细胞则分布于中央凹的外围。其分布如图 1 –9 所示。

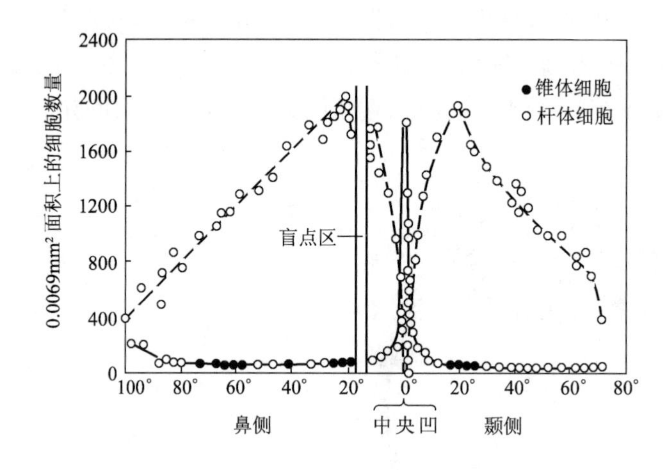

图 1 –9 锥体细胞与杆体细胞的分布

视网膜上的中央凹是锥体细胞分布最密集的区域,其直径为 2 ~3mm。眼球的前后径大约为 23mm,当视角为 2°时,物体的像恰好落在视网膜的中心锥体细胞最密集的区域。

3. 光谱光视效率函数 人的眼睛对于波长不同的光有不同的感受性,即相同能量不同波长的光,人的眼睛会有不同明亮程度的感觉。人眼睛的这种特性,对于两种感光细胞来说都是存在的,只是规律有些不同。其基本规律如图 1 –10 所示。图中的曲线称明视觉、暗视觉光谱光视效率函数曲线,图中的实线为明视觉光谱光视效率函数曲线,虚线为暗视觉光谱光视效率函数曲线。明视觉的最高感受波长为 555nm 的绿光,最低感受波长为可见光谱的两端,即小于 400nm 和大于 700nm 的区域。暗视觉的最高感受波长为 507nm,而最低感受波长为大于 700nm 的红色区域。图中纵坐标为明视觉光谱光视效率函数和暗视觉光谱光视效率函数的相对值,其中明视觉光谱光视效率函数值,以波长 555nm 的单色光明度为 1,暗视觉以波长为 507nm 的单色光明度为 1。图中的曲线表示的是单位能量的相对明度,曲线中最突出的部分对应的波长,就是人的眼睛感觉最明亮的波长。而曲线较低部分对应的波长,则是人眼睛感觉较暗的波长。

4. 颜色视觉

(1)颜色辨认:凡视力正常的人,都可以分辨 380 ~ 780nm 整个可见光范围内的红、橙、黄、绿、蓝、紫等各种颜色以及大量的中间色。但是,在颜色辨认中,人的视觉对不同波长范围光的颜色辨认精度却有很大的不同。也就是说,人的视觉对有些波长范围内的颜色分辨能力强,而对另外一些波长范围的颜色分辨能力较差,如图 1 – 11 所示。

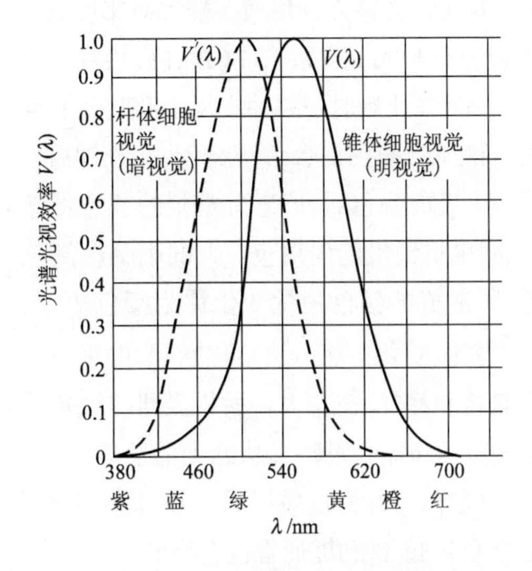

图 1 – 10　明视觉与暗视觉的光谱光视效率函数曲线

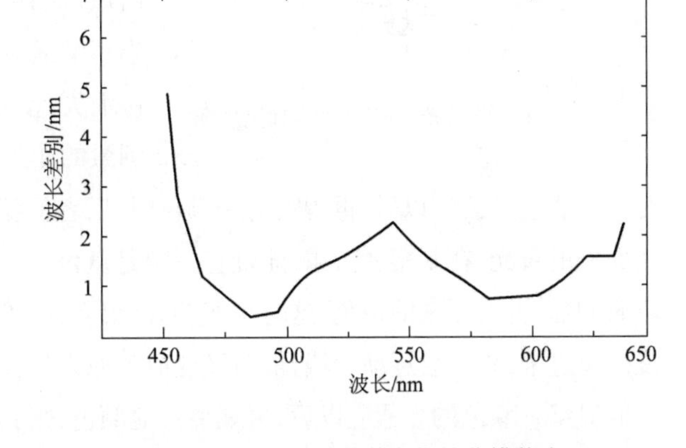

图 1 – 11　人眼对光谱变化的分辨能力

贝措德—布吕克(Bezold—Brücke)效应,揭示了除黄(572nm)、绿(503nm)和蓝(478nm)三个波长外,其余波长光的颜色都会随光的强度而变化,如图 1 – 12 所示。

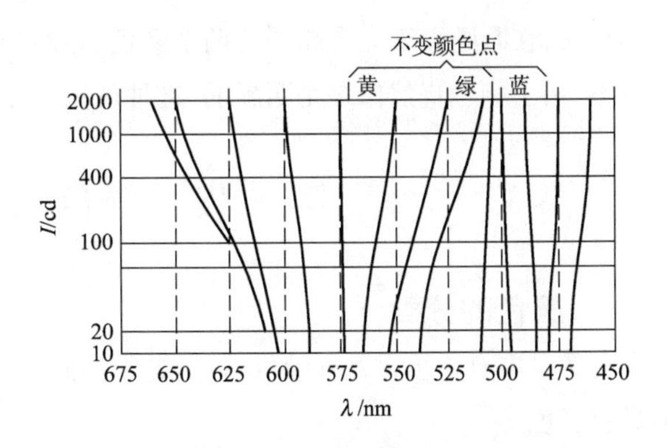

图 1 – 12　各个波长领域的恒定颜色线

(2)颜色对比:在视场中,相邻区域两个不同颜色的互相影响叫作颜色对比。在一块红色背景上,放一块白色或灰色的纸,当我们注视白纸几分钟后,白纸会出现绿色。当照明光源比较强、背景的红色比较浓艳时,这种作用更强烈。如果背景是黄色,白纸会出现蓝色。红色和绿色是互补色,黄色和蓝色也是互补色。每一种颜色都可以在其周围诱导出其补色。如果在一块彩色的背景上,放上另一种颜色,由于颜色对比,两颜色会互相影响,使两颜色的色相各自向另一颜色的补色方向变化。如果两颜色互为补色,则彼此加强饱和度,在两颜色的边界,对比现象明显。因此,进行颜色观察时,应尽量避免环境中对比效应的干扰。

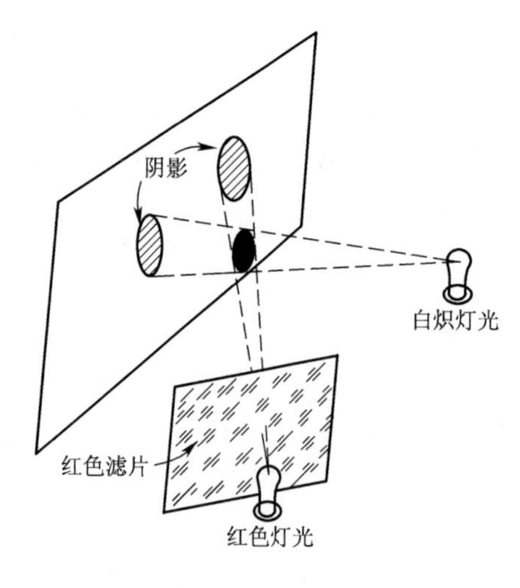

图1-13 彩色光阴影产生的对比现象

用彩色灯泡演示颜色对比现象,会得到非常明显的效果。如图1-13所示,用一个红色灯光照到白色墙壁上,在红色灯光和白色墙壁之间放一张普通纸片,则在白色墙壁上的阴影部分,会出现红色的补色,也就是绿色。如果旁边放一个白炽灯,效果会更好。同样,用其他任何彩色灯光也可以非常方便地演示颜色对比现象。

(3)颜色适应:在日光下观察物体的颜色,然后突然在室内白炽灯下观察,开始时,室内照明看起来会带有白炽灯的黄色。物体的颜色也会带有黄色,几分钟后,当视觉适应了白炽灯的颜色后,原来感觉到的黄色将慢慢消失,室内照明也将慢慢趋向白色。人的眼睛在颜色刺激的作用下,所造成的颜色视觉变化称为颜色适应。对某一颜色光适应以后,再观察另一颜色时,后者的颜色会发生变化。在一块暗背景下,投射一小块面积的黄光,在观察者看来,无疑它一定是黄色的。但是,当眼睛注视一大块面积强烈的红光一段时间后,再看原来的黄色,这时黄光会显示绿色。再经过一段时间,眼睛又从红光的适应中,慢慢恢复过来,绿色会逐渐变淡,最后又变成为原来的黄色。同样,对绿光适应以后,会使黄光变红。一般对某一颜色的光适应以后,再观察其他颜色,则其明度会降低,饱和度通常也会降低。

因此,在直接以人的眼睛对颜色进行的判定中,如果先后在两种不同光源的照明下进行,就必须考虑到前面一种光源对人视觉的颜色适应的影响。如果在某一光源下观察颜色时,周围还有其他颜色光的干扰,通常也应该考虑这一部分光对视觉产生的颜色适应的影响。

但是,在眼睛看来完全相同的两个颜色,即两个相匹配的颜色,即使在不同的颜色适应状态下观察,两个颜色仍然始终是匹配的,这种现象叫作颜色匹配的恒定性。

第二节 颜色的分类和特征

一、颜色的分类

自然界中有千千万万种颜色,自然界中如此众多的颜色可分为两大类,一类为无彩色,另一类是有彩色。

1. 无彩色 包括从白到黑以及无数介于白黑之间的灰色。在色度学中,理想白色和绝对黑体也都被归类于无彩色之列。对于这两种颜色,可以用分光反射率曲线的特征来粗略的区分。所谓分光反射率曲线,就是描绘物体对可见光中,各个不同波长的光的吸收和散射特征的曲线。从无彩色分光反射率曲线的特点可以发现,这一类颜色,对可见光各个波长的吸收,都没有明显的选择性。一般来说,对可见光380~780nm各个波长的光,反射率都在80%以上的表面色,常常表现为白色。而各个波长的反射率都在4%以下的表面色,常常表现为黑色。当然,这种区分只是粗略的、近似的区分。事实上，在各个不同行业中以及人的不同习惯，对黑白的认识是有很大差别的，很难用一个统一的界线来划分。实际上所谓的白色、黑色与灰色之间的界线是不存在的。图 1 – 14 所示为不同无彩色物体的分光反射率曲线。

所以，也可以把无彩色看成是在整个可见光范围内，对任意一个波长的光都没有明显选择吸收的颜色。人们也常把它们称之为消色。

2. 有彩色　有彩色也可以理解成是除去无彩色以外的所有颜色。实际上，有彩色和无彩色之间，也像白色、灰色、黑色一样，同样没有明确的界线。从有彩色物体的光学特征来看，其分光反射率曲线，与非彩色的分光反射率曲线的根本差异在于：所有的有彩色都对可见光范围内的某一部分波长有比较明显的吸收。例如，黄色物体，对 400 ~ 420nm 波长的光有比较强的吸收，而对其余波长的光则吸收较少；红色对 490 ~ 520nm 波长的光，有较强的吸收，而对 520nm 以上的长波吸收较少，而蓝色则吸收 590 ~ 620nm 波长的光，对短波一侧和长波一侧的可见光的吸收都较少。由此可见，我们可以利用分光反射率曲线，对物体的颜色特征进行准确的描述。实际上一个物体，只对应着唯一一条分光反射率曲线。因此，也有人把物体的分光反射率曲线称为物体颜色特征的“指纹”。图 1 – 15 为不同颜色物体的分光反射率曲线。

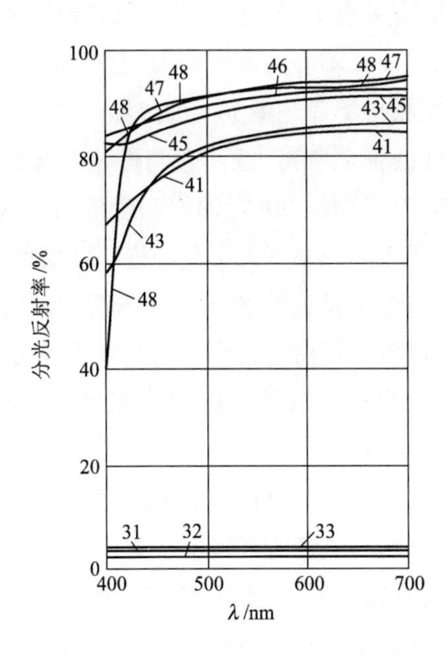

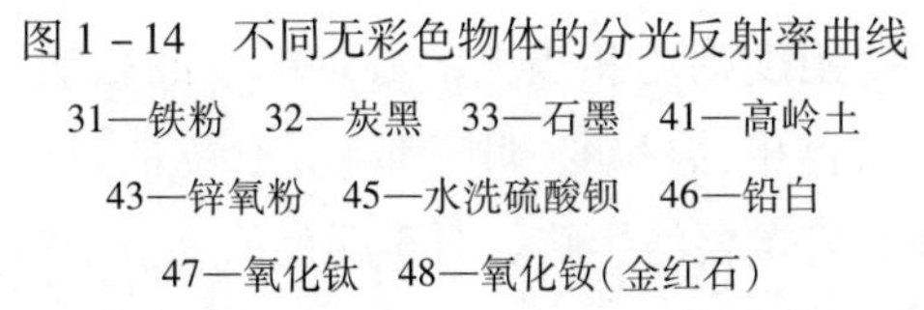
图 1 – 14　不同无彩色物体的分光反射率曲线

31—铁粉　32—炭黑　33—石墨　41—高岭土

43—锌氧粉　45—水洗硫酸钡　46—铅白

47—氧化钛　48—氧化钕（金红石）

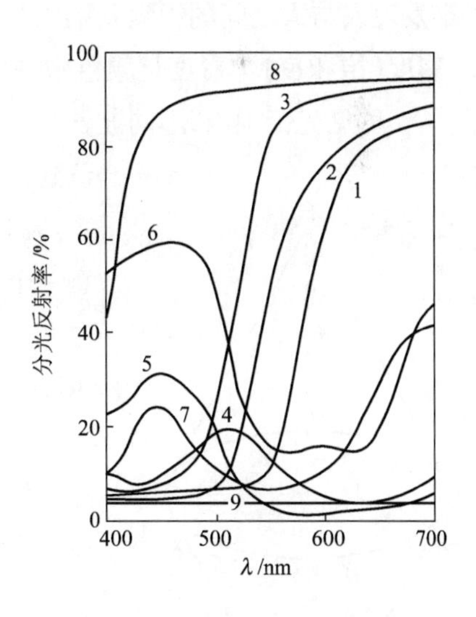

图 1 – 15　不同颜色物体的分光反射率曲线

1—红　2—橙　3—黄　4—绿　5—深蓝

6—浅蓝　7—紫　8—白　9—黑

二、颜色的特征

人对物体的颜色感觉是个非常复杂的过程，包含着很复杂的因素。例如，物体的形状、大小、性质乃至用途,都会对颜色的感觉产生影响。因此,人们为了研究方便,排除周围环境的干扰,而提出了所谓的绝对色概念。即在黑纸上开个小孔,观察各种颜色,此时,周围的颜色、物体的形状和其他因素都不会对颜色观察产生干扰。用分光光度计对颜色的测量,基本上属于这种情况。大家比较熟悉的孟塞尔色卡集,则是在规定的观察条件和特定的背景下,以视觉对色卡进行观察的结果。这就是通常所说的相对色。因此,它和分光光度计的测量结果之间,有着完全不同的含义。

人们通过对颜色的深入研究发现,自然界中的所有颜色,都可以用明度(亮度)、色相和彩度(饱和度)三个属性来描述。

1. 明度(亮度) 明度是表示物体颜色明亮程度的一种属性,是一个与颜色的浓淡相关的量。在自然界存在的大量的颜色中,无彩色中的白色是最明亮的颜色,而最暗的颜色则为无彩色中的黑色。也就是说,一系列的灰色和大量有彩色的明度,都是比黑色明度高,而比白色明度低的一系列颜色。

2. 色相 色相是彩色彼此互相区分的特性,是描述颜色色相属性的量。在可见光谱中,不同波长的辐射表现为视觉上的各种色相,如红、橙、黄、绿、蓝、紫等。物体表面色的色相,决定于三个方面。其一是照亮物体的光源的光谱组成;其二是物体对光的吸收和散射特性;其三就是不同的观察个体和观测条件。后者是一个容易被忽略而又不容易察觉的因素,因为在一般条件下,很难发现人与人之间的视觉差别以及在不同观察条件下颜色视觉上的差异。

3. 彩度(饱和度) 彩度是颜色中一定色相表现的强弱程度,或彩色与同明度无彩色的差别程度。在可见光范围内,不同波长的光谱色,其饱和度都是100%,即饱和度最高。从理想白色到绝对黑体,所代表的一系列无彩色的饱和度最低,都等于零。饱和度的高低,可以从光谱色与白光的混合来理解。任意一个颜色,都可以看成是白光与光谱色混合后得到的,此时白光占的比例越大,饱和度越低,白光占的比例越小,饱和度越高。

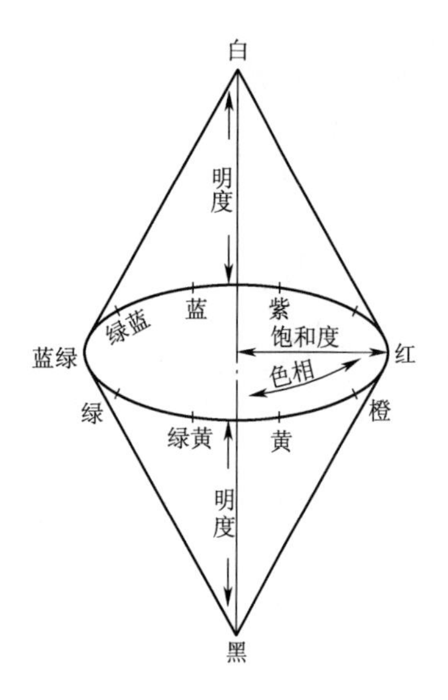

图1-16 色立体

一般来说,明度取决于有色物质的浓淡,色相取决于有色物质的颜色,饱和度则和颜色的鲜艳度有关。但是,这种关系往往都不是简单的线性关系。例如,饱和度和鲜艳度之间的关系就很复杂,影响因素很多。这主要是因为饱和度是一个色度学概念,而鲜艳度则受相当大的心理因素的影响。在实际的颜色评价中,色相、饱和度、明度都不是孤立的,互不干扰的,其相互之间有着重要的影响。对于颜色的这三个特征,人们常常用三维空间的类似球体的模型来表示,如图1-16所示。图中纵坐标表示明度,围绕纵轴的圆环则表示色相,离开纵轴的距离表示饱和度。

第三节　颜色的混合

两束不同波长的光叠加在一起,就会得到与原来两束光具有不同性质的光。同样,两种不同颜色的颜料混合在一起,也会得到与原来两种颜料颜色都不相同的混合物。这就是日常生活中常常遇到的颜色混合现象。前人大量的研究发现,在上述两种颜色混合中,其规律是完全不同的。因此,为区分两种不同的颜色混合现象,人们把光的混合称之为加法混色,把颜料的混合称之为减法混色。

一、加法混色

所谓加法混色,是指各种不同颜色的光的混合。光的三原色为红(R)、绿(G)、蓝(B)。把这三种光以适当的比例混合可以得到白光。加法混色的基本规律是由格拉斯曼(H. Grassmann)在1854年提出的,称为格拉斯曼颜色混合定律。该定律是目前颜色测量的理论基础,其基本内容是:

(1)人的视觉只能分辨颜色的三种变化,即明度、色相、彩度。

(2)在由两个成分组成的混合色中,如果一个成分连续变化,混合色的外貌也连续变化。由这个定律导出两个定律:

①补色定律:每一种颜色都有一种相应的外貌。如果某一颜色与其补色以适当的比例混合,便产生近似于比重较大的颜色的非饱和色。

②中间色定律:任何两个非补色相混合,便产生中间色,其色相取决于两颜色的相对数量,其饱和度决定于两者在色相顺序上的远近。

(3)颜色外貌相同的光,不管其光谱组成是否一样,在颜色混合中,具有相同的效果。换言之,凡是在视觉上相同的颜色,都是等效的。由这一定律导出颜色代替律。

颜色代替律:相似色混合后仍相似。如果颜色A与颜色B等色,颜色C与颜色D等色,则:

$$颜色A + 颜色C = 颜色B + 颜色D$$

颜色代替律表明,只要在感觉上颜色是相同的,便可以互相代替(但必须在相同的条件下代替),所得到的视觉效果是相同的。如:设颜色$A + B = C$,而$X + Y = B$,那么,由$A + (X + Y) = C$所得到的颜色C与前面的颜色C在视觉上具有相同的效果。

根据颜色代替律,可以利用颜色混合的方法产生或代替各种所需要的颜色。颜色混合代替律是一条很重要的定律,现代色度学就是建立在这一定律基础上的。

(4)混合色的总亮度等于组成混合色各颜色亮度的总和。这一定律叫作亮度相加定律,即:由几个颜色光组成的混合色,光的亮度等于各颜色光亮度的总和。

加法混色除了光的直接混合外,人们也发现在两个光距离非常小,人眼不能分辨或是两个颜色频繁交替作用于人眼睛的同一部位时,都会产生加法混色效应,彩色电视和转盘式混色装置都属于加法混色。

加法混色在印染上的典型实例就是纺织品的荧光增白处理。经煮练、漂白后的织物,仍带有一定的黄色,即织物的反射光中缺少蓝紫色的光,荧光增白剂可以吸收紫外线,而激发出蓝紫色的可见光,蓝紫色的光与黄光相加,则可以得到白光,织物的白度就会增加,所得增白织物的反射光的总亮度会增大。其基本原理如图1-17所示。

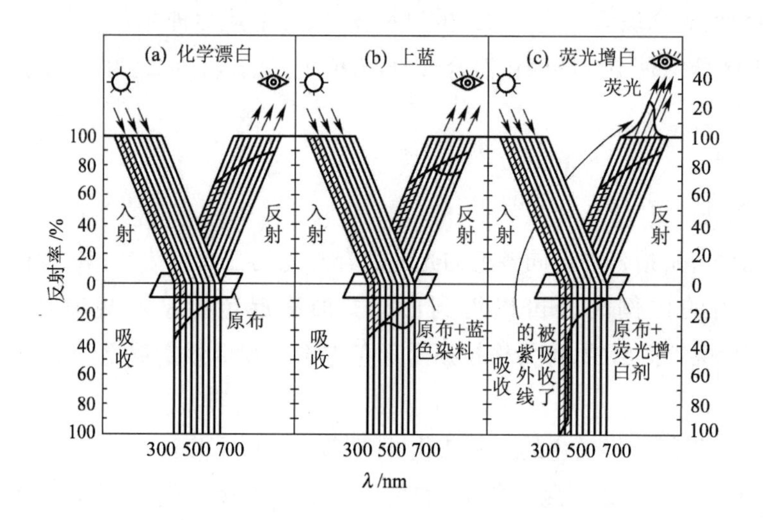

图1-17　荧光增白原理示意图

二、减法混色

如图1-18所示,黄色滤光片和蓝色滤光片,其分光透过率曲线分别为1和2,若将上述两滤光片重合,其透光率曲线为3,这就像图1-19所示的那样,当一束白光照射滤光片时,首先,

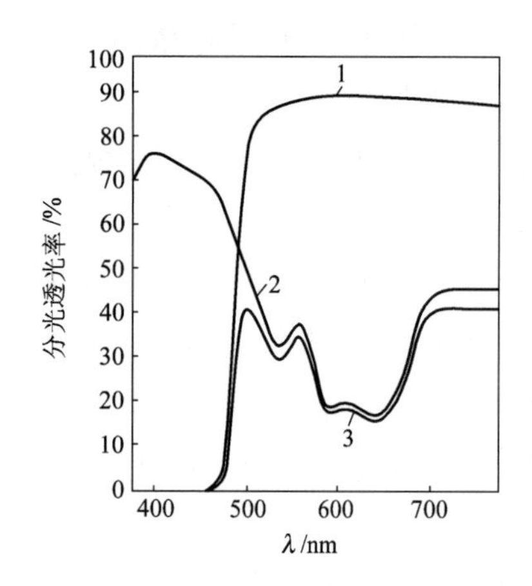

图1-18　滤光片重合的减法混色

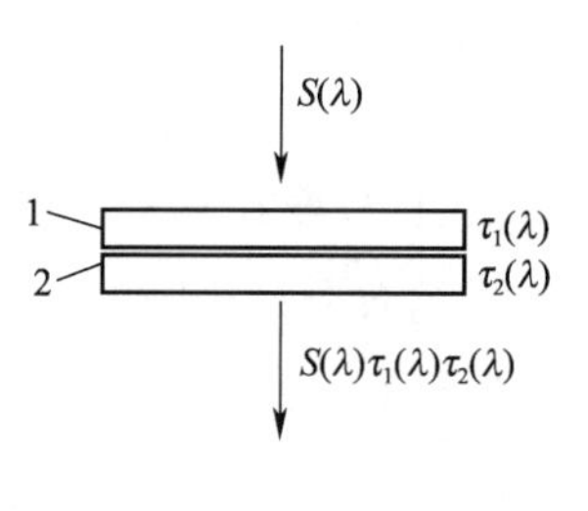

图1-19　滤光片重合的入射光的减弱过程

1—黄色滤光片　2—蓝色滤光片　τ_1—黄色滤光片的光谱透射比

τ_2—蓝色滤光片的光谱透射比　$S(\lambda)$—白光入射的辐射能通量

黄色滤光片滤掉了大约480nm以下短波长一侧的光，接着蓝色滤光片滤掉了500nm以上长波一侧的光，而剩余的光则呈绿色，像这样使滤光片重合，从而使入射光减弱的混色过程称减法混色。除了前面讲的滤光片的叠加属于减法混色外，染色过程中染料的混合也属于减法混色。减法混色的三原色为黄、品红、青，混合后样品的明度与加法混色相反，明度是降低的。减法混色三原色与加法混色三原色的关系，如图1－20所示。

减法混色的三原色中，又常常把品红称之为减绿原色，青称之为减红原色，黄称之为减蓝原色。其反射率曲线如图1－21所示。

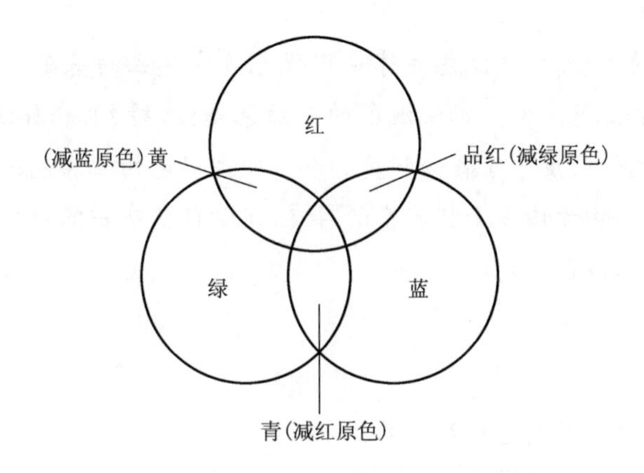

图1－20　加法混色三原色与减法混色三原色的关系

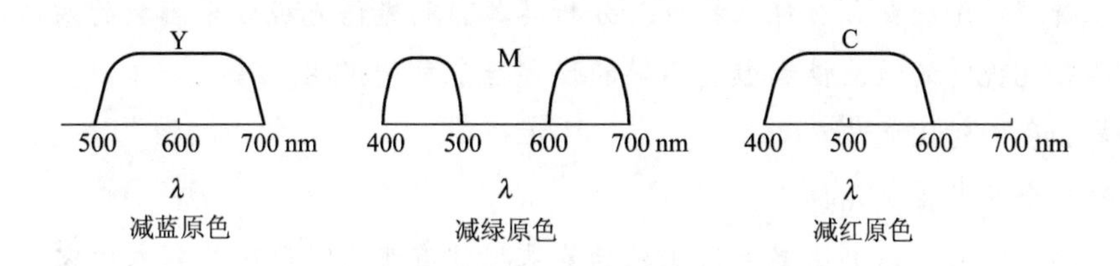

图1－21　减蓝、减绿、减红原色示意图

减法混色时，由于外界因素的干扰，混色的结果不如加法混色那样容易预测。

复习指导

1.照明光源、被光源照亮的物体、人的视觉系统是影响物体颜色评价的三大因素，是影响颜色测量的重要基础。

(1)人的视觉系统对不同波长的光有不同的感受，人与人之间对相同波长可见光的感受性又存在一定的差异，了解了这一点对于颜色测量和颜色评价都有重要意义。

(2)被观察的物体，特别是纺织品，其对颜色视觉特征的影响是比较复杂的。纺织品的组织结构、纤维材料的光学性质、有色物质在纤维材料中的分布状态及有色物质的物理状态等性能都会对颜色视觉产生重要影响。

(3)人的颜色视觉特性是颜色测量的基础和依据。视角、光谱光视效率函数以及颜色辨认、颜色对比、颜色适应等视觉特性,都是与颜色辨别和颜色测量密切相关的重要概念。

2. 自然界的颜色可以粗略地分成有彩色和无彩色两类。无彩色是对可见光没有选择吸收的颜色。而彩色则是对可见光中的某一部分波长产生了有选择的吸收。对于自然界的颜色,可以用明度(亮度)、彩度(饱和度)、色相三个基本特征来描述。它们是颜色的三个基本特征,给我们的颜色评价工作带来了极大的方便。但是在进行颜色评价时必须注意,这三个特征并不是完全独立的,而是相互影响的。

3. 加法混色,是光的加和,加法混色定律是现代色度学建立的基础。在染整加工过程中的荧光增白,是典型的加法混色实例。加法混色的三原色是红、绿、蓝。加法混色时,混合色的明度是增加的,混合后颜色的明度等于各分明度的和。减法混色的三原色是黄、品红、青。在减法混色中,明度是降低的,但由于诸多干扰因素的存在,定量评价有一定难度。纺织品染色过程中染料的混合是典型的减法混色。

习题

1. 什么是单色光?单色光是怎样获得的?

2. 试说明当物体对可见光产生选择性吸收和非选择性吸收时,它们的光谱反射率曲线有何不同?举例说明。

3. 人有几种视觉细胞?各有什么特点?分析其各自的光谱光视效率函数的基本规律。

4. 什么是颜色视觉的适应性和颜色匹配的恒定性?举例说明。

5. 什么是颜色的对比效应?

6. 颜色的三个基本特征是什么?

7. 什么是加法混色?以加法混色为基础的基本规律有哪些?简述其基本内容。

8. 什么是减法混色?它与加法混色有什么不同?

9. 说明物体色的光谱反射率曲线与色相、明度、饱和度的关系。如果同一个色彩只有饱和度变化时,其光谱反射率曲线有何变化?

第二章　CIEXYZ 表色系统

色度学是从 20 世纪 30 年代才开始发展起来的一门新兴学科，它主要以颜色的表示、测量、计算为主要研究内容。每人每天都接触和分辨着大量的颜色，对于这些颜色，通常只能赋予一些笼统的不确切的名称，如黄色、红色、绿色、白色等。有时为了更形象、更具体，也选择一些生活中常见的物体作参照物，如柠檬黄、桃红、湖蓝、草绿等。由于对颜色确切命名有困难，而且每个人的经历大不相同，由此对颜色命名的参照物体也不相同。所以，经常会出现不同的人对同一物体给予不同颜色判断的现象。

20 世纪初，随着科学技术的不断发展，颜色的准确评价越来越受到人们的广泛关注，色度学正是适应这一要求发展起来的。色度学可以把颜色用一组特定的参数定量地表示出来，而依据这些相关参数，又可以反过来把相应的颜色复制出来，从此使颜色的评价实现了定量化。这对颜色的准确评价、人与人之间在颜色方面的交流、颜色的远程传递等诸多方面，都带来了极大的方便。色度学的进步，大大促进了颜色科学的发展，也大大促进了颜色科学在纺织、服装、染料、涂料、印刷、造纸、交通、光源、汽车、遥感等诸多领域的应用。

CIEXYZ 表色系统正是适应这样的要求而建立起来的，是色度学中颜色的表示以及颜色相关参数计算的基础。

色度学是研究颜色测量的一门涉及面很广的新兴学科，它是包括物理学、视觉生理学、视觉心理学、心理物理学在内的一门综合性学科。

第一节　CIE1931—RGB 表色系统

一、颜色匹配实验

根据格拉斯曼颜色混合定律，外貌相同的颜色可以相互代替，相互代替的颜色可以通过颜色匹配实验来找到。把两个颜色调节到视觉上相同或相等的方法叫作颜色的匹配。进行颜色匹配实验时，须经过颜色光相加混合的方法，改变原色光的明度、色相、饱和度三个特性，使两者达到匹配。

近代进行色度学研究所进行的颜色匹配实验，常常采用下面的方式。

将不同颜色的光，照射在白色屏幕的同一个位置上，光线经过屏幕的反射而达到混合，混合后的光线作用于人的视网膜，便产生一个新的颜色。在实验室内，投射一个白光或其他颜色的灯光到白色屏幕的一侧，把红、绿、蓝三种颜色的灯光投射到白色屏幕的另一侧，如图 2－1 所示，红、绿、蓝三种颜色灯光即三原色光，调节三原色灯光的强度比例，便产生各种各样的颜色，

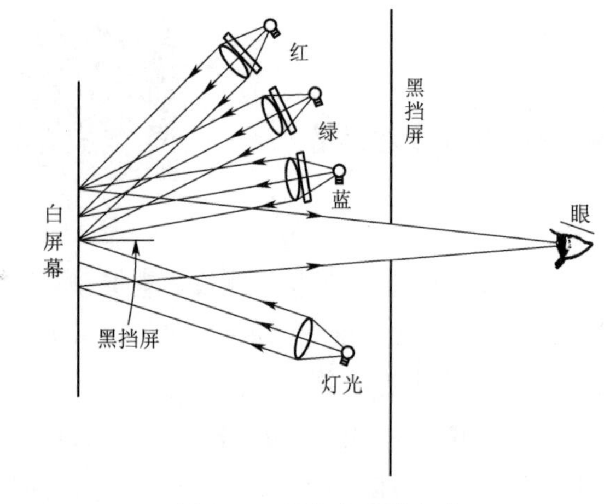

图2-1 颜色光匹配实验

适当调节三种灯光的强度比例,还可以得到无彩色的白光。

通过颜色匹配实验发现,红、绿、蓝三种原色并不是唯一的,只要满足三原色中的任何一个,都不能由其余两个相加混合得到即可,就是说,只要三个原色光是相互独立的,就可以作为三原色进行颜色匹配。实验证明,红、绿、蓝三原色是产生颜色范围最广的三原色组合。

需要说明的是,在上述颜色匹配实验中,由三原色组成的颜色的光谱组成与匹配颜色的光谱组成可能很不一致。例如,由红、绿、蓝三种原色光混合得到的白光与连续光谱的白光在感觉上是等效的,但它们的光谱组成却不一样,在色度学中,把这一类颜色匹配,称为“同色异谱”的颜色匹配。这种现象在纺织品染整加工的颜色配色中,是非常普遍存在的现象。

还应指出的是,当颜色刺激作用于视网膜非常邻近的部位以及频繁交替作用于视网膜的同一部位时,都会产生混色效果。

二、RGB表色系统的提出

根据前面的颜色匹配实验我们发现,如果把三原色按适当比例相加混合时,即可以仿制出任何一种色彩,并且与原来的标准色样对人的眼睛能引起相同的视觉效果。

为了建立统一的颜色度量参数,在积累了大量实验材料的基础上,国际照明委员会选定了三色系统的一组三原色为:

红(R):波长为700.0nm的可见光谱长波末端;

绿(G):波长为546.1nm的水银光谱;

蓝(B):波长为435.8nm的水银光谱。

通过上面讲到的光谱光视效率函数可以知道,人的眼睛对上述三原色的光谱灵敏度是不一样的,也就是说,对于具有相同能量的上述三原色,人眼睛感觉到的明度是不同的,从光谱光视效率函数表可以知道,红(R)、绿(G)、蓝(B)三原色的明视觉光谱光视效率函数值为:

(R):0.00410　(G):0.98433　(B):0.01777

如果将上述三原色的光通量F_R、F_G、F_B按如下比例混合,即可得到与等能白光E相匹配的白光。

$$F_R:F_G:F_B=1:4.5907:0.0601$$

但应当注意,由上述三原色混合得到的白光,虽然对人眼睛引起的颜色视觉效果与等能白光相同,但是两种白光,在本质上并不相同。因为等能白光 E 为连续光谱,并且其辐射能量在任何一个波长下均相等。而由三原色混合得到的白光,则是不连续光谱。

由加法定律可知,把 $\Phi_{\mathrm{R}}=1\mathrm{lm}$、$\Phi_{\mathrm{G}}=4.5907\mathrm{lm}$,$\Phi_{\mathrm{B}}=0.0601\mathrm{lm}$ 的光混合,所得等能白光的亮度为:

$$1+4.5907+0.0601=5.6508\mathrm{lm} \tag{2-1}$$

为了计算简单起见,把上述混合后得到等能白光 E 的三原色红、绿、蓝的不同数量,分别作为其单位量来处理,于是此白光的光通量可以由式(2-2)表示:

$$\Phi_{\mathrm{E}}=1(\mathrm{R})+1(\mathrm{G})+1(\mathrm{B}) \tag{2-2}$$

由此扩展,就可以得到如下颜色方程,即把前面的颜色匹配实验以数学方程式的形式表示:

$$C_{\lambda}=R(\mathrm{R})+G(\mathrm{G})+B(\mathrm{B}) \tag{2-3}$$

其中,C_{λ} 为某一待匹配的颜色的明度,R、G、B 分别表示三原色混色时的数量,表示匹配某种颜色时,各需要多少个单位量的红、绿、蓝原色,R、G、B 三个数值完全决定了匹配后所得混合光的颜色(性质)和光通量(数量),而且,只要选定了原色,匹配某一颜色时,R、G、B 的值就是唯一的。在色度学中,通常把 R、G、B 称为三刺激值。这样,我们就实现了把颜色以三个参数,即三刺激值来表示的愿望。

颜色方程式(2-3)中的 $R(\mathrm{R})$、$G(\mathrm{G})$、$B(\mathrm{B})$,常常被称为颜色分量。即红色分量、绿色分量和蓝色分量。式中三原色对应的明度值称三原色明度系数。

从前面的颜色匹配实验可知,它也表示用三原色匹配等能白光时所需要的各原色的明度比例。

从上述计算可知,其基本的依据是明度相加定律,即几个颜色组成的混合光的总明度,等于各颜色光分明度的总和。

三、色度坐标

以三刺激值表示颜色,它所构成的是一个抽象的三维空间,每个颜色,在这一颜色空间中,都对应着唯一一个坐标点。在实际应用中,尽管我们知道了某一颜色的三刺激值,但是,在抽象的三维颜色空间中,仍然很不容易了解颜色的具体性质,因而有时就显得不太方便。有时我们了解颜色的性质,不一定非要知道颜色的绝对明度。有时只要知道三原色的相对值就可以了。因此,人们通过 R、G、B 三刺激值,引入了一个新的相对系数。

$$r=\frac{R}{R+G+B} \quad g=\frac{G}{R+G+B} \quad b=\frac{B}{R+G+B} \tag{2-4}$$

这些新的参数把原来的三刺激值 R、G、B 转换成了与其相关的相对值,也把原来三维空间的直角坐标改变成了二维的平面直角坐标,很显然:

$$r+g+b=1 \tag{2-5}$$

因此,只要知道了这三个值中的两个,通过计算就很容易知道第三个值。我们选 r 对 g 作图,则可以得到图 2-2。图 2-2 在色度学中,通常叫作 $r—g$ 色度图。r、g 值则称之为色度坐标。

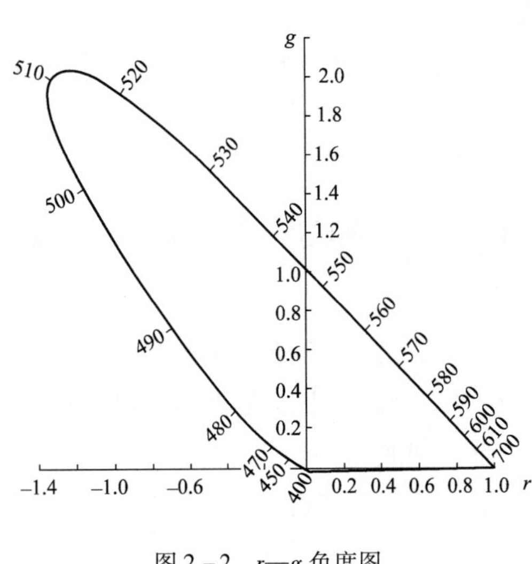

图 2-2 $r—g$ 色度图

图 2-2 中的舌形曲线,为光谱色在色度图中的轨迹,通常称为光谱轨迹。连接光谱轨迹两端的直线,代表一系列的紫色,因而称之为纯紫轨迹。自然界中存在的所有颜色都在光谱轨迹和纯紫轨迹的包围之中。从前面介绍的内容可知,等能光谱 E 的色度坐标应该是:$r=g=1/3$。三种原色光在 $r—g$ 色度图中的色度坐标为:(R)(1,0),(G)(0,1),(B)(0,0)。在色度图中,以(R)、(G)、(B)为顶点,可以得到一个三角形,这个三角形内的所有颜色在以红、绿、蓝三种原色光进行颜色匹配时,三刺激值 R、G、B 都是正值。也就是说,三角形中的各个点所代表的颜色,都可以由三种原色光:700.0nm、546.1nm、435.8nm 相加得到。而这个三角形以外的各个点所代表的颜色,用上述三种原色光进行颜色匹配时,则 R、G、B 中至少有一个是负值,就是说必须把三种原色光中的某一种,投射到标准光的半面视场中,才能够达到匹配,否则,无论如何调配三种原色光的比例,也不可能达到匹配。

四、CIE1931—RGB 表色系统

当有光作用于人的眼睛时,就会产生颜色视觉。因此,我们可以说物体的颜色既取决于外界的物理刺激,又取决于人眼睛的视觉特性。从光谱光视效率函数可以知道,相同能量、不同波长的物理刺激会产生不同的颜色视觉。为了使颜色测量与人眼睛观察的结果相一致,首先应该确定三种原色光与人眼睛视觉特性之间的关系。在这方面,莱特(W. D. Wright)和吉尔德(J. Guild)做了大量工作。他们选择 700.0nm、546.1nm 和 435.8nm 三种光作为原色光,选若干视力正常的人对等能光谱逐一波长进行颜色匹配,从而得到了等能光谱色每一波长的三刺激值 $\bar{r}(\lambda)$、$\bar{g}(\lambda)$、$\bar{b}(\lambda)$。CIE(国际照明委员会)根据他们的实验结果,于 1931 年推荐了 CIE1931—RGB 表色系统标准色度观察者光谱三刺激值(表 2-1)。以此代表人眼睛的平均颜色视觉特性,为颜色度量确定了尺度,这是进行颜色计算的基础。图 2-3 就是根据国际照明委员会推荐的“CIE1931—RGB 表色系统标准色度观察者光谱三刺激值”绘制的曲线。

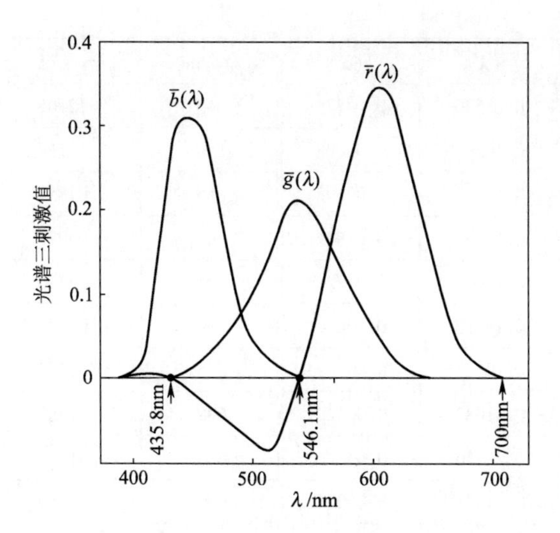

图 2－3　CIE1931—RGB 系统标准色度观察者光谱三刺激值曲线

CIE1931 标准色度观察者光谱三刺激值 $\bar{r}(\lambda)$、$\bar{g}(\lambda)$、$\bar{b}(\lambda)$ 和光谱色色度坐标 $r(\lambda)$、$g(\lambda)$、$b(\lambda)$ 之间的关系为：

$$r(\lambda)=\frac{\bar{r}(\lambda)}{\bar{r}(\lambda)+\bar{g}(\lambda)+\bar{b}(\lambda)}\qquad g(\lambda)=\frac{\bar{g}(\lambda)}{\bar{r}(\lambda)+\bar{g}(\lambda)+\bar{b}(\lambda)}$$

$$b(\lambda)=\frac{\bar{r}(\lambda)}{\bar{r}(\lambda)+\bar{g}(\lambda)+\bar{b}(\lambda)}$$

表 2－1　CIE1931—RGB 标准色度观察者光谱三刺激值

λ/nm	$\bar{r}(\lambda)$	$\bar{g}(\lambda)$	$\bar{b}(\lambda)$	λ/nm	$\bar{r}(\lambda)$	$\bar{g}(\lambda)$	$\bar{b}(\lambda)$
380	0.00003	－0.00001	0.00117	440	－0.00261	0.00149	0.31228
385	0.00005	－0.00002	0.00189	445	－0.00673	0.00379	0.31860
390	0.00010	－0.00004	0.00359	450	－0.01213	0.00678	0.31670
395	0.00017	－0.00007	0.00647	455	－0.01874	0.01046	0.31166
400	0.00030	－0.00014	0.01214	460	－0.02608	0.01485	0.29821
405	0.00047	－0.00022	0.01969	465	－0.03324	0.01977	0.27295
410	0.00084	－0.00041	0.03707	470	－0.03933	0.02538	0.22991
415	0.00139	－0.00070	0.06637	475	－0.04471	0.03183	0.18592
420	0.00211	－0.00110	0.11541	480	－0.04939	0.03914	0.14494
425	0.00266	－0.00143	0.18575	485	－0.05364	0.04713	0.10968
430	0.00218	－0.00119	0.24769	490	－0.05814	0.05689	0.08257
435	0.00036	－0.00021	0.29012	495	－0.06414	0.06948	0.06246

续表

λ/nm	$\bar{r}(\lambda)$	$\bar{g}(\lambda)$	$\bar{b}(\lambda)$	λ/nm	$\bar{r}(\lambda)$	$\bar{g}(\lambda)$	$\bar{b}(\lambda)$
500	-0.07173	0.08536	0.04776	645	0.12905	0.00199	-0.00002
505	-0.08120	0.10593	0.03688	650	0.10167	0.00116	-0.00001
510	-0.08901	0.12860	0.02698	655	0.07857	0.00066	-0.00001
515	-0.09356	0.15262	0.01842	660	0.05932	0.00037	0.00000
520	-0.09264	0.17468	0.01221	665	0.04366	0.00021	0.00000
525	-0.08473	0.19113	0.00830	670	0.03149	0.00011	0.00000
530	-0.07101	0.20317	0.00549	675	0.02294	0.00006	0.00000
535	-0.05316	0.21083	0.00320	680	0.01687	0.00003	0.00000
540	-0.03152	0.21466	0.00146	685	0.01187	0.00001	0.00000
545	-0.00613	0.21478	0.00023	690	0.00819	0.00000	0.00000
550	0.02279	0.21178	-0.00058	695	0.00572	0.00000	0.00000
555	0.05514	0.20588	-0.00105	700	0.00410	0.00000	0.00000
560	0.09060	0.19702	-0.00130	705	0.00291	0.00000	0.00000
565	0.12840	0.18522	-0.00138	710	0.00210	0.00000	0.00000
570	0.16768	0.17087	-0.00135	715	0.00148	0.00000	0.00000
575	0.20715	0.15429	-0.00123	720	0.00105	0.00000	0.00000
580	0.24526	0.13610	-0.00108	725	0.00074	0.00000	0.00000
585	0.27989	0.11686	-0.00093	730	0.00052	0.00000	0.00000
590	0.30928	0.09754	-0.00079	735	0.00036	0.00000	0.00000
595	0.33184	0.07909	-0.00063	740	0.00025	0.00000	0.00000
600	0.34429	0.06246	-0.00049	745	0.00017	0.00000	0.00000
605	0.34756	0.04776	-0.00038	750	0.00012	0.00000	0.00000
610	0.33971	0.03557	-0.00030	755	0.00008	0.00000	0.00000
615	0.32265	0.02583	-0.00022	760	0.00006	0.00000	0.00000
620	0.29708	0.01828	-0.00015	765	0.00004	0.00000	0.00000
625	0.26348	0.01253	-0.00011	770	0.00003	0.00000	0.00000
630	0.22677	0.00833	-0.00008	775	0.00001	0.00000	0.00000
635	0.19233	0.00537	-0.00005	780	0.00000	0.00000	0.00000
640	0.15968	0.00334	-0.00003				

第二节　CIE1931—XYZ 表色系统

前面讲到的 CIE1931—RGB 表色系统中的 $\bar{r}(\lambda)$、$\bar{g}(\lambda)$、$\bar{b}(\lambda)$ 值是由颜色匹配实验得到的,可以直接用来进行颜色计算,但由于计算过程中会出现负值,使计算变得既复杂,又不容易理解。为了使颜色计算更简单、更明了，国际照明委员会讨论通过了一个用于色度学计算的新的表色系统，这就是 CIE1931—XYZ 表色系统。

一、CIE1931—RGB 表色系统向 CIE1931—XYZ 表色系统的转换

由于 CIE1931—RGB 表色系统存在问题，国际照明委员会在此基础上，又以三个假想的原色光(X)、(Y)、(Z)，建立起一个新的色度学系统，这个系统被称为 CIE1931—XYZ 标准色度学系统，亦称为 CIE1931—XYZ 表色系统。

建立 CIE1931—XYZ 表色系统主要基于下述三点考虑。

(1)为了避免 CIE1931—RGB 表色系统中的 $\bar{r}(\lambda)$、$\bar{g}(\lambda)$、$\bar{b}(\lambda)$ 光谱三刺激值和色度坐标 $r(\lambda)$、$g(\lambda)$、$b(\lambda)$ 出现负值，就必须在红、绿、蓝三原色的基础上，另外选择三个原色，由这三个原色组成的三角形，能够包围整个光谱轨迹，也就是说，这三个原色在色度图上，必须落在光谱轨迹之外，而决不能在光谱轨迹的范围之内。这就意味着必须选择三个假想的原色，这三个假想的原色，就以(X)、(Y)、(Z)表示。它在 r—g 色度图中的位置，如图 2－4 所示。尽管三个新的原色是假想的，不存在的，但$(X)(Y)(Z)$所形成的虚线三角形却包含了整个光谱轨迹。因此，这个新的表色系统，就保证了光谱轨迹上以及以内的色度坐标都成为正值。

(2)使(X)、(Z)的明度为 0，这样就可以用 Y 值来直接表示明度，计算时更方便。其确定方法如下：

如前所述，CIE1931—RGB 表色系统的(R)、(G)、(B)三原色的明度方程为：

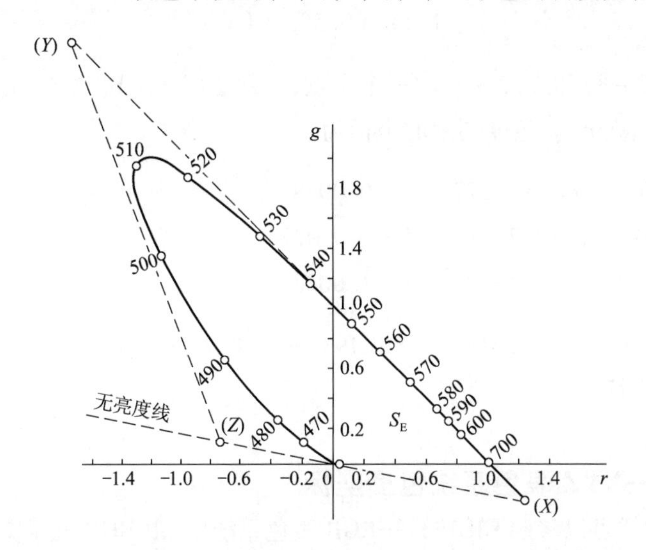

图 2－4　r—g 色度图及(R)、(G)、(B)向(X)、(Y)、(Z)的转换

原色：(R) = 700nm　(G) = 546.1nm　(B) = 435.8nm

参照点：等能白 = S_E　CIE 原色：(X)，(Y)，(Z)

	r	g	b
(X)：	1.2750	−0.2778	0.0028
(Y)：	−1.7392	2.7671	−0.0279
(Z)：	−0.7431	0.1409	1.6022

$$Y=r+4.5907g+0.0601b \tag{2-6}$$

若此颜色在零明度线上,则 $Y=0$,那么:

$$r+4.5907g+0.0601b=0$$

又因为:$r+g+b=1$,则上式变为:

$$r+4.5907g+0.0601(1-r-g)=0$$

即:

$$0.9399r+4.5306g+0.0601=0 \tag{2-7}$$

式(2-7)为一直线方程,即(X)、(Z)零明度方程,所以,直线上各点的明度都是零。

(3)使光谱轨迹内的真实颜色尽量落在(X)(Y)(Z)三角形内较大部分的空间,从而减少了(X)(Y)(Z)三角形内假想色的范围。

人们发现光谱轨迹540~700nm,在CIE1931—RGB表色系统色度图上,基本上是一条直线,于是,就使新系统假想三原色组成三角形的(X)(Y)这条边与这一线段相重合,求得这一直线的直线方程为:

$$r+0.99g-1=0 \tag{2-8}$$

三角形的另外一条边,取与光谱轨迹上波长503nm的点相靠近的直线,这条直线的方程为:

$$1.45r+0.55g+1=0 \tag{2-9}$$

式(2-7)、式(2-8)和式(2-9)的三个交点,分别是(X)、(Y)、(Z)在 r—g 色度图中的坐标点,这三个坐标点,在 r—g 色度图中的坐标为:

(X):$r=1.2750$　$g=-0.2778$　$b=0.0028$

(Y):$r=-1.7392$　$g=2.7671$　$b=-0.0279$

(Z):$r=-0.7431$　$g=0.1409$　$b=1.6022$

CIE1931—XYZ表色系统,既保持了CIE1931—RGB表色系统的关系和性质,又避免了计算时出现负值引起的麻烦。

二、CIE1931—XYZ表色系统色度坐标

在这里,我们同样可以参照CIE1931—RGB表色系统中,由RGB三维空间直角坐标系向 r、g 平面直角坐标系转换的方法,由 X、Y、Z 三维空间的直角坐标系统转换成表示三刺激值 X、Y、Z 相对关系的平面色度坐标 x、y、z。

$$x=\frac{X}{X+Y+Z} \qquad y=\frac{Y}{X+Y+Z} \qquad z=\frac{Z}{X+Y+Z}$$

而
$$x+y+z=1$$

以 x 为横坐标，以 y 为纵坐标，可以建立起新的直角坐标系，自然界中的所有颜色都可以用这一坐标系中的点来表示。这就是 CIE1931x—y 色度图（图 2－5）。CIE1931—RGB 表色系统与 CIE1931—XYZ 表色系统光谱色色度坐标之间的转换关系为：

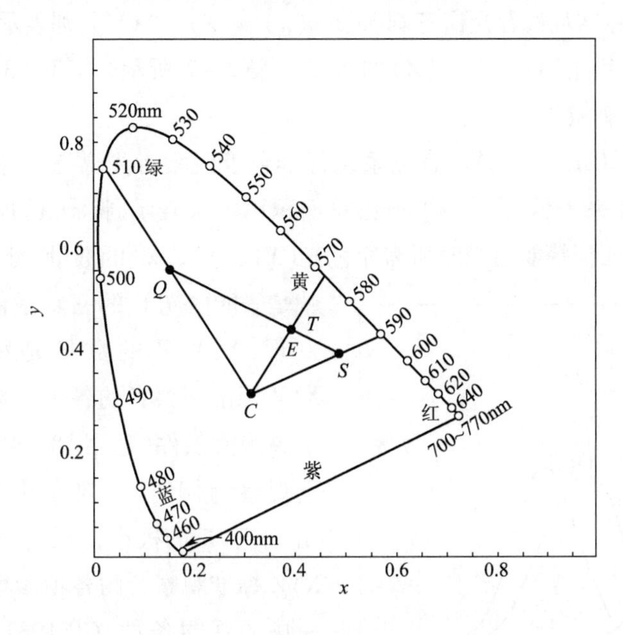

图 2－5　CIE1931x—y 色度图

$$x(\lambda)=\frac{0.49000r(\lambda)+0.31000g(\lambda)+0.20000b(\lambda)}{0.66697r(\lambda)+1.13240g(\lambda)+1.20063b(\lambda)}$$

$$y(\lambda)=\frac{0.17697r(\lambda)+0.81240g(\lambda)+0.01063b(\lambda)}{0.66697r(\lambda)+1.13240g(\lambda)+1.20063b(\lambda)}$$

$$z(\lambda)=\frac{0.00000r(\lambda)+0.01000g(\lambda)+0.99000b(\lambda)}{0.66697r(\lambda)+1.13240g(\lambda)+1.20063b(\lambda)}$$

用上式求出 CIE1931—RGB 表色系统 r—g 色度图中同一波长光谱色在 CIE1931x—y 色度图中的色度点，然后把各个光谱色的色度点连接，即得到 CIE1931x—y 色度图的光谱轨迹（图2－5 中的舌形曲线）。

三、CIE1931 标准色度观察者光谱三刺激值

在 CIE1931—XYZ 表色系统中，用于匹配等能光谱所需要的原色光（X）、（Y）、（Z）的数量叫作“CIE1931—XYZ 表色系统标准色度观察者光谱三刺激值”，也叫作 CIE1931—XYZ 表色系统标准色度观察者颜色匹配函数，简称“CIE1931—XYZ 表色系统标准观察者”。CIE1931—RGB 表色系统光谱三刺激值与 CIE1931—XYZ 表色系统的光谱三刺激值之间的转换关系，可用 CIE 推荐的如下关系式表示。

$$\bar{x}(\lambda)=2.7696\bar{r}(\lambda)+1.7518\bar{g}(\lambda)+1.13014\bar{b}(\lambda)$$
$$\bar{y}(\lambda)=1.0000\bar{r}(\lambda)+4.9507\bar{g}(\lambda)+0.0601\bar{b}(\lambda)$$
$$\bar{z}(\lambda)=0.0000\bar{r}(\lambda)+0.0565\bar{g}(\lambda)+5.5942\bar{b}(\lambda)$$

CIE1931—XYZ 标准观察者光谱三刺激值 $\bar{x}(\lambda)$、$\bar{y}(\lambda)$、$\bar{z}(\lambda)$ 分别表示在匹配等能光谱时，各个不同波长所需原色光(X)、(Y)、(Z)的数量。表 2－2 所示为 CIE1931—XYZ 表色系统标准色度观察者光谱三刺激值。

图 2－6 所示为 CIE1931—XYZ 表色系统标准色度观察者光谱三刺激值曲线。若将其中 $\bar{x}(\lambda)$所占总面积用 X 来表示，将 $\bar{y}(\lambda)$ 所占总面积用 Y 来表示，将 $\bar{z}(\lambda)$所占总面积用 Z 来表示，则 X、Y、Z 就代表匹配等能白光时所需原色光(X)、(Y)、(Z)的数量。这里的 X、Y、Z 实际上就是等能白光 E 的三刺激值。从表 2－2 可以发现，X、Y、Z 的数量是相等的。CIE1931—XYZ 标准观察者的各个参数，适用于 2°视场的中央观察条件(适用 1°～4°的视场)，在 2°视场下观察物体时，主要是中央凹锥体细胞起作用，小于 1°的极小视场的颜色观察，CIE1931—XYZ 标准观察者的各项参数都不适用，大于 4°视场的观察条件，CIE1931—XYZ 标准色度观察者也不适用。观察面积较大时，需要选用 10°视场的“CIE1964—XYZ 补充色度学系统标准色度观察者”。

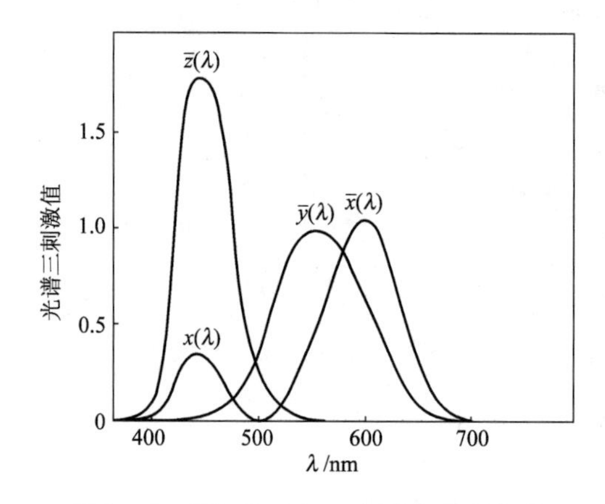

图 2－6　CIE1931—XYZ 标准色度观察者光谱三刺激值曲线

表 2－2　CIE1931—XYZ 标准色度观察者光谱三刺激值

λ/mm	分布系数			色度坐标		
	$\bar{x}(\lambda)$	$\bar{y}(\lambda)$	$\bar{z}(\lambda)$	$x(\lambda)$	$y(\lambda)$	$z(\lambda)$
380	0.0014	0.0000	0.0065	0.1741	0.0050	0.8209
385	0.0022	0.0001	0.0105	0.1740	0.0050	0.8210
390	0.0042	0.0001	0.0201	0.1738	0.0049	0.8213
395	0.0076	0.0002	0.0362	0.1736	0.0049	0.8215
400	0.0143	0.0002	0.0362	0.1736	0.0048	0.8219
405	0.0232	0.0006	0.1102	0.1730	0.0048	0.8222
410	0.0435	0.0012	0.2074	0.1726	0.0048	0.8226
415	0.0776	0.0022	0.3713	0.1721	0.0048	0.8231
420	0.1344	0.0040	0.6466	0.1714	0.0051	0.8235

续表

λ/mm	分 布 系 数			色 度 坐 标		
	$\bar{x}(\lambda)$	$\bar{y}(\lambda)$	$\bar{z}(\lambda)$	$x(\lambda)$	$y(\lambda)$	$z(\lambda)$
425	0.2148	0.0073	1.0391	0.1703	0.0053	0.8239
430	0.2839	0.0116	1.3866	0.1389	0.0069	0.8242
435	0.3285	0.0168	1.6230	0.1669	0.0086	0.8245
440	0.3483	0.0230	1.7471	0.1644	0.0109	0.8247
445	0.3481	0.0298	1.7826	0.1611	0.0138	0.8251
450	0.3362	0.0380	1.7721	0.1566	0.0177	0.8257
455	0.3187	0.0480	1.7441	0.1510	0.0227	0.8263
460	0.2908	0.0600	1.6692	0.1440	0.0297	0.8263
465	0.2511	0.0739	1.5281	0.1355	0.0399	0.8246
470	0.1954	0.0910	1.2876	0.1241	0.0578	0.8181
475	0.1421	0.1126	1.0419	0.1096	0.0868	0.8036
480	0.0956	0.1390	0.8130	0.0913	0.1327	0.7760
485	0.0580	0.1693	0.6162	0.0687	0.2097	0.7306
490	0.0320	0.2080	0.4652	0.0464	0.2950	0.6596
495	0.0147	0.2586	0.3533	0.0235	0.4127	0.5638
500	0.0049	0.3230	0.2720	0.0082	0.5384	0.4534
505	0.0024	0.4073	0.2123	0.0039	0.6548	0.3413
510	0.0093	0.5030	0.1582	0.0139	0.7502	0.2359
515	0.0291	0.6082	0.1117	0.0389	0.8120	0.1491
520	0.0633	0.7100	0.0782	0.0743	0.8338	0.0919
525	0.1096	0.7932	0.0573	0.1142	0.8262	0.0596
530	0.1655	0.8620	0.0422	0.1547	0.8059	0.0394
535	0.2257	0.9149	0.0298	0.1929	0.7316	0.0255
540	0.2904	0.9540	0.0203	0.2296	0.7543	0.0161
545	0.3597	0.9803	0.0134	0.2658	0.7243	0.0099
550	0.4334	0.9950	0.0087	0.3016	0.6923	0.0061
555	0.5121	1.0000	0.0057	0.3373	0.6589	0.0038
560	0.5945	0.9950	0.0039	0.3731	0.6245	0.0024
565	0.6784	0.9786	0.0027	0.4087	0.5896	0.0017
570	0.7621	0.9520	0.0021	0.4441	0.5547	0.0012
575	0.8425	0.9154	0.0018	0.4788	0.4866	0.0009
580	0.9163	0.8700	0.0017	0.5125	0.4866	0.0009
585	0.9786	0.8163	0.0014	0.5446	0.4544	0.0008
590	1.0263	0.7570	0.0011	0.5752	0.4242	0.0006
595	1.0567	0.6949	0.0010	0.6029	0.3965	0.0006
600	1.0622	0.6310	0.0008	0.6270	0.3725	0.0005

续表

λ/mm	分布系数			色度坐标		
	$\bar{x}(\lambda)$	$\bar{y}(\lambda)$	$\bar{z}(\lambda)$	$x(\lambda)$	$y(\lambda)$	$z(\lambda)$
605	1.0456	0.5668	0.0006	0.6482	0.3514	0.0004
610	1.0026	0.5030	0.0003	0.6658	0.3340	0.0002
615	0.9384	0.4412	0.0002	0.6801	0.3197	0.0002
620	0.8544	0.3810	0.0002	0.6915	0.3083	0.0002
625	0.7514	0.3210	0.0001	0.7006	0.2993	0.0001
630	0.6424	0.2650	0.0000	0.7079	0.2920	0.0001
635	0.5419	0.2170	0.0000	0.7140	0.2859	0.0001
640	0.4479	0.1750	0.0000	0.7190	0.2809	0.0001
645	0.3608	0.1382	0.0000	0.7230	0.2770	0.0000
650	0.2835	0.1070	0.0000	0.7260	0.2740	0.0000
655	0.2187	0.0816	0.0000	0.7283	0.2717	0.0000
660	0.1649	0.0610	0.0000	0.7300	0.2703	0.0000
665	0.1212	0.0446	0.0000	0.7311	0.2689	0.0000
670	0.0874	0.0320	0.0000	0.7320	0.2680	0.0000
675	0.0636	0.0232	0.0000	0.7327	0.2673	0.0000
680	0.0468	0.0170	0.0000	0.7334	0.2666	0.0000
685	0.0329	0.0119	0.0000	0.7340	0.2660	0.0000
690	0.0227	0.0082	0.0000	0.7344	0.2656	0.0000
695	0.0158	0.0057	0.0000	0.7346	0.2654	0.0000
700	0.0114	0.0041	0.0000	0.7347	0.2653	0.0000
705	0.0081	0.0029	0.0000	0.7347	0.2653	0.0000
710	0.0058	0.0021	0.0000	0.7347	0.2653	0.0000
715	0.0041	0.0015	0.0000	0.7347	0.2653	0.0000
720	0.0029	0.0010	0.0000	0.7347	0.2653	0.0000
725	0.0020	0.0007	0.0000	0.7347	0.2653	0.0000
730	0.0014	0.0005	0.0000	0.7347	0.2653	0.0000
735	0.0010	0.0004	0.0000	0.7347	0.2653	0.0000
740	0.0007	0.0002	0.0000	0.7347	0.2653	0.0000
745	0.0005	0.0002	0.0000	0.7347	0.2653	0.0000
750	0.0003	0.0001	0.0000	0.7347	0.2653	0.0000
755	0.0002	0.0001	0.0000	0.7347	0.2653	0.0000
760	0.0002	0.0001	0.0000	0.7347	0.2653	0.0000
765	0.0001	0.0000	0.0000	0.7347	0.2653	0.0000
770	0.0001	0.0000	0.0000	0.7347	0.2653	0.0000
775	0.0001	0.0000	0.0000	0.7347	0.2653	0.0000
780	0.0000	0.0000	0.0000	0.7347	0.2653	0.0000

第三节　CIE1964—XYZ 补充色度学系统

为了适应大视场的颜色测量，人们在大量实验的基础上，又建立起了一套适合于 10°大视场条件下，颜色测量的“CIE1964—XYZ 补充色度学系统”。在这一系统中，被观察物体的像，既覆盖了视网膜中心的锥体细胞，也覆盖了视网膜中央凹周围的杆体细胞。也就是说，此时的杆体细胞对颜色观察也发挥了一定的作用。

表 2 - 3 和表 2 - 4 分别为 CIE1964—RGB 表色系统补充标准色度观察者光谱三刺激值和 CIE1964—XYZ 补充标准色度观察者光谱三刺激值。图 2 - 7 和图 2 - 8 则是依照表 2 - 3 和表 2 - 4 中所列数据绘制的曲线。

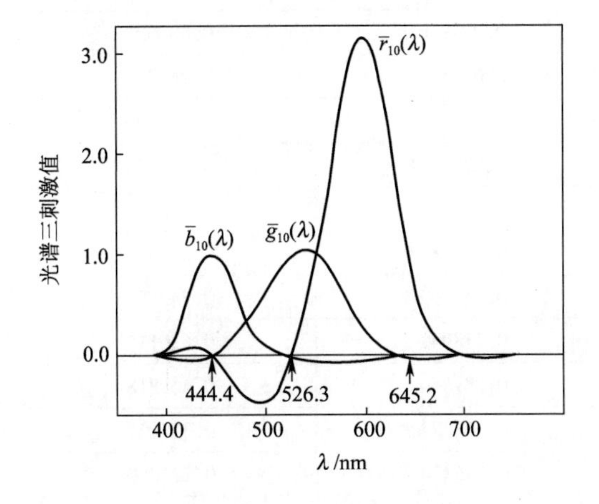

图 2 - 7　CIE1964—RGB 系统补充标准色度观察者光谱三刺激值曲线

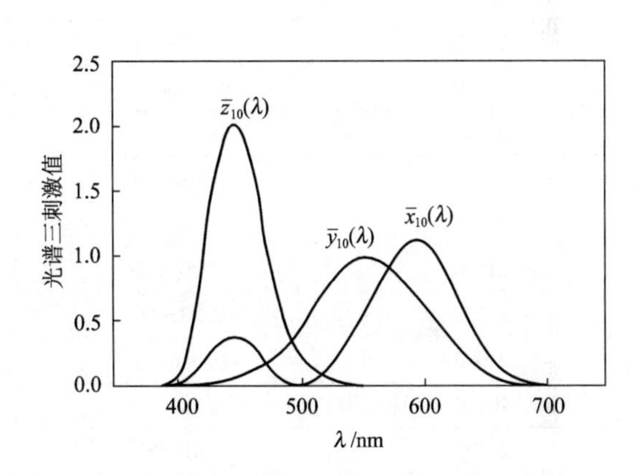

图 2 - 8　CIE1964—XYZ 补充标准色度观察者光谱三刺激值曲线

表 2 - 3　CIE1964—RGB 系统补充标准色度观察者光谱三刺激值

$\bar{\nu}$/cm^{-1}	光谱三刺激值		
	$\bar{r}_{10}(\bar{\nu})$	$\bar{g}_{10}(\bar{\nu})$	$\bar{b}_{10}(\bar{\nu})$
27750	0.000000079100	-0.000000021447	0.000000307299
27500	0.00000029891	-0.00000008125	0.00000116475
27250	0.00000108348	-0.00000029533	0.00000423733
27000	0.0000037522	-0.0000010271	0.0000147506
26750	0.0000123776	-0.0000034057	0.000048982
26500	0.000038728	-0.000010728	0.000154553
26250	0.000114541	-0.000032004	0.000462055
26000	0.00031905	-0.00009006	0.00130350
25750	0.00083216	-0.00023807	0.00345702
25500	0.00201685	-0.00058813	0.00857776

续表

$\bar{\nu}$/cm^{-1}	光谱三刺激值		
	$\bar{r}_{10}(\bar{\nu})$	$\bar{g}_{10}(\bar{\nu})$	$\bar{b}_{10}(\bar{\nu})$
25250	0.0045233	-0.0013519	0.0198315
25000	0.0093283	-0.0028770	0.0425057
24750	0.0176116	-0.0056200	0.0840402
24500	0.030120	-0.010015	0.152451
24250	0.045571	-0.016044	0.251453
24000	0.060154	-0.022951	0.374271
23750	0.071261	-0.029362	0.514950
23500	0.074212	-0.032793	0.648306
23250	0.068535	-0.032357	0.770262
23000	0.055848	-0.027996	0.883628
22750	0.033049	-0.017332	0.965742
22500	0.000000	0.000000	1.000000
22250	-0.041570	0.024936	0.987224
22000	-0.088073	0.057100	0.942474
21750	-0.143959	0.099886	0.863537
21500	-0.207995	0.150955	0.762081
21250	-0.285499	0.218942	0.630116
21000	-0.346240	0.287846	0.469818
20750	-0.388289	0.357723	0.333077
20500	-0.426587	0.435138	0.227060
20250	-0.435789	0.513218	0.151027
20000	-0.438549	0.614637	0.095840
19750	-0.404927	0.720251	0.057654
19500	-0.333995	0.830003	0.029877
19250	0.201889	0.933227	0.012874
19000	0.000000	1.000000	0.000000
18750	0.255754	1.042957	-0.008854
18500	0.556022	1.061343	-0.014341
18250	0.904637	1.031339	-0.017422
18000	1.314803	0.976838	-0.018644
17750	1.770322	0.887915	-0.017338
17500	2.236809	0.758780	-0.014812
17250	2.641981	0.603012	-0.011771
17000	3.002291	0.452300	-0.008829
16750	3.159249	0.306869	-0.005990
16500	3.064234	0.184057	-0.003593

续表

$\bar{\nu}/\mathrm{cm}^{-1}$	光谱三刺激值		
	$\bar{r}_{10}(\bar{\nu})$	$\bar{g}_{10}(\bar{\nu})$	$\bar{b}_{10}(\bar{\nu})$
16250	2.717232	0.094470	-0.001844
16000	2.191156	0.041693	-0.000815
15750	1.566864	0.013407	-0.000262
15500	1.000000	0.000000	0.000000
15250	0.575756	-0.002747	0.000054
15000	0.296964	-0.002029	0.000040
14750	0.138738	-0.001116	0.000022
14500	0.0602209	-0.0005130	0.000100
14250	0.0247724	-0.0002152	0.0000042
14000	0.00976319	-0.00008277	0.00000162
13750	0.00375328	-0.00003012	0.00000059
13500	0.00141908	-0.00001051	0.00000021
13250	0.000533169	-0.000003543	0.000000069
13000	0.000199730	-0.000001144	0.000000022
12750	0.0000743522	-0.0000003472	0.000000006
12500	0.0000276506	-0.0000000961	0.000000001
12250	0.0000102123	-0.0000000220	0.000000000

注　表中 ν 为波数，与波长的换算关系 $\lambda = \frac{1}{\nu}$。

表 2-4　CIE1964—XYZ 补充标准色度观察者光谱三刺激值

λ/nm	分布系数			色度坐标		
	$\bar{x}_{10}(\lambda)$	$\bar{y}_{10}(\lambda)$	$\bar{z}_{10}(\lambda)$	$x_{10}(\lambda)$	$y_{10}(\lambda)$	$z_{10}(\lambda)$
380	0.0002	0.0000	0.0007	0.1813	0.0197	0.7990
385	0.0007	0.0001	0.0029	0.1809	0.0195	0.7996
390	0.0024	0.0003	0.0105	0.1803	0.0194	0.8003
395	0.0072	0.0008	0.0323	0.1795	0.0190	0.8015
400	0.0191	0.0020	0.0860	0.1784	0.0187	0.8029
405	0.0434	0.0045	0.1971	0.1771	0.0184	0.8045
410	0.0847	0.0088	0.3894	0.1755	0.0181	0.8064
415	0.1406	0.0145	0.6568	0.1732	0.0178	0.8090
420	0.2045	0.0214	0.9725	0.1706	0.0179	0.8115
425	0.2647	0.0295	1.2825	0.1679	0.0187	0.8134
430	0.3147	0.0387	1.5535	0.1650	0.0203	0.8115
435	0.3577	0.0496	1.7985	0.1622	0.0225	0.8153
440	0.3837	0.0621	1.9673	0.1590	0.0257	0.8153
445	0.3867	0.0747	2.0273	0.1554	0.0300	0.8145
450	0.3707	0.0895	1.9943	0.1510	0.0364	0.8126

续表

λ/nm	分布系数			色度坐标		
	$\bar{x}_{10}(\lambda)$	$\bar{y}_{10}(\lambda)$	$\bar{z}_{10}(\lambda)$	$x_{10}(\lambda)$	$y_{10}(\lambda)$	$z_{10}(\lambda)$
455	0.3430	0.1063	1.9007	0.1459	0.0452	0.8038
460	0.3023	0.1282	1.7454	0.1689	0.0589	0.8022
465	0.2541	0.1528	1.5549	0.1295	0.0779	0.7926
470	0.1956	0.1852	1.3176	0.1152	0.1090	0.7758
475	0.1323	0.2199	1.0302	0.0957	0.1591	0.7452
480	0.0805	0.2536	0.7721	0.0728	0.2292	0.6980
485	0.0411	0.2977	0.5701	0.0452	0.3275	0.6273
490	0.0162	0.3391	0.4153	0.0210	0.4401	0.5389
495	0.0051	0.3954	0.3024	0.0073	0.5625	0.4302
500	0.0038	0.4608	0.2185	0.0056	0.6745	0.3199
505	0.0154	0.5314	0.1592	0.0219	0.7526	0.2256
510	0.0375	0.6067	0.1120	0.0495	0.8023	0.1482
515	0.0714	0.6857	0.0822	0.0850	0.8170	0.0980
520	0.1177	0.7618	0.0607	0.1252	0.8102	0.0646
525	0.1730	0.8233	0.0431	0.1664	0.7922	0.0414
530	0.2305	0.8752	0.0305	0.2071	0.7663	0.0267
535	0.3042	0.9238	0.0206	0.2436	0.7399	0.0165
540	0.3768	0.9620	0.0137	0.2786	0.7113	0.0101
545	0.4516	0.9822	0.0079	0.3132	0.6813	0.0055
550	0.5298	0.9918	0.0040	0.3473	0.6501	0.0026
555	0.6161	0.9991	0.0011	0.3812	0.6182	0.0007
560	0.7052	0.9973	0.0000	0.4142	0.5858	0.0000
565	0.7938	0.9824	0.0000	0.4469	0.5531	0.0000
570	0.8787	0.9556	0.0000	0.4790	0.5210	0.0000
575	0.9512	0.9152	0.0000	0.5096	0.4904	0.0000
580	1.0142	0.8698	0.0000	0.5386	0.4614	0.0000
585	1.0743	0.8256	0.0000	0.5654	0.4346	0.0000
590	1.1185	0.7774	0.0000	0.5900	0.4100	0.0000
595	1.1343	0.7204	0.0000	0.6116	0.3884	0.0000
600	1.1240	0.6537	0.0000	0.6306	0.3694	0.0000
605	1.0891	0.5939	0.0000	0.6471	0.3529	0.0000
610	1.0305	0.5280	0.0000	0.6612	0.3388	0.0000
615	0.9507	0.4618	0.0000	0.6731	0.3269	0.0000
620	0.8563	0.3981	0.0000	0.6827	0.3173	0.0000
625	0.7549	0.3396	0.0000	0.6898	0.3102	0.0000
630	0.6475	0.2835	0.0000	0.6955	0.3045	0.0000

续表

λ/nm	分布系数			色度坐标		
	$\bar{x}_{10}(\lambda)$	$\bar{y}_{10}(\lambda)$	$\bar{z}_{10}(\lambda)$	$x_{10}(\lambda)$	$y_{10}(\lambda)$	$z_{10}(\lambda)$
635	0.5351	0.2283	0.0000	0.7010	0.2990	0.0000
640	0.4316	0.1798	0.0000	0.7059	0.2941	0.0000
645	0.3437	0.1402	0.0000	0.7103	0.2898	0.0000
650	0.2683	0.1076	0.0000	0.7137	0.2863	0.0000
655	0.2043	0.0812	0.0000	0.7156	0.2844	0.0000
660	0.1526	0.0603	0.0000	0.7168	0.2832	0.0000
665	0.1122	0.0441	0.0000	0.7179	0.2821	0.0000
670	0.0813	0.0318	0.0000	0.7187	0.2813	0.0000
675	0.0579	0.0226	0.0000	0.7193	0.2807	0.0000
680	0.0409	0.0159	0.0000	0.7189	0.2802	0.0000
685	0.0286	0.0111	0.0000	0.7200	0.2800	0.0000
690	0.0199	0.0077	0.0000	0.7202	0.2798	0.0000
695	0.0138	0.0054	0.0000	0.7203	0.2797	0.0000
700	0.0096	0.0037	0.0000	0.7204	0.2796	0.0000
705	0.0066	0.0026	0.0000	0.7203	0.2797	0.0000
710	0.0046	0.0018	0.0000	0.7202	0.2798	0.0000
715	0.0031	0.0012	0.0000	0.7201	0.2799	0.0000
720	0.0022	0.0008	0.0000	0.7199	0.2801	0.0000
725	0.0015	0.0006	0.0000	0.7197	0.2803	0.0000
730	0.0010	0.0004	0.0000	0.7195	0.2806	0.0000
735	0.0007	0.0003	0.0000	0.7192	0.2808	0.0000
740	0.0005	0.0002	0.0000	0.7189	0.2811	0.0000
745	0.0004	0.0001	0.0000	0.7186	0.2814	0.0000
750	0.0003	0.0001	0.0000	0.7183	0.2817	0.0000
755	0.0002	0.0001	0.0000	0.7180	0.2820	0.0000
760	0.0001	0.0000	0.0000	0.7176	0.2824	0.0000
765	0.0001	0.0000	0.0000	0.7172	0.0000	0.0000
770	0.0001	0.0000	0.0000	0.7161	0.2839	0.0000
775	0.0000	0.0000	0.0000	0.7165	0.2835	0.0000
780	0.0000	0.0000	0.0000	0.7161	0.2839	0.0000

用前面提到的 CIE1931—RGB 表色系统向 CIE1931—XYZ 表色系统转换的同样方法，也可以将 CIE1964—RGB 表色系统转换成 CIE1964—XYZ 表色系统。CIE1964—XYZ 补充标准色度观察者光谱三刺激值与 CIE1964—RGB 表色系统标准色度观察者光谱三刺激值之间的转换关系，可由 CIE 推荐的转换关系式来表达。

$$\left.\begin{aligned}\bar{x}_{10}(\nu)&=0.341080\,\bar{r}_{10}(\nu)+0.189145\,\bar{g}_{10}(\nu)+0.387529\,\bar{b}_{10}(\nu)\\\bar{y}_{10}(\nu)&=0.139058\,\bar{r}_{10}(\nu)+0.837460\,\bar{g}_{10}(\nu)+0.073316\,\bar{b}_{10}(\nu)\\\bar{z}_{10}(\nu)&=0.000000\,\bar{r}_{10}(\nu)+0.039553\,\bar{g}_{10}(\nu)+2.026200\,\bar{b}_{10}(\nu)\end{aligned}\right\}\tag{2-10}$$

CIE1964—XYZ 补充色度学系统,$x_{10}(\lambda)$—$y_{10}(\lambda)$色度图光谱轨迹上的光谱色的色度坐标为:

$$\left.\begin{aligned}x_{10}(\lambda)&=\frac{\bar{x}_{10}(\lambda)}{\bar{x}_{10}(\lambda)+\bar{y}_{10}(\lambda)+\bar{z}_{10}(\lambda)}\\y_{10}(\lambda)&=\frac{\bar{y}_{10}(\lambda)}{\bar{x}_{10}(\lambda)+\bar{y}_{10}(\lambda)+\bar{z}_{10}(\lambda)}\end{aligned}\right\}\tag{2-11}$$

其色度图见图 2-9。

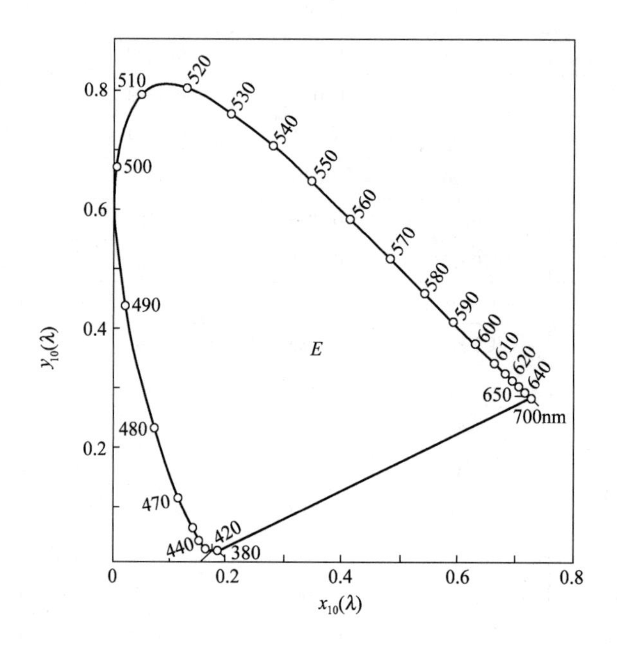

图 2-9　CIE1964—XYZ 补充色度学系统 $x_{10}(\lambda)$—$y_{10}(\lambda)$色度图

在 CIE1964—XYZ 补充色度学系统色度图中,等能白光的色度坐标为:

$$x_{10E}=0.3333\qquad y_{10E}=0.3333$$

若将 CIE1964—XYZ 补充色度学系统的标准色度观察者光谱三刺激值与 CIE1931—XYZ 表色系统标准色度观察者光谱三刺激值的数据进行一下比较,就会发现两者的光谱三刺激值曲线略有不同(图 2-10),$\bar{y}_{10}(\lambda)$ 10°视场下的曲线,在 400~500nm 区域,高于 2°视场的 $\bar{y}(\lambda)$ 曲线的值,表明中央凹外部的细胞对短波光谱有更高的感受性。

若将 CIE1931x—y 色度图与 CIE1964—XYZ 补充色度学系统 x_{10}—y_{10} 色度图进行比较，发现两者的光谱轨迹在形状上很相似，但不能就此认为两个光谱轨迹上，具有相同色度坐标的点，代表着相同的意义。仔细比较就会发现，相同波长的光谱色在各自色度图的光谱轨迹上的位置有很大的差异。

例如，在 580～600nm 具有相同波长的光谱色，在两个色度图中的坐标值可能会有很大差异。因而，当两个具有不同分光反射率曲线的颜色在 CIE1931x—y 色度图中，具有相同的色度坐标，也就是说，具有相同的颜色（条件等色），而在 CIE1964 补充色度学系统中的 x_{10}—y_{10} 色度图中，就可能会有不同的色度坐标。也就是说，在 2°视场条件下相匹配的两个颜色，在 10°视场条件下可能就不匹配了。从 CIE1964 补充色度学系统向 CIE1931 表色系统转换时，也会出现相同的情况。CIE1931 色度学系统和 CIE1964 补充色度学系统的两个色度图中唯一重合的点就是等能白光的色度点 E（图 2－11）。

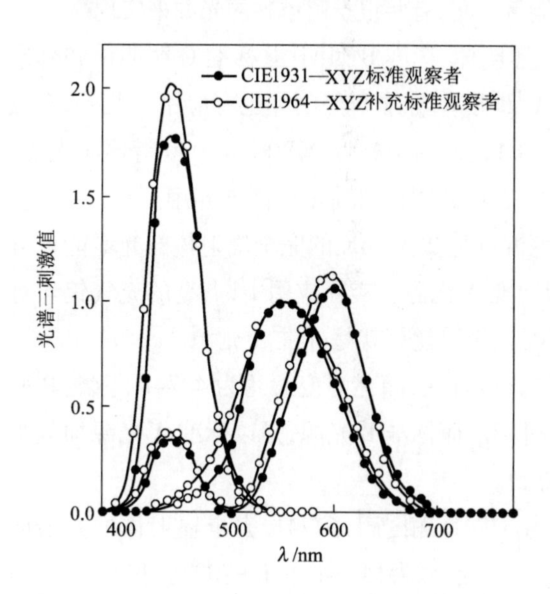

图 2－10　CIE1931—XYZ（2°视场）和 CIE1964—XYZ（10°视场）标准色度观察者光谱三刺激值曲线的比较

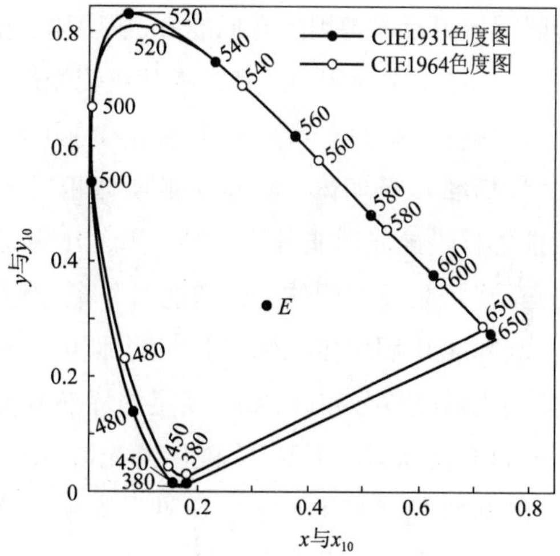

图 2－11　CIE1931 表色系统与 CIE1964 补充标准色度学系统光谱轨迹比较

研究发现，人的眼睛在 2°小视场条件下，观察颜色时辨别颜色差异的能力较低，当观察视场为 10°时，判断颜色的精度和重现性比较高。特别是深色低反射率样品。目前颜色测量大多采用 10°视场。

第四节　色度的计算方法

颜色的色度计算通常包括三刺激值 X、Y、Z 和色度坐标 x、y 的计算以及主波长和纯度的计算。

一、标准照明体和标准光源

物体的颜色受照亮它的光源所左右,这是人所共知的。在日常生活中,人们通常在日光下观察颜色,但日光的组成也是随时间而变化的。如日出时、日落前、正午直射的日光、阴天的日光等,其光谱能量分布都不尽相同。除此之外,人们还时常在人造光源下观察物体的颜色,如白炽灯、日光灯等,它们也都有着各自的光谱能量分布。因此,在这些具有不同光谱能量分布的光源下观察颜色,彼此之间必然会产生一定的差别。在色度学中,为了使颜色测量的结果更具有普遍性,以便于人与人之间的交流和颜色的传递,因而提出了标准光源的概念,以使大家在进行颜色鉴别时有一个共同的标准。所谓光源,在物理学中,指的是发光的物理辐射体,如各种灯、太阳、天空(反射光)等都可以叫作光源。而色度学中的所谓标准光源,是事先选定的符合颜色测量要求的光源。标准照明体是继标准光源概念之后提出的一个新概念。标准照明体亦称标准施照体,它仅仅代表一种特定的光谱能量分布,这种分布是根据颜色测量的要求而设定的,这种分布不一定必须由实在的光源提供,在颜色测量实践中,标准照明体的能量分布,有些很难由单独的光源来实现。

国际照明委员会推荐的标准照明体有标准A照明体、标准B照明体、标准C照明体和标准D_{65}照明体。目前常用的有标准D_{65}照明体、标准A照明体,标准C照明体也有应用。此外,在颜色测量中还常常使用D_{55}、D_{75}、三基色荧光灯(TL—84)、冷白荧光灯(CWF)和U30等照明光源。从目前颜色测量的实际情况看,标准B照明体和标准C照明体目前正逐渐被弃用。

1. 标准A照明体 标准A照明体相当于颜色温度为2855.6K的完全辐射体的光谱能量分布,能够提供此光谱能量分布的光源,CIE规定为标准A光源。实际应用中,点亮的充气钨丝灯可以重现标准A照明体的光谱能量分布,而点亮的充气钨丝灯就是标准A光源。

2. 标准B照明体 标准B照明体相当于正午直射日光,颜色温度大约为4874K,标准B照明体的光谱能量分布,由CIE规定的标准B光源得到。而标准B光源,是以标准A光源加戴维斯—吉伯逊(Davis - Gibson)液体滤光器B_1、B_2得到。

3. 标准C照明体 标准C照明体颜色温度为6774K,相当于6774K完全辐射体的光谱能量分布。它代表有薄云的阴天日光的光谱能量分布,一般认为相当于上午9:00至下午4:00的日光光谱能量分布的平均值。所以通常又称其为平均日光。标准C照明体的光谱能量分布,CIE规定由标准C光源得到,而标准C光源则可以由标准A光源加戴维斯—吉伯逊液体滤光器C_1、C_2来实现。戴维斯—吉伯逊C光源液体滤光器的溶液组成见表2-5。

表2-5 戴维斯—吉伯逊C光源液体滤光器的溶液组成

液槽1	B_1	C_1	液槽2	B_2	C_2
硫酸铜($CuSO_4 \cdot 5H_2O$)	2.452g	3.412g	硫酸钴铵[$CoSO_4(NH_4)_2SO_4 \cdot 6H_2O$]	21.71g	30.580g
甘露糖醇[$C_6H_5(OH)_5$]	2.452g	3.412g	硫酸铜($CuSO_4 \cdot 5H_2O$)	16.11g	22.520g
吡啶(C_5H_5N)	30.0mL	30.0mL	硫酸(H_2SO_4)	10.0mL	10.0mL
蒸馏水加至	1000mL	1000mL	蒸馏水加至	1000mL	1000mL

4. 标准 D_{65} 照明体　标准 D_{65} 照明体颜色温度为 6504K。相当于 6504K 的完全辐射体的光谱能量分布。标准 D_{65} 照明体的光谱能量分布，更接近于平均日光的光谱能量分布，因为这一光谱能量分布是参照平均日光能量分布人为设定的，更适合颜色测量的需要，所以又称重组日光。标准 D_{65} 照明体的光谱能量分布，目前还不能由相应的光源来准确重现，只可以近似的模拟。它不仅在可见光范围内更接近日光，而且在紫外线区也和日光非常接近，它是测量带有荧光样品时所必需的。此外，还有颜色温度为 5503K 和颜色温度为 7504K 的 D_{55} 和 D_{75} 照明体，作为 D_{65} 照明体的辅助照明体，也有应用。各种标准照明体的光谱能量分布见图 2 - 12、图 2 - 13。

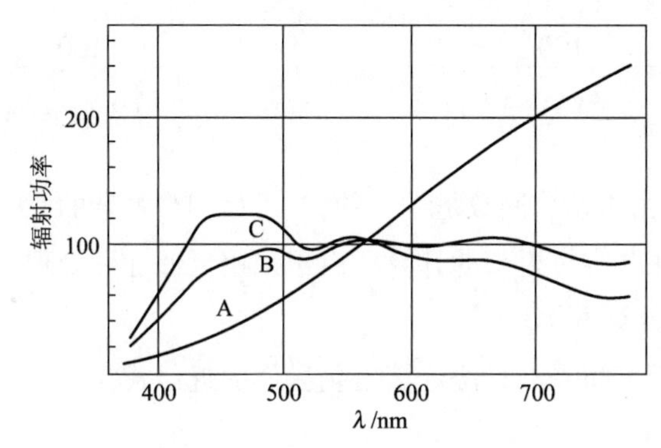

图 2 - 12　A、B、C 标准照明体的光谱能量分布曲线

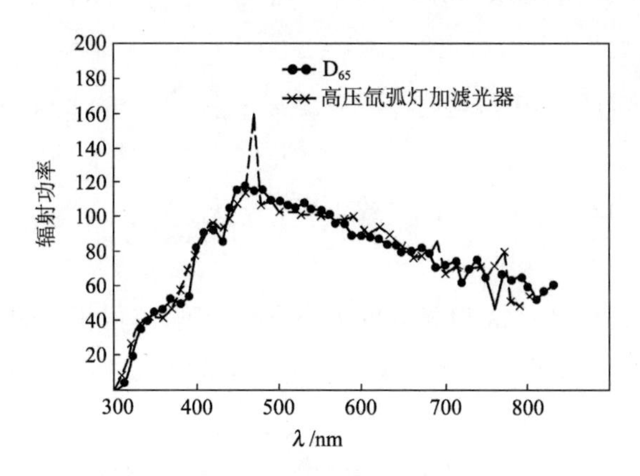

图 2 - 13　D_{65} 照明体的光谱能量分布曲线

二、三刺激值 X、Y、Z 和色度坐标 x、y 的计算

计算三刺激值 X、Y、Z 的基本公式：

$$
\left.\begin{aligned}
X &= k\int_{380}^{780} S(\lambda)\bar{x}(\lambda)\rho(\lambda)\,\mathrm{d}\lambda \quad \text{或} \quad X_{10} = k_{10}\int_{380}^{780} S(\lambda)\,\bar{x}_{10}(\lambda)\rho(\lambda)\,\mathrm{d}\lambda \\
Y &= k\int_{380}^{780} S(\lambda)\bar{y}(\lambda)\rho(\lambda)\,\mathrm{d}\lambda \quad \text{或} \quad Y_{10} = k_{10}\int_{380}^{780} S(\lambda)\,\bar{y}_{10}(\lambda)\rho(\lambda)\,\mathrm{d}\lambda \\
Z &= k\int_{380}^{780} S(\lambda)\bar{z}(\lambda)\rho(\lambda)\,\mathrm{d}\lambda \quad \text{或} \quad Z_{10} = k_{10}\int_{380}^{780} S(\lambda)\,\bar{y}_{10}(\lambda)\rho(\lambda)\,\mathrm{d}\lambda
\end{aligned}\right\} \qquad (2-12)
$$

式中:$\bar{x}(\lambda)$、$\bar{y}(\lambda)$、$\bar{z}(\lambda)$ ——CIE1931—XYZ 表色系统标准色度观察者光谱三刺激值;

$\bar{x}_{10}(\lambda)$、$\bar{y}_{10}(\lambda)$、$\bar{z}_{10}(\lambda)$ ——CIE1964—XYZ 补充色度学系统标准色度观察者光谱三刺激值;

$S(\lambda)$——标准照明体的相对光谱能量分布;

$\rho(\lambda)$——物体的分光反射率;

k——常数,称作调整因数。

调整各种不同照明体的明度 $Y=100$,k 值可由式(2-13)求得:

$$k = \frac{100}{\int_{380}^{780} S(\lambda)\bar{y}(\lambda)\mathrm{d}\lambda} \quad \text{或} \quad k_{10} = \frac{100}{\int_{380}^{780} S(\lambda)\bar{y}_{10}(\lambda)\mathrm{d}\lambda} \tag{2-13}$$

在上面的积分式中,由于积分函数是未知的,或者是相当复杂的,所以积分运算事实上不能进行。只能用求和的方法来进行近似的计算。由于采用近似计算处理的方法不同,因此就有了三刺激值 X、Y、Z 的不同计算方法。

1. 等间隔波长法 用等间隔波长法计算三刺激值的近似式为:

$$\left.\begin{aligned} X &= k\sum_{i=1}^{n} S(\lambda)\bar{x}(\lambda)\rho(\lambda)\Delta\lambda \quad \text{或} \quad X_{10} = k_{10}\sum_{i=1}^{n} S(\lambda)\bar{x}_{10}(\lambda)\rho(\lambda)\Delta\lambda \\ Y &= k\sum_{i=1}^{n} S(\lambda)\bar{y}(\lambda)\rho(\lambda)\Delta\lambda \quad \text{或} \quad Y_{10} = k_{10}\sum_{i=1}^{n} S(\lambda)\bar{y}_{10}(\lambda)\rho(\lambda)\Delta\lambda \\ Z &= k\sum_{i=1}^{n} S(\lambda)\bar{z}(\lambda)\rho(\lambda)\Delta\lambda \quad \text{或} \quad Z_{10} = k_{10}\sum_{i=1}^{n} S(\lambda)\bar{z}_{10}(\lambda)\rho(\lambda)\Delta\lambda \end{aligned}\right\} \tag{2-14}$$

所谓等间隔波长法,就是使 $\Delta\lambda$ 以相等的大小进行分割,测得相应的反射率值后,用式(2-14)进行计算。计算三刺激值 X、Y、Z 时,$\Delta\lambda$ 是一个常数,但是通常需要根据测量的要求来确定分割间隔的大小。

在实际测量时,分割间隔大小的确定,首先要考虑仪器的测量精度,其次要考虑测试的精度要求。精度要求高的计算,分割间隔可以选取比较小的值。进行颜色测量基础研究时,目前可选取的最小分割间隔为 $\Delta\lambda = 1\text{nm}$。精度要求不是很高时,为了简化计算,可以采用比较大的分割间隔。

目前,按 CIE 规定,分割间隔最大不超过 20nm。分割间隔越小,计算的工作量越大。在实际中,这种计算一般都由计算机来完成。

为简化计算,广大科技工作者进行了大量的前期准备工作,目前在很多资料中,都直接给出了 $S(\lambda)\bar{x}(\lambda)\Delta\lambda$ 、$S(\lambda)\bar{y}(\lambda)\Delta\lambda$、$S(\lambda)\bar{z}(\lambda)\Delta\lambda$ 的值,计算时,只要把测得的 $\rho(\lambda)$ 值与给出的数值对应相乘,然后再把所得到的数值相加后与调整因数 k 值相乘。等间隔波长法,是近代测色仪器的计算基础。X、Y、Z 计算的示意图，见图 2－14。表 2－6 列出了等间隔波长法的计算实例。

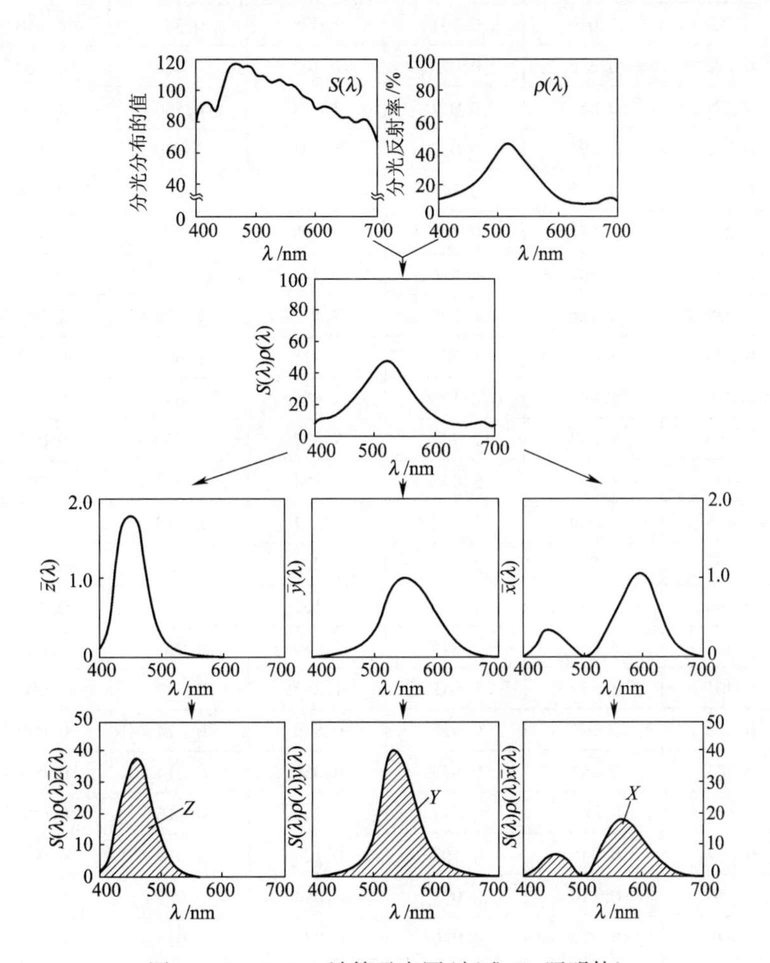

图 2－14　X、Y、Z 计算示意图（标准 D_{65} 照明体）

表 2－6　等间隔波长法的计算实例（D_{65}，2°视场）

λ/nm	$\rho(\lambda)$	$S(\lambda)\bar{x}(\lambda)$	$S(\lambda)\bar{x}(\lambda)\rho(\lambda)$	$S(\lambda)\bar{y}(\lambda)$	$S(\lambda)\bar{y}(\lambda)\rho(\lambda)$	$S(\lambda)\bar{z}(\lambda)$	$S(\lambda)\bar{z}(\lambda)\rho(\lambda)$
380	0.688	0.006	0.002	0.000	0.000	0.030	0.008
390	0.266	0.022	0.006	0.001	0.000	0.104	0.028
400	0.263	0.112	0.029	0.003	0.001	0.532	0.140
410	0.258	0.377	0.097	0.010	0.003	1.796	0.463
420	0.250	1.188	0.297	0.035	0.009	5.706	1.427
430	0.243	2.329	0.566	0.095	0.023	11.368	2.762
440	0.236	3.457	0.816	0.228	0.053	17.342	4.093
450	0.231	3.722	0.860	0.421	0.097	19.620	4.532
460	0.226	3.242	0.733	0.669	0.151	18.607	4.205
470	0.221	2.124	0.469	0.989	0.219	14.000	3.094

续表

λ/nm	$\rho(\lambda)$	$S(\lambda)\bar{x}(\lambda)$	$S(\lambda)\bar{x}(\lambda)\rho(\lambda)$	$S(\lambda)\bar{y}(\lambda)$	$S(\lambda)\bar{y}(\lambda)\rho(\lambda)$	$S(\lambda)\bar{z}(\lambda)$	$S(\lambda)\bar{z}(\lambda)\rho(\lambda)$
480	0.220	1.049	0.231	1.525	0.336	8.916	1.962
490	0.222	0.330	0.073	2.142	0.476	4.789	1.063
500	0.229	0.051	0.012	3.344	0.766	2.816	0.644
510	0.232	0.095	0.022	5.131	1.190	1.614	0.374
520	0.231	0.627	0.145	7.041	1.626	0.776	0.179
530	0.233	1.687	0.393	8.785	2.047	0.430	0.100
540	0.242	2.869	0.694	9.425	2.281	0.200	0.048
550	0.259	4.266	1.105	9.792	2.536	0.086	0.022
560	0.279	5.625	1.569	9.415	2.627	0.037	0.010
570	0.306	6.945	2.125	8.675	2.655	0.019	0.006
580	0.350	8.307	2.907	7.887	2.760	0.015	0.005
590	0.400	8.614	3.446	6.354	2.542	0.009	0.004
600	0.435	9.049	3.936	5.374	2.338	0.007	0.003
610	0.453	8.501	3.851	4.265	1.932	0.003	0.001
620	0.461	7.091	3.269	3.162	1.458	0.002	0.001
630	0.463	5.064	2.345	2.089	0.967	0.000	0.000
640	0.463	3.547	1.642	1.386	0.642	0.000	
650	0.462	2.146	0.991	0.810	0.374	0.000	
660	0.463	1.251	0.579	0.463	0.214	0.000	
670	0.465	0.681	0.317	0.249	0.116	0.000	
680	0.467	0.346	0.162	0.126	0.059	0.000	
690	0.470	0.150	0.071	0.054	0.025		
700	0.474	0.077	0.036	0.028	0.013		
710	0.477	0.041	0.020	0.015	0.007		
720	20.480	0.017	0.008	0.006	0.003		
730	0.482	0.009	0.004	0.003	0.001		
740	0.484	0.005	0.002	0.002	0.001		
750	0.486	0.002	0.001	0.001	0.000		
760	0.487	0.001	0.000	0.000			
770	0.488	0.000	0.000	0.000			
780	0.488	0.000	0.000	0.000			
	合计	$X=33.831$		$Y=30.548$		$Z=25.174$	

2. 选择坐标法 20世纪中叶，在颜色测量技术的最初发展阶段，由于计算机技术的限制，相关的计算手段比较少，选择坐标法在颜色测量方面是有一定实际意义的。因为它可以使三刺激值的计算大大简化，使原来必须由计算机完成的计算过程，通过手工即可顺利完成。该

方法的基本原理是：分别选择计算 X、Y、Z 所需要的适当的波长，调整不同波长区域的波长间隔 $\Delta\lambda_x$、$\Delta\lambda_y$、$\Delta\lambda_z$，使三刺激值 X、Y、Z 计算公式中的积分函数 $S(\lambda)\bar{x}(\lambda)\Delta\lambda_X$、$S(\lambda)\bar{y}(\lambda)\Delta\lambda_Y$、$S(\lambda)\bar{z}(\lambda)\Delta\lambda_Z$ 为常数，则三刺激值计算式(2－14)将变为：

$$\left.\begin{aligned} X &= k\sum S(\lambda)\bar{x}(\lambda)\rho(\lambda)\Delta\lambda = kA\sum\rho(\lambda)_X = f_X\sum\rho(\lambda)_X \\ Y &= k\sum S(\lambda)\bar{y}(\lambda)\rho(\lambda)\Delta\lambda = kB\sum\rho(\lambda)_Y = f_Y\sum\rho(\lambda)_Y \\ Z &= k\sum S(\lambda)\bar{z}(\lambda)\rho(\lambda)\Delta\lambda = kC\sum\rho(\lambda)_Z = f_Z\sum\rho(\lambda)_Z \end{aligned}\right\} \tag{2-15}$$

式中：$A = S(\lambda)_X\bar{x}(\lambda)_X\Delta\lambda_X$，$B = S(\lambda)_Y\bar{y}(\lambda)_Y\Delta\lambda_Y$，$C = S(\lambda)_Z\bar{z}(\lambda)_Z\Delta\lambda_Z$

因此，我们只要测定相应波长下的 $\rho(\lambda)$ 值，并在 380～760nm 范围内选定波长下的 $\rho(\lambda)$ 值求和，再乘以相应的系数，就可以计算出 X、Y、Z 的值了。常见的选择坐标为 30 个坐标（表 2－7），表 2－7 中带＊的波长为 10 个坐标，此时的系数为：$f_{X10}=3f_{X30}$，$f_{Y10}=3f_{Y30}$，$f_{Z10}=3f_{Z30}$。

表 2－7　选择坐标法计算实例

$(\lambda)_X$	$\rho(\lambda)_X$	$(\lambda)_Y$	$\rho(\lambda)_Y$	$(\lambda)_Z$	$\rho(\lambda)_Z$
424.4	0.280	465.9	0.194	414.1	0.275
＊435.5	0.275	＊489.4	0.131	＊422.2	0.283
443.8	0.261	500.4	0.110	426.3	0.281
452.1	0.236	508.7	0.093	429.4	0.278
＊461.2	0.212	＊515.1	0.078	＊432.0	0.276
474.0	0.166	520.6	0.070	434.3	0.274
531.2	0.058	525.4	0.059	436.5	0.271
＊544.3	0.042	＊529.8	0.054	＊438.6	0.269
552.4	0.038	533.9	0.052	440.6	0.267
558.7	0.034	537.7	0.045	442.5	0.265
＊564.1	0.031	＊541.4	0.043	＊444.4	0.255
568.9	0.031	544.9	0.038	446.3	0.254
573.2	0.030	548.4	0.037	448.2	0.248
＊577.3	0.029	＊551.8	0.037	＊450.1	0.242
581.3	0.029	555.1	0.036	452.1	0.236
585.0	0.028	558.5	0.034	454.0	0.227
＊588.7	0.028	＊561.9	0.033	＊455.9	0.225
592.4	0.028	565.3	0.033	457.9	0.220
596.0	0.028	568.9	0.031	459.9	0.215
＊599.6	0.028	＊572.5	0.030	＊462.0	0.213

续表

$(\lambda)_X$	$\rho(\lambda)_X$	$(\lambda)_Y$	$\rho(\lambda)_Y$	$(\lambda)_Z$	$\rho(\lambda)_Z$
603.3	0.028	576.4	0.029	464.1	0.198
607.0	0.029	580.5	0.029	466.3	0.190
*610.9	0.029	*584.8	0.028	*468.7	0.187
615.0	0.029	589.6	0.028	471.4	0.176
619.4	0.030	594.8	0.028	474.3	0.168
*624.2	0.030	*600.8	0.028	*477.7	0.161
629.8	0.032	607.7	0.029	481.8	0.154
636.6	0.034	616.1	0.030	487.2	0.129
*645.9	0.035	*627.3	0.030	*495.2	0.117
663.0	0.037	647.4	0.035	511.2	0.108
	合计	$X=7.206$	$Y=5.106$	$Z=26.23$	

选择坐标法，对于分光反射率曲线起伏大的，通常会产生较大的误差，为了得到更高的测量精度，通常需要分割更多的点。这一方法计算简单，但是计算精度不如等波长间隔法。为了得到较高的准确度，必须缩小选择波长的间隔，增加选择波长的数量，随之而来的计算，当然也就变得复杂了。除此以外，选择坐标法中 $\rho(\lambda)$ 的读取常常比较困难，不可避免地会产生误差。对于计算精度，克夫(DE Kerf)进行过反复计算，他选择固体样品和透明薄膜，共20余个样品，以分割间隔 $\Delta\lambda=5nm$、$\Delta\lambda=10nm$ 和30个选择坐标进行计算，其结果见表2-8。

表2-8 等波长间隔法与选择坐标法准确性的比较(NBS单位)

误　差	等间隔波长法		选择坐标法(30个坐标)
	$\Delta\lambda=5nm$	$\Delta\lambda=10nm$	
20个样品的平均误差	0.04	0.29	1.54

其中的误差是以分割间隔 $\Delta\lambda=1nm$ 的计算结果为基准，从结果可以看出，当测量的精度要求为0.1NBS单位时，必须用 $\Delta\lambda=5nm$ 的等间隔波长法进行计算，而计算精度要求0.5NBS单位时，则可以用 $\Delta\lambda=10nm$ 的等间隔波长法计算，而30个选择坐法则不十分准确。尽管如此，在理论上还是有一定意义的。因为这一计算方法，对理解等间隔波长法计算三刺激值 X、Y、Z 的基本原理是有一定帮助的。

三、主波长和色纯度的计算

至此我们已经成功建立起了表色系统和相应表色参数的计算方法，基本上实现了把颜色用数字来表示的目的。但是，面对这复杂抽象的数字，我们仍然很难把它们与生活中五彩缤纷的颜色联系起来，例如：$Y=30.050$，$x=0.3927$，$y=0.1892$ 是一个鲜艳的带蓝光的红色；又如 $Y=$

3.130，$x = 0.4543$，$y = 0.4573$ 是一个暗黄色。可见，我们仅仅知道了表示颜色的参数，却不能根据这些参数，准确地了解相应颜色的属性，这在实际应用中显然还不是很方便。为了解决这一问题，经过大量的研究，结合色的三个属性，专家们提出了与色的三个属性相联系的主波长和兴奋纯度等概念，使颜色的基本属性与表示颜色的相关参数联系起来，为人们通过表示颜色的相应参数来了解颜色的属性提供了方便条件。给用 X、Y、Z 三刺激值表色系统的实用化，带来很大的方便。

1. 主波长的计算　用某一光谱色，按一定比例与一个确定的标准照明体（如 CIE 标准照明体 A、B、C 或 D_{65}）相混合而匹配出样品色，该光谱色的波长就是样品色的主波长。颜色的主波长大致对应于日常生活中观察到的颜色的色相。如果已知样品的色度坐标（x，y）和标准照明体的色度坐标（x_0，y_0），就可以通过两种方法定出样品的主波长。

（1）作图法：在 CIE x—y 色度图上，分别标出样品色和标准照明体的色度点，连接这两点作直线，并从样品色度点向外延长与光谱轨迹相交，这一交点对应的光谱轨迹的波长就是样品色的主波长。如图 2－15 所示，M 和 O 分别为样品色和标准 C 光源的色度点，连接两个色度点得到一条直线，把直线延长，与光谱轨迹相交于 519.4nm，519.4nm 就是该样品色 M 的主波长。但并不是所有样品的颜色都有相应的主波长。在色度图上，光谱色两端与标准光源色度点形成的三角形区域（紫色区）内的颜色，如 N 就没有主波长。这时，可以通过这一颜色的色度点与光源 C 的色度点作一条直线，直线的一端与对侧的光谱轨迹相交，另一端与纯紫轨迹相交，与光谱轨

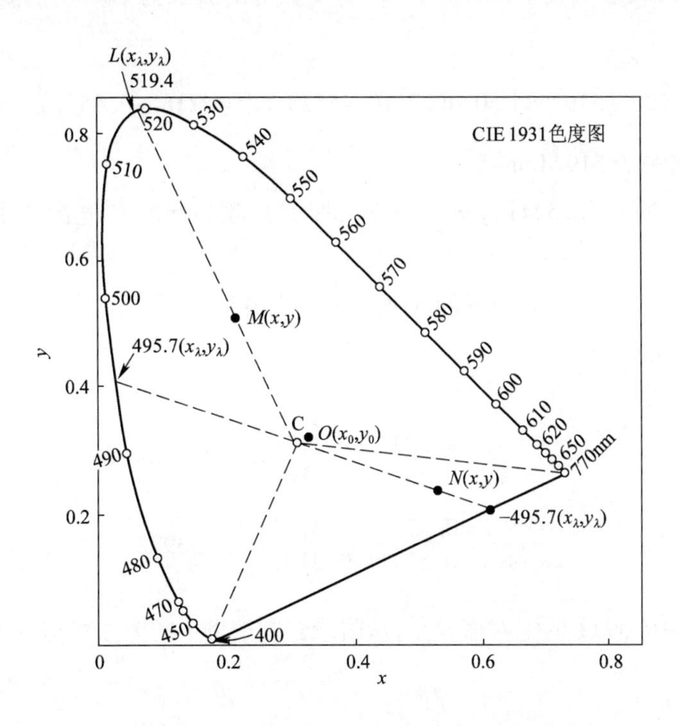

图 2－15　颜色主波长和补色主波长的确定

迹交点的光谱色波长就是该颜色的补色主波长。在标定颜色时,为了区分主波长和补色主波长,通常在补色主波长前面加一个负号,或在其后面加符号C来表示。样品N的补色主波长为-495.7nm,也可以写成495.7C。

(2)计算法:计算法是根据色度图上连接参照光源色度点与样品色度点的直线的斜率,查表读出相应的主波长。计算时需利用CIE1931x—y色度图标准光源A、B、C、E恒定主波长线的斜率表,见附录三。

例1.已知颜色M($x=0.2231$,$y=0.5032$),照射光源为标准C光源2°视场($x_0=0.3101$,$y_0=0.3162$)。

求:在标准C光源2°视场照射下,颜色M的主波长。

解:计算 $\frac{x-x_0}{y-y_0}$ 和 $\frac{y-y_0}{x-x_0}$

$$\frac{x-x_0}{y-y_0}=\frac{0.2231-0.3101}{0.5032-0.3162}=-0.4652$$

$$\frac{y-y_0}{x-x_0}=\frac{0.5032-0.3162}{0.2231-0.3101}=-2.1494$$

在这两个斜率中,取绝对值较小的 $\frac{x-x_0}{y-y_0}=-0.4652$,查附录三可知,-0.4652处于-0.4557和-0.4718之间,而-0.4557、-0.4718相应的波长为520nm和519nm,再由线性内插法计算得:

$$520-(520-519)\times[(0.4652-0.4557)\div(0.4718-0.4557)]=519.4$$

则M点的主波长为519.4nm。

例2.已知颜色N($x=0.5241$,$y=0.2312$),照射光源为标准C光源2°视场($x_0=0.3101$,$y_0=0.3162$)。

求:在标准C光源2°视场照射下的N点的补色主波长。

解:求斜率 $\frac{x-x_0}{y-y_0}$ 和 $\frac{y-y_0}{x-x_0}$

$$\frac{x-x_0}{y-y_0}=\frac{0.5241-0.3101}{0.2312-0.3162}=-2.5183$$

$$\frac{y-y_0}{x-x_0}=\frac{0.2312-0.3162}{0.5241-0.3101}=-0.3972$$

其中 $\frac{y-y_0}{x-x_0}=-0.3972$ 的绝对值较小,从附录三中按例1的方法可得N点的补色主波长为-495.7nm。

2.兴奋纯度 通常用样品颜色接近同一主波长光谱色的程度,表示该样品颜色的纯度。在x—y色度图中样品主波长线上,用标准光源点到样品色度点的距离与标准光源点到光谱色色度点(或标准光源点到纯紫轨迹上的样品补色主波长色度点)的距离之比来表示纯度时,称为兴奋纯度。也可以理解为:一个颜色的兴奋纯度,是同一主波长的光谱色被白光冲淡后,光谱色在这一混合颜色中所占的比例。在图 2－15 中,O 代表标准光源(标准 C 光源)点,M 代表颜色样品的色度点,L 代表光谱轨迹上的色度点,兴奋纯度由下列方程计算:

$$P_e = \frac{OM}{OL} = \frac{y - y_0}{y_\lambda - y_0} \quad (2-16)$$

或

$$P_e = \frac{OM}{OL} = \frac{x - x_0}{x_\lambda - x_0} \quad (2-17)$$

式中:P_e——兴奋纯度;

x, y——样品的色度坐标;

x_0, y_0——标准光源的色度坐标;

x_λ, y_λ——光谱轨迹上(或纯紫轨迹上)色度点的坐标。

样品的主波长和兴奋纯度,随所选用标准光源的不同而不同,用式(2－16)和式(2－17)计算兴奋纯度应得到相同的结果,但如果主波长(或补色主波长)与 x 轴近似平行时,也就是 y、y_λ 和 y_0 接近时,式(2－17)误差较大。当 y、y_λ 和 y_0 的值相同时,式(2－16)便失效,而应采用式(2－17)。反之,主波长(或补色主波长)与 y 轴接近平行时,则采用式(2－16)。从这里我们可以看出,标准光源的兴奋纯度为 0,而光谱色的兴奋纯度为 1。

例 3. 计算上述例 1 中在标准 C 光源 2°视场照射下,颜色样品 M 的兴奋纯度。

解:在标准 C 光源下,样品 M 的 $\frac{y - y_0}{x - x_0}$ 表明,主波长线位于色度图 y 轴方向,宜用式(2－17),标准 C 光源的 $y_0 = 0.3162$,样品 $y = 0.5032$,已经计算出样品主波长 $\lambda = 519.4$nm,由表 2－2 查得 519.4nm 的光谱色 $y_\lambda = 0.8338$,所以:

$$P_e = \frac{y - y_0}{y_\lambda - y_0} = \frac{0.5032 - 0.3162}{0.8338 - 0.3162} = 0.36$$

样品 M 的兴奋纯度为 0.36。

用主波长和纯度表示颜色比只用色度坐标表示颜色的优点在于,这种表示方法能给人以具体的印象,可以表示出一个颜色的色相和饱和度的大概情况。如我们用色度坐标表示在标准光源照射下的两个样品 C_1 和 C_2。

样品	色度坐标	
	x	y
C_1	0.546	0.386
C_2	0.526	0.392

虽然通过比较两样品的色度坐标,已经能够粗略地估计出颜色的差异,但是,如能再给出相

应的主波长和兴奋纯度,那么我们就可以知道这两个橙色,C_1 比 C_2 色光稍红,并且 C_1 比 C_2 兴奋纯度更高,颜色更鲜艳。

样　品	主波长/nm	兴奋纯度
C_1	594.0	0.82
C_2	592.0	0.78

颜色的主波长与日常生活中所观察到的颜色的色相大致相对应。但是,恒定主波长线上的颜色,并不对应着恒定的色相。同样,颜色的兴奋纯度,大致与颜色的饱和度相当,但并不完全相同。因为,色度图上不同部位的等纯度并不对应于等饱和度。图2-16为各种颜色在色度图上所处的位置。

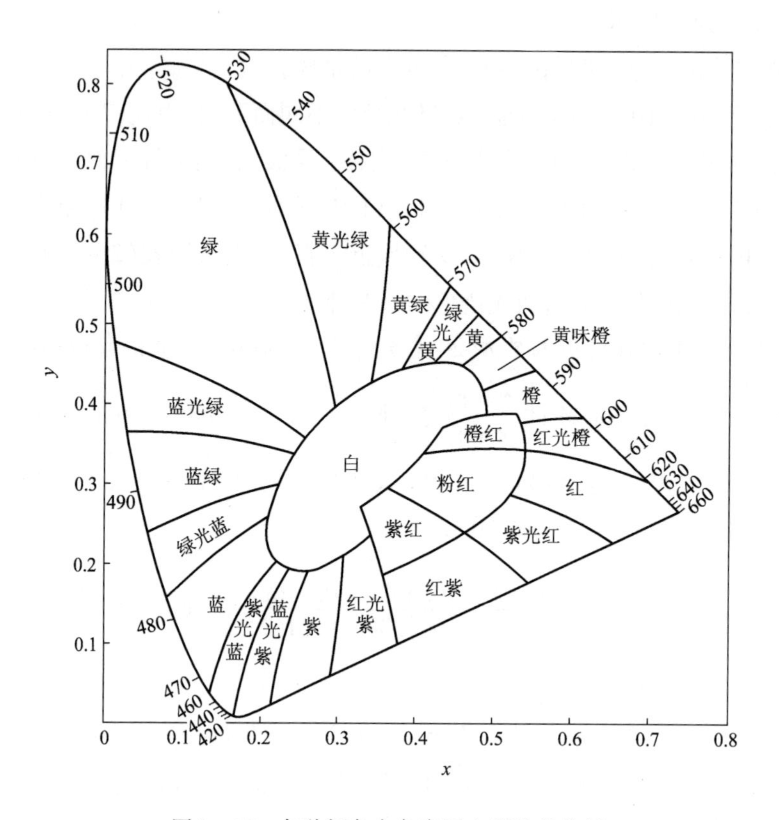

图2-16　各种颜色在色度图上所处的位置

复习指导

1. CIE1931—RGB 表色系统是在一批视力正常的观察者对匹配光谱色的实际观察结果的基础上建立起来的。从此实现了颜色的数字化。CIE1931—XYZ 表色系统是在 CIE1931—RGB 表色系统的基础上,通过数学变换的方法得到的,是颜色测量与计算的基础。其中 X、Y、Z 为三刺激值，x、y 为色度坐标。适用于小视场的颜色评价。CIE1964—XYZ 补充色度学系统适合于 10°大视场的颜色评价。X_{10}、Y_{10}、Z_{10} 为 CIE1964 补充色度学系统三刺激值。x_{10}、y_{10} 为色度坐标。

2. 标准色度观察者光谱三刺激值 $\bar{x}(\lambda)$、$\bar{y}(\lambda)$、$\bar{z}(\lambda)$ 是以选定的三原色光匹配等能光谱时的三刺激值。准确理解其含义，对理解颜色测量与计算有重要的意义。光源是发光的物理辐射体，如太阳、各种灯等。标准光源是选定的用于颜色计算的光源，如标准 A 光源、标准 C 光源等。标准照明体（标准施照体）是经过选择的应用于颜色计算的一种光谱能量分布。标准照明体仅仅代表一种光谱能量分布，这种光谱能量分布不一定要有相应的光源来重现这种能量分布。如标准 D_{65} 照明体，至今仍然难以准确地重现。颜色温度（简称色温）是定义光源颜色的一个物理量。当光源的颜色与完全辐射体被加热至某一温度时，辐射出的光的颜色相同时，该完全辐射体的温度则是光源的颜色温度。颜色温度只对应着一种能量分布，而与光源的实际温度并没有直接的关系。而相关色温则是定义那些色度点不在完全辐射体辐射轨迹上的光源的。

3. 分光反射率曲线是物体颜色特征的“指纹”。在颜色测量中，准确测得物体的分光反射率曲线是至关重要的，很多因素都可能影响测试结果。因此要想准确地测得物体的分光反射率曲线，除了应该有一台高精度的分光测色仪以外，还必须按照规范严格操作。

4. 标准照明体的改变会改变计算结果，如在标准 D_{65} 照明体下原本匹配的颜色，在标准 A 照明体下可能就不匹配了，这在纺织品染色质量的评价中是非常重要的。计算三刺激值时的分割间隔对计算结果的准确度有直接的影响。在进行颜色基础研究的测量中，精度要求比较高，所以常常采用比较小的分割间隔。而对于一般实际应用中的颜色测量，采用 10nm 的分割间隔已经基本能够满足要求。计算时，分割间隔越小，计算的工作量就越大。

习题

1. 什么是物体颜色的三刺激值和色度坐标？

2. 当 $\lambda=470$nm 时，由表 2－1 查出 $\bar{r}(\lambda)$、$\bar{g}(\lambda)$、$\bar{b}(\lambda)$，并计算色度坐标 $r(\lambda)$、$g(\lambda)$、$b(\lambda)$；分布系数 $\bar{x}(\lambda)$、$\bar{y}(\lambda)$、$\bar{z}(\lambda)$；色度坐标 $x(\lambda)$、$y(\lambda)$、$z(\lambda)$。

3. 光源的颜色是如何定义的？其光的颜色受什么因素的影响？

4. 什么是色纯度与主波长？

5. 已知两颜色参数为：$Y_1=22.81$、$x_1=0.2056$、$y_1=0.2428$，$Y_2=22$、$x_2=0.1869$、$y_2=0.2316$。分别计算其 C 光源下 2°视场的主波长和兴奋纯度。

第三章　色差及色差计算

第三章　色差及色差计算

色差，就是两个试样在颜色知觉上的差异。它是明度差、彩度差和色相差三个差值的综合效应。凭人的视觉，评价试样之间色差的方法：是将两个评价对象摆放在一起，在规定的照明和观察条件下，靠人的视觉来完成的。这当中存在的问题是显而易见的，这个问题在第一章中已经做过简单的介绍。CIEXYZ 表色系统，是为了解决以人的视觉进行颜色评价时存在的问题而建立起来的。在 CIEXYZ 颜色空间中，每一种颜色都对应一个相应的点，自然界中各种不同的颜色，分布于 XYZ 颜色空间的不同位置。因此，人们最先想到的，就是以色度点之间的距离来表示试样之间的色差。假如真的能够这样做，那当然是最简单明了的。但通过人们的研究发现，每一种颜色，对于人的视觉来说，实际上是一个范围，因为当某一颜色在色度图中的位置发生改变时，颜色也会随之发生改变。但是，当这种变化没有达到足够大时，人的视觉并不能分辨出颜色的变化。也就是说，在一个小的范围内，所有的颜色，对于人的视觉来说都是等效的。而这样一个小的范围，在 CIEXYZ 颜色空间的不同位置，范围的大小是不相同的。这一点从莱特(Wright)和麦克亚当(D. L. MacAdam)的研究结果中，可以清楚地看出来。图 3－1 为莱特的实验结果，他在 CIE1931x—y 色度图中，以线段的长度代表人眼睛的视觉感受阈限，即线段上的所有的点，对于人的视觉来说都是等效的。从图 3－1 中可以看到，不同颜色区域的线段长度是不同的。绿色区域的线段显然比较长，而紫色区域的线段长度比绿色区域要短得多。也就是说，在 CIE1931x—y 色度图上的不同区域中，人眼睛的分辨阈限是不同的。这就意味着，在绿色区域，当两个颜色的色度点之间距离比较大时，眼睛仍然不能分辨出颜色的变化，而在蓝紫色区域，当颜色发生较小变动时，眼睛就能够分辨出颜色的变化。

与莱特的研究方法相似，麦克亚当以二维的椭圆来代替莱特线段，更清晰地展示出，人的眼睛在 CIE1931x—y 色度图上不同区域分辨阈限的差异。图 3－2 为麦克亚当实验得到的结果。

在 CIE1931x—y 色度图的不同区域分布着大小不同的 25 个椭圆(为方便起见，这些椭圆都是经过放大后描绘于色度图中的)。图 3－2 中的椭圆，表示人的视觉在各个方向上的恰可分辨的范围。就是说在椭圆所包围的区域内，所有的色度点对应的颜色，与莱特线段上的颜色一样，人眼看起来都是相同的。这些椭圆通常被称为麦克亚当椭圆。由此可知，国际照明委员会推荐的 CIE1931—XYZ 颜色空间并不是一个均匀的颜色空间。由于颜色空间中，两对相等距离的颜色点，并不一定会给人以相同的颜色感觉，因而在这样一个不均匀的颜色空间中，就不可能以颜色点之间的距离来表示颜色之间的色差。这显然给颜色之间的色差评价带来很大的麻烦。

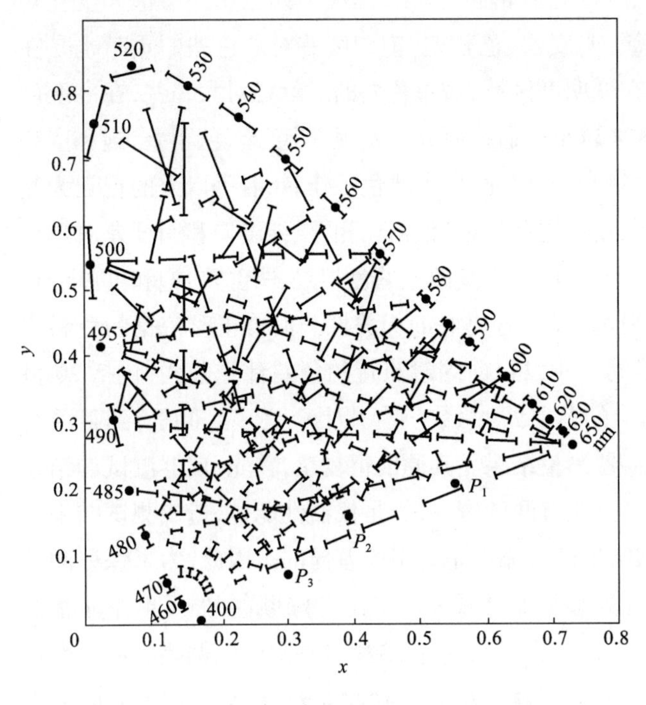

图 3－1　人眼对颜色的恰可分辨范围（莱特线段）

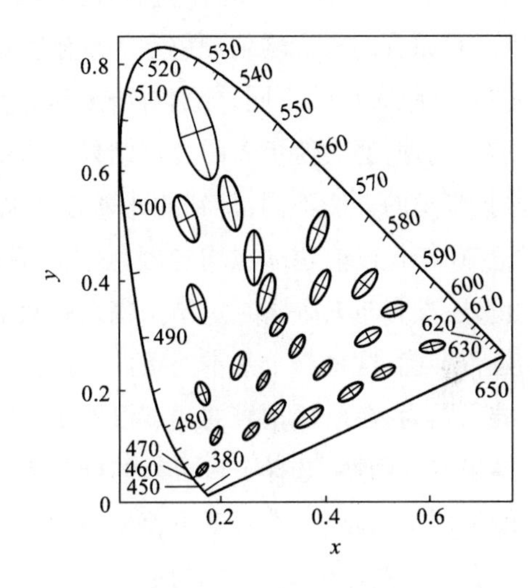

图 3－2　麦克亚当椭圆

第一节　均匀颜色空间与色差计算

基于不均匀颜色空间给色差计算带来的诸多不便，人们开始致力于均匀颜色空间和建立相应色差式的研究，以便使色差的计算变得更加简单明了，使计算结果与人的视觉之间有更好的相关性。如 CIE1960UCS 均匀颜色空间和 CIE1976L*a*b* 均匀颜色空间，都是在这样的指导思想下先后提出来的。均匀颜色空间建立的途径不同，所得结果也不同，得到的计算色差的公式也就不同，计算出来的结果与视觉之间的相关性当然也不相同。颜色空间均匀性好的，计算出的结果与视觉之间的相关性，一般也会好一些。如 CIE1976L*a*b* 均匀颜色空间，与其他均匀颜色空间相比，均匀性是比较好的，由此建立起来的 CIELAB 色差式（CIE1976L*a*b* 色差式）与视觉之间的相关性，也相应好一些。但是，此后人们在实际应用中发现，无论怎样努力改善颜色空间的均匀性，通过计算得到的试样之间的色差，与视觉之间的相关性，始终没有太大的改善。这其中存在的问题，正如前面已经提到的那样，用仪器对试样进行色差评价，与直接由人的眼睛来判断试样之间的色差，实质上是有差别的。因为仪器测得的是绝对色，而人的视觉直接观察到的试样之间的色差是相对色。因此，只有将色差公式以人的视觉为基准进行相应的调整，才有可能使计算结果与视觉之间有更好的相关性。试图通过建立均匀颜色空间来解决影响人机之间色差评价相关性的所有问题是不可能的。经过研究还发现，在对纺织品染色试样的色差进行评价时,明度差即颜色深浅变化,虽然色差值相同,但是,往往不如色相差或饱和度差对总色差的影响大。而且,在不同的颜色区域,明度差、色相差、饱和度差对总色差的贡献也是在改变的。如明度差对总色差的贡献,通常在低明度区域,对总色差的贡献相对大一些,在高明度区域,随着明度的提高,对总色差的贡献越来越小。通过研究还发现,明度差、色相差、饱和度差对总色差的贡献并不是孤立的,而是相互影响的。据此,广大颜色工作者,着手以人的视觉为基准,对原有建立在均匀颜色空间基础上的色差式进行修正,根据色相差、纯度差和明度差对总色差的贡献大小的不同,分别对原来建立在均匀颜色空间基础上的色相差、明度差、饱和度差进行加权处理,努力使色差的计算结果与人的视觉之间,有更好的相关性。而修正时依据的资料不同、修正的方法不同,得到的计算公式也不同。所以目前同时流行的色差计算公式,包括20世纪70年代以前建立在均匀颜色空间基础上的色差式,总数仍有几十个之多。但是,到目前为止,还没有与人眼睛判定结果完全一致的仪器测量结果。其原因很复杂,首先,仪器测试的结果是否准确,这是一个基本的条件。这其中又可能有两种情况,一是仪器性能差,造成测试结果不准。因为,在众多型号的测试仪器中,测试结果的可靠性是有很大差异的。因此,为了保证测试结果的准确性,选择一台可靠的分光光度计就显得非常重要。二是特殊颜色,如反射率非常低的特别深的颜色,本身就不容易测准,相比之下在这一区域,仪器测量本身产生偏差的可能性往往会大一些。因此,人机判定结果产生差异的概率就会增大。除此之外,还有人与人之间的视觉差异,鉴定颜色的条件,如照明光源、观察背景、测量环境、样品的状态等,它们都会改变目测鉴定颜色的结果,也就是说这些条件的变化,都会使人机判定结果出现差异的概率增大。还应该指出的是,色差公式的修正,是把众多的观察者,对处于颜色空间中各个不同颜色区域的大量试样,分别独立观察的结果,用数学的方法,找出其基本规律,作为对色差公式进行修正的依据。但是,这种规律非常复杂,很难用一个简单的数学关系准确地描述出来。这也是难于找到一个理想色差计算公式的原因之一。

正因为如此,人们前后提出的几十个色差计算公式,目前有相当一部分仍然应用于不同国家的不同行业中,并不统一。究其原因,其一,是这些色差公式虽然与人的视觉之间有较好的相关性,但又或多或少地存在着某些不足。没有哪一个公式,能够使计算结果与人的观察结果完全一致。所以,通常只能是根据自身的行业特点,选择适应行业特点并且与视觉相关性较好的公式。其二,可能与人们的使用习惯有关,用习惯了的色差计算公式,一般不会轻易更换。

颜色测量涉及很多方面,因此不可能只用某一两个公式。下面所列色差式,大多为目前常用的。

一、CIE1976L*a*b*(CIELAB)色差式

X、Y、Z 与 L^*、a^*、b^* 之间的转换关系:

$$L^* = 116\left(\frac{Y}{Y_0}\right)^{1/3} - 16$$

$$a^* = 500\left[\left(\frac{X}{X_0}\right)^{1/3} - \left(\frac{Y}{Y_0}\right)^{1/3}\right]$$

$$b^* = 200\left[\left(\frac{Y}{Y_0}\right)^{1/3} - \left(\frac{Z}{Z_0}\right)^{1/3}\right]$$

式中：X_0、Y_0、Z_0——理想白色物体的三刺激值。

其中：$\frac{X}{X_0}$、$\frac{Y}{Y_0}$、$\frac{Z}{Z_0}$应大于0.008856，否则应按下式计算：

$$L^* = 903.3\frac{Y}{Y_0}$$

$$a^* = 3893.5\left(\frac{X}{X_0} - \frac{Y}{Y_0}\right)$$

$$b^* = 1557.4\left(\frac{Y}{Y_0} - \frac{Z}{Z_0}\right)$$

CIE1976L*a*b*表色系统是以对立坐标理论为基础建立起来的，它的空间结构如图3－3所示。其中a^*为红绿坐标。a^*的正方向为红，a^*的负方向为绿。b^*为黄蓝坐标。b^*的正方向为黄，b^*的负方向为蓝。

CIE1976L*a*b*系统为三维直角坐标，也可以转换为柱坐标L^*（明度）、C^*（饱和度）、h^*（色相角）。柱坐标的结构如图3－4所示。

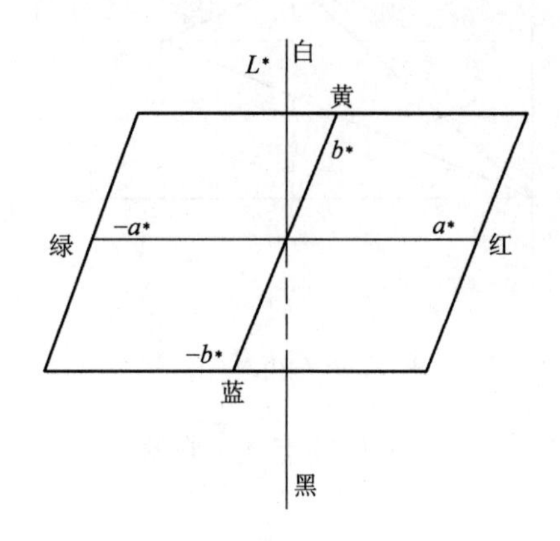

图3－3　CIE1976L*a*b*表色系统示意图

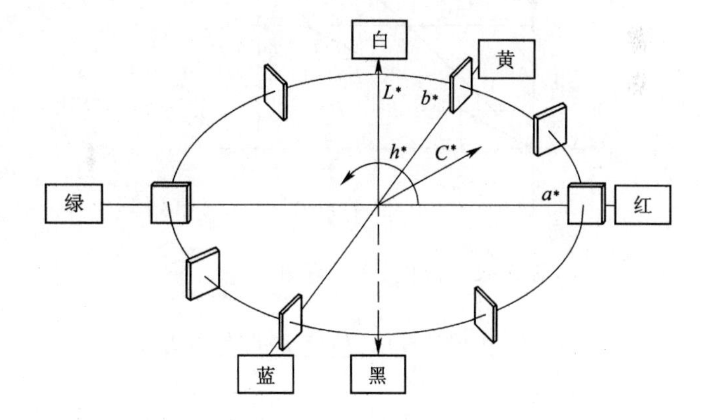

图3－4　CIE1976L*a*b*表色系统的柱坐标结构示意图

计算：

1. 明度差

$$\Delta L^* = L^*_{sp} - L^*_{std}$$

式中：sp——样品；

std——标准样。

2. 饱和度差

$$\Delta C_S^* = C_{sp}^* - C_{std}^*$$

$$\Delta C_S^* = (a_{sp}^{*2} + b_{sp}^{*2})^{1/2} - (a_{std}^{*2} + b_{std}^{*2})^{1/2}$$

式中 C_S^* 为样品的饱和度,是颜色的三要素之一。也可以把饱和度理解成样品颜色与中性灰色的饱和度之差,即表示颜色的鲜艳程度。测试的样品与标准样之间的差值 ΔC_S^* 为负值时,表示标准样比样品颜色鲜艳;ΔC_S^* 为正值时,表示样品的颜色比标准样鲜艳。饱和度差示意图如图3-5所示。

从图3-5中可以看出,饱和度差的大小等于两个线段之间的长度差。

3. 色度差

$$\Delta C_C^* = (\Delta a^{*2} + \Delta b^{*2})^{1/2}$$

色度差 ΔC_C^* 为两个颜色的色相和饱和度的总差值。

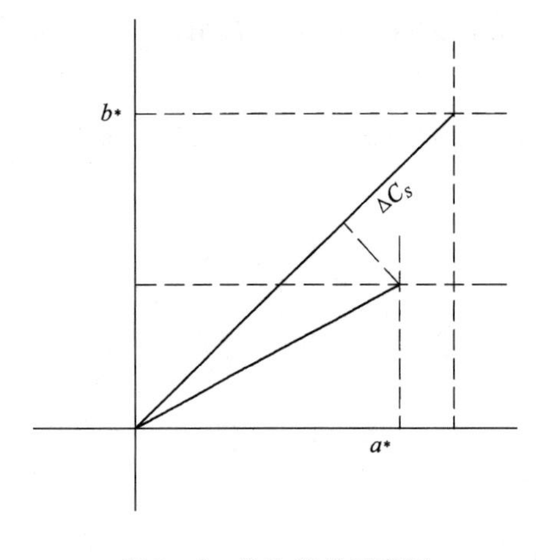

图3-5 饱和度差示意图

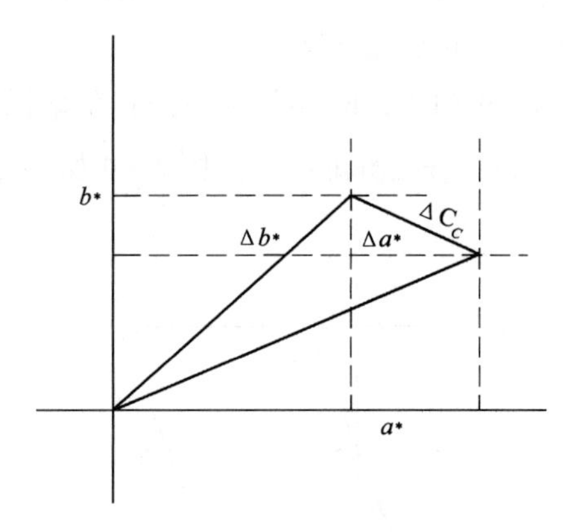

图3-6 色度差示意图

从图3-6中可以看出,色度差的大小等于 a^*—b^* 色度图中,两个色度点之间的距离。

4. 色相差

$$\Delta H^* = (\Delta C_C^{*2} - \Delta C_S^{*2})^{1/2}$$

这是一个从色度学概念出发,计算色相差的方法。也可以从后面计算出的总色差 ΔE^* 减去饱和度差和明度差得到。即:

$$\Delta H^* = (\Delta E^{*2} - \Delta C_S^{*2} - \Delta L^{*2})^{1/2}$$

除此之外,我们还可以从色相角的变化来判断两样品之间的色相差异。

色相角: $$h^* = \arctan \frac{b^*}{a^*}$$

式中：h^*——色相角(0°~360°)。

色相角差：$$\Delta h^* = h_{sp}^* - h_{std}^*$$

举例：D_{65}，10°视场

样品：	$X_{sp}=18.01$	$Y_{sp}=13.12$	$Z_{sp}=15.03$
标准：	$X_{std}=17.99$	$Y_{std}=14.03$	$Z_{std}=15.14$
理想白：	$X_0=94.83$	$Y_0=100.00$	$Z_0=107.38$

计算：

$$L_{sp}^* = 116\left(\frac{Y_{sp}}{Y_0}\right)^{1/3} - 16 = 116\left(\frac{13.12}{100.00}\right)^{1/3} - 16 = 42.94$$

$$L_{std}^* = 116\left(\frac{Y_{std}}{Y_0}\right)^{1/3} - 16 = 116\left(\frac{14.03}{100.00}\right)^{1/3} - 16 = 44.28$$

$$a_{sp}^* = 500\left[\left(\frac{X_{sp}}{X_0}\right)^{1/3} - \left(\frac{Y_{sp}}{Y_0}\right)^{1/3}\right] = 500\left[\left(\frac{18.01}{94.83}\right)^{1/3} - \left(\frac{13.12}{100.00}\right)^{1/3}\right] = 33.35$$

$$a_{std}^* = 500\left[\left(\frac{X_{std}}{X_0}\right)^{1/3} - \left(\frac{Y_{std}}{Y_0}\right)^{1/3}\right] = 500\left[\left(\frac{17.99}{94.83}\right)^{1/3} - \left(\frac{14.03}{100.00}\right)^{1/3}\right] = 27.49$$

$$b_{sp}^* = 200\left[\left(\frac{Y_{sp}}{Y_0}\right)^{1/3} - \left(\frac{Z_{sp}}{Z_0}\right)^{1/3}\right] = 200\left[\left(\frac{13.12}{100.00}\right)^{1/3} - \left(\frac{15.03}{107.38}\right)^{1/3}\right] = -2.21$$

$$b_{std}^* = 200\left[\left(\frac{Y_{std}}{Y_0}\right)^{1/3} - \left(\frac{Z_{std}}{Z_0}\right)^{1/3}\right] = 200\left[\left(\frac{14.03}{100.00}\right)^{1/3} - \left(\frac{15.14}{107.38}\right)^{1/3}\right] = -0.17$$

(1)明度差：$$\Delta L^* = L_{sp}^* - L_{std}^* = -1.34$$

因为差值为负值，所以，样品比标准样深。

(2)饱和度差：
$$\begin{aligned}\Delta C_S^* &= C_{sp}^* - C_{std}^* \\ &= (a_{sp}^{*2} + b_{sp}^{*2})^{1/2} - (a_{std}^{*2} + b_{std}^{*2})^{1/2} \\ &= [33.35^2 + (-2.21)^2]^{1/2} - [27.49^2 + (-0.17)^2]^{1/2} \\ &= 5.93\end{aligned}$$

(3)色度差：
$$\begin{aligned}\Delta C_C^* &= (\Delta a^{*2} + \Delta b^{*2})^{1/2} \\ &= [(a_{sp}^* - a_{std}^*)^2 + (b_{sp}^* - b_{std}^*)^2]^{1/2} \\ &= [(33.35 - 27.49)^2 + (-2.21 + 0.17)^2]^{1/2} \\ &= 6.21\end{aligned}$$

(4)色相差：$$\Delta H^* = (\Delta E^{*2} - \Delta L^{*2} - \Delta C_C^{*2})^{1/2} = 1.84$$

或由色度差减去饱和度差而得到。

$$\Delta H^* = (\Delta C_C^2 - \Delta C_S^2)^{1/2} = (6.21^2 - 5.93^2)^{1/2} = 1.84$$

色相角的计算：

从前面的计算可知,$a^* > 0, b^* < 0$,所以,样品的色度点在第四象限。

$$h_{sp}^* = \tan^{-1}\frac{b_{sp}^*}{a_{sp}^*} + 360$$

$$h_{sp}^* = \tan^{-1}\frac{-2.21}{33.35} + 360 = 356.21$$

$a_{std}^* > 0, b_{std}^* < 0$,所以,标准样的色度点也在第四象限。

$$h_{std}^* = \tan^{-1}\frac{b_{std}^*}{a_{std}^*} + 360$$

$$h_{std}^* = \tan^{-1}\frac{-0.17}{27.49} + 360 = 359.67$$

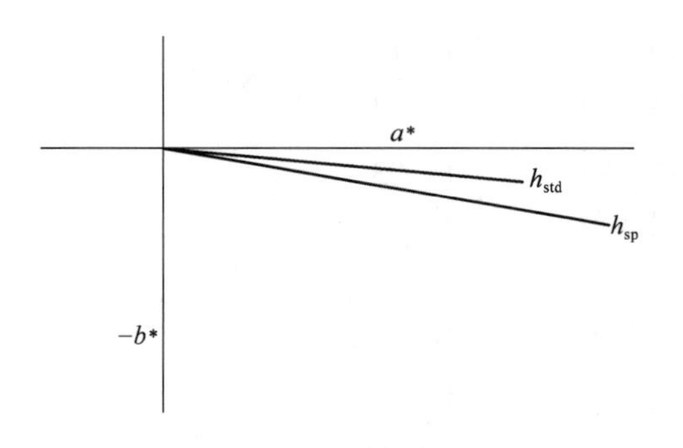

图3-7 试样的色相角与试样之间颜色特征的比较

前面分别计算了色相差和色相角,两个的结果显然不同,色相差的单位与总色差、明度差和饱和度差的单位都是相同的。当色相差的差值与其他各项色差的差值相同时,人的视觉会产生相同的视觉差异感觉。由前面的计算结果可知,两个试样之间,色相差 $\Delta H^* = 1.84$,从表3-5可知,由色相变化所引起的色差,相当于灰色样卡四级的色差,也就是说,人的视觉已经可以明显地觉察到了。色相差,通常只计算两个试样间的差值,而不计算其绝对值。色相角则通常用来判断颜色的色相,比较两个试样之间色相的差异方向。如按上面的计算结果,在图3-7中很容易看出样品比标准样更蓝一些。因为与标准样相比,样品颜色的色度点更靠近代表蓝色的 b^* 轴的负方向。反过来也可以说,标准样与样品相比应该更红一些,因为,标准样颜色的色度点更靠近代表红色的 a^* 轴的正方向。

(5)总色差:

$$\Delta E^* = (\Delta L^{*2} + \Delta a^{*2} + \Delta b^{*2})^{1/2}$$

$$\Delta E^* = (\Delta L^{*2} + \Delta C_C^{*2})^{1/2}$$

$$\Delta E^* = (\Delta L^{*2} + \Delta C_S^{*2} + \Delta H^{*2})^{1/2}$$

$$\Delta E^* = [(-1.34)^2 + 5.93^2 + 1.84^2]^{1/2} = 6.35$$

二、$CMC_{(l:c)}$ 色差式

$CMC_{(l:c)}$ 色差式是以 CIE1976L*a*b*(CIELAB)色差式为基础建立起来的,该色差式建立的基础是一批视力正常的颜色鉴定专家,分别对处于颜色空间不同区域的大批试样的目测结果进行分析判断后总结出来的规律。分别给予 ΔL^*、ΔC^*、ΔH^* 以不同的加权系数得到

的。$CMC_{(l:c)}$色差式，是目前与视觉相关性比较好的、应用比较广泛的色差式。图 3 – 8 为 CIELAB 色差椭球示意图，图 3 – 9 为 CMC 色差椭球示意图。

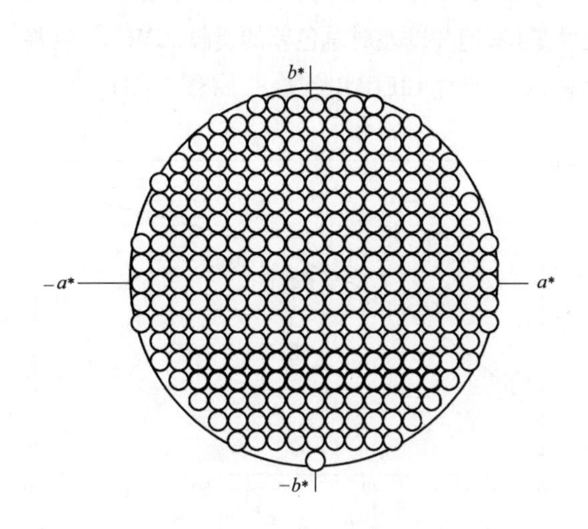

图 3 – 8　CIELAB 色差椭球示意图

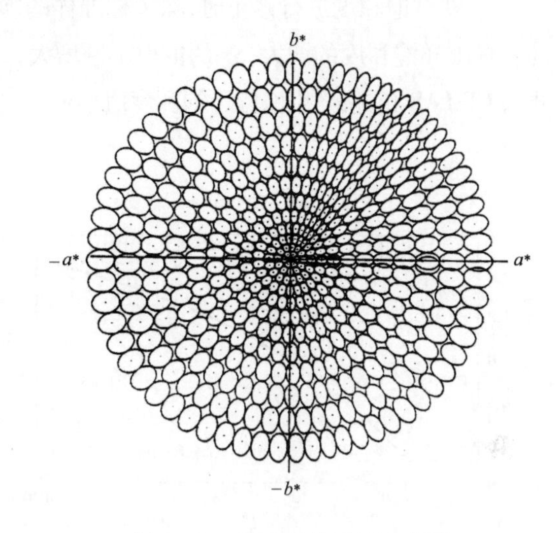

图 3 – 9　CMC 色差椭球示意图

$$\Delta E^*_{CMC} = \left[\left(\frac{\Delta L^*}{lS_L} \right)^2 + \left(\frac{\Delta C^*}{cS_C} \right)^2 + \left(\frac{\Delta H^*}{S_H} \right)^2 \right]^{1/2}$$

$$S_L = \frac{0.040975 L^*_{std}}{1 + 0.01765 L^*_{std}}$$

当 $L^*_{std} < 16$ 时：　$S_L = 0.511$

$$S_C = \frac{0.0638 C^*_{std}}{1 + 0.0131 C^*_{std}} + 0.638$$

$$S_H = S_C (tf + 1 - f)$$

$$f = \left(\frac{C^{*4}_{std}}{C^{*4}_{std} + 1900} \right)^{1/2}$$

当 $164° \leqslant H^*_{std} < 345°$时：　$t = 0.56 + |0.2\cos(h^*_{std} + 168)|$

其余部分：　$t = 0.36 + |0.4\cos(h^*_{std} + 35)|$

式中：S_L、S_C、S_H 分别为明度差，彩度差、色相差的加权系数，l、c 分别是调整明度和彩度相对宽容量的两个系数。在进行试样间色差可察觉性判断时，取 $l = c = 1$，进行试样间色差可接受性判断时，取 $l = 2$，$c = 1$，所以，在对纺织品染色试样间的色差进行评价时，常取 $l:c = 2:1$。记作 $CMC_{(2:1)}$。

从前面的计算公式中可以看出，对明度差进行修正的系数 S_L 在低明度时比较小，而在高明度时，则是一个比较大的值。也就是说在不同的明度区域，明度差在总色差中的重要性是不同的。即在试样的明度比较高时,明度差对总色差的贡献小,而明度差比较低时,明度差对总色差的贡献大(图3-10)。

S_C 在对饱和度进行修正时,除了标准样的饱和度为小于6的值之外,S_C 的值都大于1,而且,随着标准样饱和度的增大,S_C 的值也不断增大。也就是说,饱和度差对总色差的贡献,$CMC_{(l:c)}$ 色差式与CIELAB色差式相比,除了饱和度值小于6的试样以外,都比CIELAB色差式小(图3-11)。

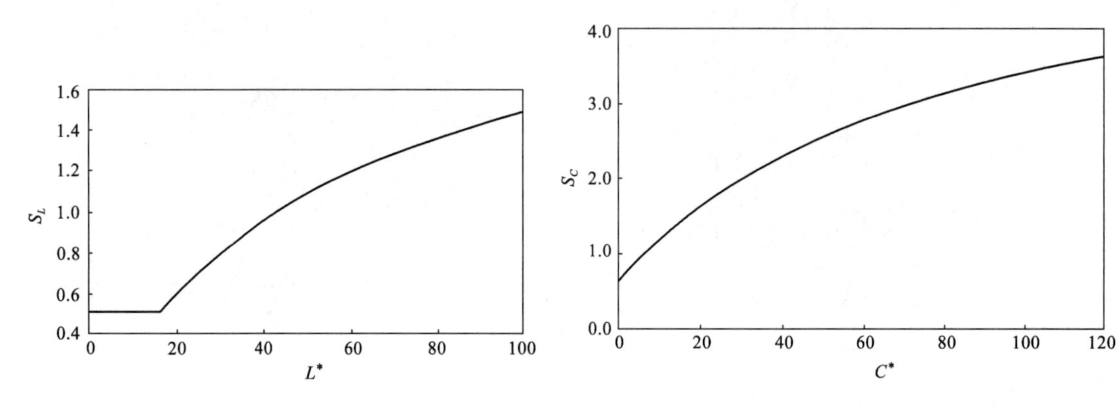

图3-10 不同明度区域明度差对总色差的贡献示意图

图3-11 饱和度差对总色差的贡献示意图

S_H 的大小受色相和饱和度的共同影响。具有高饱和度的试样,S_H 通常具有一个较大的值。也就是说,色相对高饱和度试样之间的颜色差别的影响比较小,而对于低饱和度试样之间的色差的影响比较大(图3-12)。

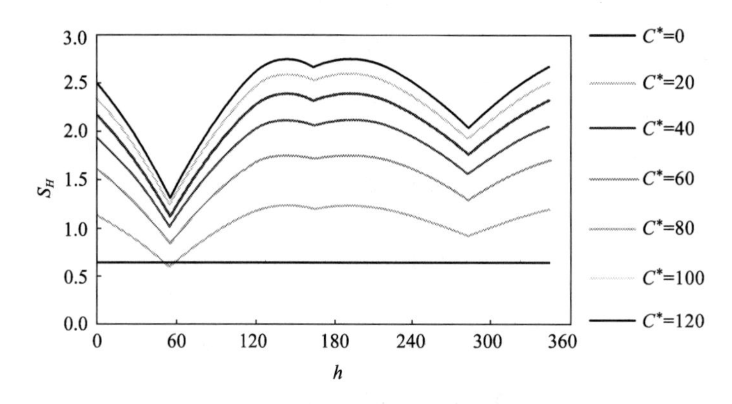

图3-12 色相差对总色差的贡献示意图

计算举例:

$$L^*_{std}=46.34203 \quad a^*_{std}=47.43260 \quad b^*_{std}=26.46473$$

$$L^*_{sp}=46.80476 \quad a^*_{sp}=47.68420 \quad b^*_{sp}=27.11055$$

$$S_L=\frac{0.040975L^*_{std}}{1+0.01765L^*_{std}}=\frac{0.040975\times46.34203}{1+0.01765\times46.34203}=1.0445$$

$$C_{std}^* = (a_{std}^{*2} + b_{std}^{*2})^{1/2} = (47.43260^2 + 26.46473^2)^{1/2} = 54.3161$$

$$S_C = \frac{0.0638C_{std}^*}{1 + 0.0131C_{std}^*} + 0.638 = \frac{0.0638 \times 54.3161}{1 + 0.0131 \times 54.3161} + 0.638 = 2.6627$$

$$S_H = S_C\ (tf + 1 - f)$$

$$f = \left(\frac{C_{std}^{*4}}{C_{std}^{*4} + 1900}\right)^{1/2} = \left(\frac{54.3161^4}{54.3161^4 + 1900}\right)^{1/2} = 0.9999$$

$$h_{std}^* = \tan^{-1}\frac{b_{std}^*}{a_{std}^*} = \tan^{-1}\frac{26.46473}{47.43260} = 29.1591$$

色相角不在 $164 < h^* < 345$ 范围之内。所以：

$$t = 0.36 + |0.4\cos(29.1591 + 35)| = 0.36 + 0.4 \times 0.4359 = 0.5343$$

$$S_H = 2.663\ \times (0.5343 \times 0.9999 + 1 - 0.9999) = 2.663 \times 0.5342 = 1.4226$$

$$\Delta E_{CMC}^* = \left[\left(\frac{\Delta L^*}{lS_L}\right)^2 + \left(\frac{\Delta C^*}{cS_C}\right)^2 + \left(\frac{\Delta H^*}{S_H}\right)^2\right]^{1/2}$$

$$\Delta L^* = L_{sp}^* - L_{std}^* = 46.80476 - 46.34203 = 0.4627$$

$$C_{sp}^* = (a_{sp}^{*2} + b_{sp}^{*2})^{1/2} = (47.6842^2 + 27.11055^2)^{1/2} = 54.8522$$

$$\Delta C_S^* = C_{sp}^* - C_{std}^* = 54.8522 - 54.3161 = 0.5361$$

$$\Delta C_C^* = (\Delta a^{*2} + \Delta b^{*2})^{1/2} = [(47.6842 - 47.4326)^2 + (27.11055 - 26.46473)^2]^{1/2} = 0.6931$$

$$\Delta H^* = (\Delta C_C^{*2} + \Delta C_S^{*2})^{1/2} = (0.6931^2 - 0.5361^2)^{1/2} = 0.4393$$

$$\Delta E_{CMC(2:1)}^* = \left[\left(\frac{\Delta L^*}{2S_L}\right)^2 + \left(\frac{\Delta C^*}{S_C}\right)^2 + \left(\frac{\Delta H^*}{S_H}\right)^2\right]^{1/2}$$

$$= \left[\left(\frac{0.4627}{2 \times 1.0445}\right)^2 + \left(\frac{0.5361}{2.6627}\right)^2 + \left(\frac{0.4393}{1.4226}\right)^2\right]^{1/2} = 0.4302$$

$$\Delta E_{CMC(1:1)}^* = \left[\left(\frac{\Delta L^*}{S_L}\right)^2 + \left(\frac{\Delta C^*}{S_C}\right)^2 + \left(\frac{\Delta H^*}{S_H}\right)^2\right]^{1/2}$$

$$= \left[\left(\frac{0.4627}{1.0446}\right)^2 + \left(\frac{0.5361}{2.6627}\right)^2 + \left(\frac{0.4393}{1.4226}\right)^2\right]^{1/2} = 0.5523$$

CIELAB 色差：

$$\Delta E_{CIE}^* = (\Delta L^{*2} + \Delta a^{*2} + \Delta b^{*2})^{1/2}$$

或　$$\Delta E_{CIE}^* = (\Delta L^{*2} + \Delta C_S^{*2} + \Delta H^{*2})^{1/2} = (0.4627^2 + 0.5361^2 + 0.4393^2)^{1/2} = 0.8334$$

从这些结果可以看出，不同的计算公式，所得到的结果是有差异的。所以在报告测试结果时，一定要注明所使用的公式。在判断计算结果与视觉实际感受之间的关系时，通常要用到与表3－5～表3－8相类似的表。这些表是根据不同的色差式计算出来的结果，与不同级差的灰色样卡之间的关系得到的。人的视觉感受与对应的灰色样卡的级差，给予人的视觉感受是相同的。使用如 $CMC_{(l:c)}$ 这样的对明度差、饱和度差和色相差进行加权处理的色差式，在根据计算出的结果判断色相差、饱和度差和明度差的视觉感受时，应该把加权系数也包括在内，例如使用 $CMC_{(l:c)}$ 色差式时，明度差应为 $\Delta L^*/lS_L$、饱和度差应为 $\Delta C^*/cS_C$；色相差应为 $\Delta H^*/S_H$。但是，在判断颜色差异的方向时，则以 CIELAB 色差式中的色相角作为判断的依据。

三、CIE_{94} 色差式

CIE_{94} 色差式，也是以 CIE1976$L^*a^*b^*$ 色差式为基础建立起来的，其建立的基本程序与 $CMC_{(l:c)}$ 色差式相似，只是对大量试样目测结果进行分析归纳的方法不同，结论也不相同。所以，给予 ΔL^*、ΔC^*、ΔH^* 的加权系数也不相同。CIE_{94} 计算比较简单，其结果与视觉的相关性还是比较好的。该公式也被称为工业管理色差式。其表达式为：

$$\Delta E_{94} = \left[\left(\frac{\Delta L^*}{K_L S_L} \right)^2 + \left(\frac{\Delta C_S^*}{K_C S_C} \right)^2 + \left(\frac{\Delta H^*}{K_H S_H} \right)^2 \right]^{1/2}$$

式中，K_L、K_C、K_H 为常数，用于纺织品色差计算，常取 $K_L = 2$、$K_C = K_H = 1$，计算结果记作 $\Delta E_{94(2:1:1)}$。

$$S_L = 1$$

$$S_C = 1 + 0.045 C_m^*$$

$$S_H = 1 + 0.015 C_m^*$$

$$C_m^* = (C_{std}^* C_{sp}^*)^{1/2}$$

计算举例：

$$L_{std}^* = 46.34203 \qquad a_{std}^* = 47.43260 \qquad b_{std}^* = 26.46473$$

$$L_{sp}^* = 46.80476 \qquad a_{sp}^* = 47.68420 \qquad b_{sp}^* = 27.11055$$

$$\Delta L^* = L_{sp}^* - L_{std}^* = 46.80476 - 46.34203 = 0.4627$$

$$C_{sp}^* = (a_{sp}^{*2} + b_{sp}^{*2})^{1/2} = 47.68422 + 27.110552 = 54.8522$$

$$C_{std}^* = [a_{std}^{*2} + b_{std}^{*2}]^{1/2} = 47.432602 + 26.464732 = 54.3161$$

$$\Delta C_S^* = C_{sp}^* - C_{std}^* = 0.5361$$

$$\Delta C_C^* = (\Delta a^{*2} + \Delta b^{*2})^{1/2} = 0.6931$$

$$\Delta H^* = (\Delta C_C^{*2} - \Delta C_S^{*2})^{1/2} = 0.4393$$

$$C_m^* = (C_{sp}^* C_{std}^*)^{1/2} = 54.5835$$

$$S_L = 1$$

$$S_C = 1 + 0.045 C_m^* = 1 + 0.045 \times 54.5835 = 3.4563$$

$$S_H = 1 + 0.015 C_m^* = 1 + 0.015 \times 54.5835 = 1.8188$$

$$\Delta E_{94(2:1:1)} = \left[\left(\frac{\Delta L^*}{K_L S_L} \right)^2 + \left(\frac{\Delta C_S^*}{K_C S_C} \right)^2 + \left(\frac{\Delta H^*}{K_H S_H} \right)^2 \right]^{1/2}$$

其中
$$K_L=2 \quad K_C=1 \quad K_H=1$$

所以
$$\Delta E_{94(2:1:1)}=\left[\left(\frac{\Delta L^*}{2S_L}\right)^2+\left(\frac{\Delta C_S^*}{S_C}\right)^2+\left(\frac{\Delta H^*}{S_H}\right)^2\right]^{1/2}$$

$$\Delta E_{94(2:1:1)}=\left[\left(\frac{0.4627}{2}\right)^2+\left(\frac{0.5361}{3.4563}\right)^2+\left(\frac{0.4393}{1.8188}\right)^2\right]^{1/2}=0.3687$$

$$\Delta E_{94(1:1:1)}=0.5446$$

四、ISO 色差式

ISO 色差式是 ISO 标准对染色纺织品染色牢度进行仪器评价时选定的公式，ISO 色差式也是我国国家标准中，用仪器评价染色纺织品染色牢度选定的色差计算公式。它与 $CMC_{(l:c)}$ 等色差式一样，也是在 CIELAB 色差式基础上，对明度差、彩度差、色相差进行加权处理，建立起来的色差式。

$$\Delta E_F=(\Delta L^{*2}+\Delta C_F^{*2}+\Delta H_F^{*2})^{1/2}$$

$$\Delta H_F=\frac{\Delta H_K}{1+\left(\frac{10C_N}{1000}\right)^2}$$

$$\Delta C_F=\frac{\Delta C_K}{1+\left(\frac{20C_N}{1000}\right)^2}$$

式中：ΔE_F——总色差；

ΔH_F——ISO 色相差；

ΔC_F——ISO 彩度差。

$$\Delta H_K=\Delta H_{ab}^*-D$$

$$\Delta C_K=\Delta C_{ab}^*-D$$

$$D=\Delta C_{ab}^*C_N e^{-x}/100$$

$$C_N=\frac{C_{abr}^*+C_{abo}^*}{2}$$

若
$$|h_N-280|\leqslant 180$$

则
$$x=\left(\frac{h_N-280}{30}\right)^2$$

若
$$|h_N-280|>180$$

则
$$x=\left(\frac{360-|h_N-280|}{30}\right)^2$$

若

$$|h_{abr}-h_{abo}|\leqslant 180$$

$$h_N=\frac{h_{abr}+h_{abo}}{2}$$

若$|h_{abr}-h_{abo}|>180$或$|h_{abr}+h_{abo}|<360$

$$h_N=\frac{h_{abr}+h_{abo}}{2}+180$$

若$|h_{abr}-h_{abo}|>180$或$|h_{abr}+h_{abo}|\geqslant 360$

$$h_N=\frac{h_{abr}+h_{abo}}{2}-180$$

$$\Delta L^*=L_r^*-L_0^*$$

$$\Delta C_{ab}^*=C_{abr}^*-C_{abo}^*$$

$$\Delta H_{ab}^*=h_{abr}-h_{abo}$$

式中:L_r^*、C_{abr}^*、h_{abr}^*——分别为试样在CIE1976L*a*b*表色系统中的明度、彩度和色相角。

L_o^*、C_{abo}^*、h_{abo}^*——分别为标准样在CIE1976L*a*b*表色系统中的明度、彩度和色相角。

ΔH_{ab}^*——试样和标准样的色相差。

举例:

标准样: $L_{abo}^*=46.34203$ $a_{abo}^*=47.43260$ $b_{abo}^*=26.46473$

试样: $L_{abr}^*=46.80476$ $a_{abr}^*=47.68420$ $b_{abr}^*=27.11055$

$$h_{abo}^*=\tan^{-1}\frac{26.46473}{47.43260}=29.15907$$

$$h_{abr}^*=\tan^{-1}\frac{27.11055}{47.68420}=29.62012$$

因为 $|h_{abr}^*-h_{abo}^*|=|29.62012-29.15907|=0.46105<180$

所以 $h_N^*=\frac{h_{abr}^*+h_{abo}^*}{2}=\frac{29.62012+29.15907}{2}=29.3896$

$$C_{abo}^*=(47.43260^2+26.46473^2)^{1/2}=54.3161$$

$$C_{abr}^*=(47.68420^2+27.11055^2)^{1/2}=54.8522$$

$$C_N=\frac{54.3161+54.8522}{2}=54.5842$$

因为 $|h_N^*-280|=|29.3896-280|=|-250.6104|>180$

所以 $x=\left(\frac{360-|h_N^*-280|}{30}\right)^2=\left(\frac{360-250.6104}{30}\right)^2=13.2956$

$$\Delta C_{ab}^* = C_{abr}^* - C_{abo}^* = 54.8522 - 54.3161 = 0.5361$$

$$D = \frac{\Delta C_{ab}^* C_N e^{-x}}{100} = \frac{0.5361 \times 54.5842e^{-13.2956}}{100} = \frac{29.2626e^{-13.2956}}{100} = 4.9216\ 10^{-7}$$

$$\Delta H_{ab}^* = h_{abr}^* - h_{abo}^* = 29.62012 - 29.15907 = 0.4611$$

$$\Delta C_K = \Delta C_{ab}^* - D = 0.5361 - 4.9216 \times 10^{-7} = 0.5361$$

$$\Delta H_K = \Delta H_{ab}^* - D = 0.4611 - 4.9216 \times 10^{-7} = 0.4611$$

$$\Delta C_F = \frac{\Delta C_K}{1 + \left(\frac{20C_N}{1000}\right)^2} = \frac{0.5361}{1 + \left(\frac{20 \times 54.8342}{1000}\right)^2} = 0.2434$$

$$\Delta H_F = \frac{\Delta H_K}{1 + \left(\frac{10C_N}{1000}\right)^2} = \frac{0.4611}{1 + \left(\frac{10 \times 54.8342}{1000}\right)^2} = 0.3545$$

$$\Delta L^* = 46.8048 - 46.3420 = 0.4628$$

$$\Delta E_F = (\Delta L^{*2} + \Delta C_F{}^2 + \Delta H_F{}^2)^{1/2} = (0.4628^2 + 0.2434^2 + 0.3545^2)^{1/2} = 0.6267$$

根据 ΔE_F 值的大小,参考表 3 - 8 即可评定出染色牢度级别。从而也可以了解两个相互比较的试样之间色差的大小。

因为 $\Delta E_F = 0.6357$,其在 $0.4 < 0.6357 < 1.25$ 之间,所以两试样之间的色差,相当于灰色样卡的4 - 5 级。

五、ANLAB 色差式

ANLAB 是一个应用较早的色差式,与视觉之间的相关性也比较好。但是,用这个色差式计算色差时,需要借助事先做好的表或用复杂的转换关系式,给计算带来一定的麻烦,现在已经不经常使用。但是经过加权处理以后的色差式 JPC_{79} 则常有应用。ANLAB 色差式计算色差的表达式为:

$$\Delta E_{40} = 40[(\Delta V_X - \Delta V_Y)^2 + (0.23\Delta V_Y)^2 + 0.4(\Delta V_Z - \Delta V_Y)^2]^{1/2}$$

式中:V_X、V_Y、V_Z——把不均匀的 XYZ 颜色空间向均匀颜色空间转换的函数值。

其计算色差的过程如下:

(1)由 X、Y、Z 求 V_X、V_Y、V_Z(实际计算时可利用附录二)。

$$100\frac{X}{X_{MgO}} = 1.2219V_X - 0.23111V_X^2 + 0.23951V_X^3 + 0.021009V_X^4 + 0.008454V_X^5$$

$$100\frac{Y}{Y_{MgO}} = 1.2219V_Y - 0.23111V_Y^2 + 0.23951V_Y^3 - 0.021009V_Y^4 + 0.008454V_Y^5$$

$$100\frac{Z}{Z_{MgO}} = 1.2219V_Z - 0.23111V_Z^2 + 0.23951V_Z^3 - 0.021009V_Z^4 + 0.008454V_Z^5$$

式中:X_{MgO}、Y_{MgO}、Z_{MgO}——烟雾氧化镁的三刺激值。

(2)从 V_X、V_Y、V_Z 求 L、A、B(其中 L 为明度指数,A、B 为色度指数)。

$$L=9.2V_Y$$

$$A=40\ (V_X-V_Y)$$

$$B=16\ (V_Y-V_Z)$$

(3)明度差: $$\Delta L=L_{sp}-L_{std}=9.2V_{Y(sp)}-9.2V_{Y(std)}$$

(4)色度差: $$\Delta C_C=(\Delta A^2+\Delta B^2)^{1/2}$$

(5)饱和度差: $$\Delta C_S=(\Delta A_{sp}^2+\Delta B_{sp}^2)^{1/2}-(A_{std}^2+B_{std}^2)^{1/2}$$

(6)色相差: $$\Delta H=(\Delta {C_C}^2-\Delta {C_S}^2)^{1/2}$$

(7)总色差: $$\Delta E_{40}=(\Delta L^2+\Delta A^2+\Delta B^2)^{1/2}$$

式中:sp——样品样;

std——标准样。

在 ANLAB 色差式中,前面的系数,除用 40 以外,也有用 42、50 等数值的。所以进行色差计算时,应当注明具体选用的系数。

六、JPC_{79}色差式

JPC_{79}色差式与 $CMC_{(l:c)}$ 色差式具有相似的建立过程,也是综合了众多的观察者对处于不同颜色区域、不同色相的大量试样的观察结果为基础,对 ANLAB 色差式进行修正后建立起来的。其表达式为:

$$\Delta E=\left[\left(\frac{\Delta L}{L_t}\right)^2+\left(\frac{\Delta C}{C_t}\right)^2+\left(\frac{\Delta H}{H_t}\right)^2\right]^{1/2}$$

$$L_t=\frac{0.08195L_{std}}{1+0.01765L_{std}}$$

$$C_t=\frac{0.0638C_{std}}{1+0.0131C_{std}}+0.638$$

$$H_t=t_nC_t$$

$$t_n=tf+1-f$$

$$f=\left(\frac{C_{std}^4}{C_{std}^4+1900}\right)^{1/2}$$

当 $C_{std}<0.638$ 时: $t_n=1$

当 C_{std}或(C_{sp})$\geqslant 0.638$ 时: $t_n=0.36+|0.4\cos\ (h_{std}+35)|$

其中:$164°<h_{std}<345°$时: $t_n=0.56+|0.2\cos\ (h_{std}+168)|$

式中 ΔL、ΔC、ΔH 分别为由 ANLAB 色差式计算得到的明度差、饱和度差、色相差。

七、FMC$_{II}$色差式

FMC$_{II}$色差式在计算时不需要对表色系统进行转换,可以直接用 CIEXYZ 表色系统进行色差计算。这一色差式的建立过程是:首先求出与麦克亚当表示颜色匹配标准偏差的 25 个椭圆相关的色度点,然后把这一结果推广到整个色度图范围,从而可以画出以任意点为中心的颜色匹配椭圆。接下来,麦克亚当(MacAdam)—布鲁旺(Brown)又以同样的方法,求得了三维空间的颜色匹配标准偏差椭圆。

根据上面的结果,首先有人提出了使用局部等色差图,以图解法从 x、y、Y 值求试样之间色差的方法,其结果与人的视觉观察结果有比较好的相关性。为了能够用计算机代替图解法,由弗莱尔(Friele)、麦克亚当(MacAdam)、齐卡林格(Chckering),把图解法公式化,从而得到下面的 FMC$_{II}$ 色差计算公式。

总色差:

$$\Delta E = (\Delta C^2 + \Delta L^2)^{1/2}$$

$$\Delta C = K_1 \Delta C_1$$

$$\Delta L = K_2 \Delta C_2$$

其中

$$K_1 = 0.5569 + 0.049434Y - 0.82575 \times 10^{-3}Y^2 + 0.79172 \times 10^{-5}Y^3 - 0.30087 \times 10^{-7}Y^4$$

$$K_2 = 0.17548 + 0.027556Y - 0.57262 \times 10^{-3}Y^2 + 0.63893 \times 10^{-5}Y^3 - 0.26730 \times 10^{-7}Y^4$$

$$\Delta C_1 = \left[\left(\frac{\Delta C_{rg}}{a}\right)^2 + \left(\frac{\Delta C_{yb}}{b}\right)^2\right]^{1/2}$$

$$\Delta L_1 = \frac{P\Delta P + Q\Delta Q}{(P^2 + Q^2)^{1/2}}$$

$$a^2 = \frac{17.3 \times 10^{-6}(P^2 + Q^2)}{1 + \dfrac{2.73P^2Q^2}{P^4 + Q^4}}$$

$$b^2 = 3.098 \times 10^{-4}(S^2 + 0.2015Y^2)$$

$$\Delta C_{rg} = \frac{P\Delta P - Q\Delta Q}{(P^2 + Q^2)^{1/2}}$$

$$\Delta C_{yb} = \frac{S\Delta L_1}{(P^2 + Q^2)^{1/2}} - \Delta S$$

$$\Delta L_2 = \frac{0.279\Delta L_1}{a}$$

式中:ΔC_{rg}——红绿色度坐标的色度差;

ΔC_{yb}——黄蓝色度坐标的色度差。

P、Q、S 与 X、Y、Z 的关系为:

$$P=0.724X+0.382Y-0.098Z$$
$$Q=-0.48X+1.37Y+0.1276Z$$
$$S=0.686Z$$

FMC_{II}式的另一种表达方式：

$$W=P+Q$$
$$\Delta L_2=\frac{P\Delta P+Q\Delta Q}{W}$$
$$\Delta L_1=\frac{0.279\Delta L_2}{C}$$
$$\Delta C_{11}=\frac{Q\Delta P-P\Delta Q}{W}$$
$$\Delta C_{21}=\frac{S\Delta L_1}{W}-\Delta S$$
$$\Delta C_{rg}=\frac{K_1\Delta C_{11}}{a}$$
$$\Delta C_{yb}=\frac{K_1\Delta C_{21}}{b}$$
$$\Delta C_1=\frac{1}{K_1\ (\Delta C_{rg}+\Delta C_{yb})}$$

则

$$\Delta L=K_1\Delta L_1$$
$$\Delta C=K_1\Delta C_1$$
$$\Delta E=(\Delta C^2+\Delta L^2)^{1/2}$$

八、CIE1976LUV 色差式

$$\Delta E_{UV}=(\Delta L^{*2}+\Delta U^{*2}+\Delta V^{*2})^{1.2}$$
$$L^*=116\left(\frac{Y}{Y_0}\right)^{1/3}-16\quad (其中\ Y/Y_0>0.008856)$$
$$U^*=13L^*(u-u_0)$$
$$v^*=13L^*(v-v_0)$$
$$u=\frac{4X}{X+15Y+3Z}$$
$$v=\frac{6Y}{X+15Y+3Z}$$

式中：L^*——明度指数；

u、v——试样的色度坐标；

u_0、v_0——标准照明体的色度坐标。

九、亨特色差式

亨特(Hunter)色差式是一个应用较早的色差计算公式，计算简单，可用于一般生产管理。早期曾有较广泛的应用，目前应用较少。其计算公式是：

$$L = 100\left(\frac{Y}{Y_0}\right)^{1/2}$$

$$a = \frac{K_a\ (X/X_0 - Y/Y_0)}{(Y/Y_0)^{1/2}}$$

$$b = \frac{K_b(Y/Y_0 - Z/Z_0)}{(Y/Y_0)^{1/2}}$$

式中：X_0、Y_0、Z_0——理想白色物体的三刺激值；

K_a、K_b——照明体系数。

K_a、K_b 的值见表 3－1。

表 3－1　不同照明体的照明体系数

照明体＼照明体系数	K_a	K_b
A	185	38
C	175	70
D_{65}	172	67

第二节　色差单位

一、色差与视觉的关系

作为色差的计算单位，以前常用 NBS(National Bureau of Standards)，它与视觉之间的关系见表 3－2。

表 3－2　色差与视觉之间的关系

色差(NBS 单位)	感　觉	色差(NBS 单位)	感　觉
0～0.5	几乎没有感觉	3.0～6.0	显著感觉
0.5～1.5	稍有感觉	6.0～12.0	非常显著感觉
1.5～3.0	明显感觉	—	—

二、色差单位的演变

NBS这一色差单位是以贾德(Judd)—亨特(Hunter)建立起来的色差计算公式的单位为基础推导出来的,贾德最先建立起UCS色度图,这个色度图在很长一段时间内是美国色度计算的基础,然而在三角坐标中处理很不方便,后来斯科菲尔德(Scofeld)—贾德—亨特把它转换成了α—β色度图,该系统与x—y色度坐标之间的转换关系为:

$$\alpha=\frac{2.4266x-1.3136y-0.3214}{1.0000x+2.2633y+1.1054}$$

$$\beta=\frac{0.5710x+1.2447y-0.5708}{1.0000x+2.2633y+1.1054}$$

利用这一色度坐标可按下式计算色差:

$$\Delta E=f_{g}\{[221Y^{1/4}(\Delta\alpha^{2}+\Delta\beta^{2})^{1/2}]^{2}+(K\Delta\sqrt{Y})^{2}\}^{1/2}$$

$$f_{g}=\frac{Y}{Y+K}$$

$$Y=\frac{Y_{1}+Y_{2}}{2}\qquad(0\leqslant Y\leqslant 100)$$

$$\Delta\sqrt{Y}=\sqrt{Y_{1}}-\sqrt{Y_{2}}$$

式中:K——光泽影响系数,测定纺织品时,$K=10$(受观测条件的影响)。一般在普通实验室中,有光泽的面取$K=2.5$,无光泽的面,取$K=0$,半光泽的面,取$K=1$。

f_{g}——调整系数。

用这一色差式计算的色差单位为NBS单位,NBS单位曾被作为所有色差计算公式的单位,并且延续了很长一段时间。20世纪70年代以后,大量色差式相继出现,一律采用相同的标准计算单位既不可能,也没有必要。所以,就采取了标注计算公式的方法,如ΔE_{CMC}、ΔE_{CIE}等,不再使用NBS单位。

第三节　色差计算的实际意义

准确地对颜色进行测量是一件很困难的工作。经过广大科技工作者几十年的艰苦努力和相关技术的飞速发展,特别是计算机技术的进步,使颜色测量技术逐步完善起来。如今,我们已经基本能够对各种颜色进行精确的测量。这其中包括物体颜色的分光反射率曲线、颜色的三刺激值及试样之间的总色差、深浅差、鲜艳度差和色相差等。有了这些结果,我们就可以用它来解决很多领域当中与颜色相关的问题。颜色的测量和计算已经在纺织、汽车、印刷、塑料、遥感等很多领域得到广泛的应用,取得了很好的效果。颜色的测量和计算在纺织行业中的应用,主要有如下几方面。

一、用于染整加工过程中的生产质量管理

众所周知，在纺织品染整加工过程中，无论是染色产品，还是印花产品，都需要对颜色进行严格的管理，如何使纺织品的颜色满足客户的要求，一直是纺织品生产厂家倾心关注的大问题。这项工作，以往都是靠人的视觉来完成的。但是，由于人视觉方面的差异，或由于观测条件的不规范等原因，常常出现颜色判断的失误，给企业带来不必要的麻烦和损失。现在有了可以对颜色进行精确测量的仪器，这个问题就变得相对简单了。使用测色仪完成对颜色的测量与评价，大体上可以解决如下几方面的问题。

（1）测得总色差，从而判断生产出来的批次样是否符合客户要求。做出这一判断的依据，一是测得的标准样和生产的批次样之间的总色差 ΔE 的大小。再就是参照客户对色差大小要求的尺度以及在颜色评价时的照明光源和观测条件，对生产样在颜色方面是否符合客户要求做出比较准确的判定（表 3－3）。

表 3－3　允差举例（$CMC_{2:1}$）

样　品	照明体及视场	色　差	样　品	照明体及视场	色　差
小样	D_{65}，10°	0.7	生产样	D_{65}，10°	1.2
	F_2	0.7		F_2	1.2
	A，10°	1.0		A10°	1.5

（2）测色仪在给出总色差的同时，还可以给出分量色差值 ΔL^*、Δa^*、Δb^*、ΔC^*、ΔH^* 和不同照明体下的条件等色指数，见表 3－4。

表 3－4　测量结果报告举例（$CMC_{2:1}$）

照明体及视场	ΔL^*	Δa^*	Δb^*	ΔC^*	ΔH^*	ΔE	条件等色
D_{65}，10°	－0.78	－0.05	－0.13	－0.12	0.07	0.79	
A，10°	－0.79	－0.10	－0.14	－0.16	0.07	0.81	0.05
CWF，10°	－0.77	－0.06	－0.13	－0.12	0.09	0.79	0.05

从分量色差值，我们可以清楚地看出引起色差的主要因素是明度、饱和度还是色相，从而为批次样颜色的修正指出方向。

（3）可以给出在不同照明体条件下的条件等色指数，避免了在视觉判定时，由于判定条件的不稳定而产生误差。

（4）可以准确地判断批次样和标准样产生的色相的差异方向，即与标准样相比，批次样是偏红、偏蓝、偏黄、偏绿等。判定方法参照色差计算实例中介绍的方法。

二、用于染整加工过程中的质量控制

经过染整加工的产品，染色牢度是衡量产品质量的重要指标，是生产厂和客户都非常重视

的质量指标。在染色牢度的评价上,虽然有严格的标准,但是处理前后色差的判断,也就是牢度级别的判定,过去一直是靠人的视觉来完成的。也就是说在进行牢度等级判定时,仍然必须靠人的感觉来确定,这其中必然存在很多不确定的因素。为了尽量减少人与人之间在判定结果上的差异,对完成这项工作的相关人员和颜色判定时的环境条件有非常严格的要求。首先,人的视力要正常;其次,颜色鉴定人员要经过严格的训练;另外,还要有符合鉴色要求的环境。尽管如此,还会由于颜色鉴定人员心理因素、身体状况、年龄等诸多因素的影响而产生人与人之间的判断差异,从而引起客户与生产商之间无端的争议。因此,长期以来,人们一直期望能有一个公正且不受其他因素干扰的所谓公正而且稳定快捷的方法来评价纺织品的颜色差异。用仪器代替人的眼睛评价染色牢度的方法,正是在这种情况下产生的。尽管到目前为止,以仪器评价染色牢度的方法还没能完全代替人的眼睛,但是,由于用仪器评价变褪色和沾色牢度非常简单和快捷,已经得到了广泛的应用,并被大家所接受。在牢度级别的仪器评价中,变褪色和沾色牢度结果的准确性还有一定差异。纺织品变褪色牢度的仪器评价结果与人由视觉评价结果的相关性,与沾色牢度人机评价结果的相关性相比,通常要差一些。这是因为沾色牢度是沾色后的标准织物与白色标准织物之间的比较,色差通常会大一些。另外,试样的亮度相对比较高,所以对用仪器评级和视觉评级都比较有利,结果的一致性也就好一些。变褪色牢度评价则相对困难一些,因为被评价试样间色差有时较小,不少试样之间还常常伴随有色相差异,特别是那些低亮度试样,3~4级这一牢度范围,准确评价更困难一些。因此,要求测试仪器必须有较高的稳定性、较好的重复性和测量精度。当然,注意选择适当的色差计算公式,也非常重要。

1. 总色差值与常用牢度级别间的关系 用仪器进行染色纺织品牢度评级的过程是:首先,对需要评价牢度的纺织品,按相关标准规定的条件对试样进行处理;然后对处理前后的试样用测色仪进行测色,并用选定的色差公式计算出处理前后的总色差;再根据选定的公式找到相应的表,根据计算得到的总色差值,就可以找到对应的牢度级别(表3-5~表3-8)。新购置的测色仪,实际上都有相应的牢度评价软件,这些软件把相关数据都储存到计算机当中了。所以,把按标准要求条件处理后的试样与未处理试样用测色仪测色后,牢度级别会直接显示出来,并不需要再做其他工作,非常方便。

表3-5 CIE1976$L^*a^*b^*$色差式总色差值与牢度级别的关系

总色差值	牢度级别	总色差值	牢度级别
≤13.6	1	≤3.0	3~4
≤11.6	1~2	≤2.1	4
≤8.2	2	≤1.3	4~5
≤5.6	2~3	≤0.4	5
≤4.1	3		

表 3-6　$CMC_{(l:c)}$ 色差式总色差值与牢度级别的关系

总色差值	牢度级别	总色差值	牢度级别
>11.85	1	2.16~3.05	3~4
8.41~11.85	1~2	1.27~2.15	4
5.96~8.40	2	0.20~1.26	4~5
4.21~5.95	2~3	<0.20	5
3.06~4.20	3		

表 3-7　JPC_{79} 色差式总色差值与牢度级别的关系

总色差值	牢度级别	总色差值	牢度级别
>11.83	1	2.14~3.00	3~4
8.37~11.82	1~2	1.27~2.13	4
5.92~8.36	2	0.20~1.26	4~5
4.90~5.91	2~3	<0.20	5
3.01~4.89	3		

表 3-8　ISO 色差式总色差值与牢度级别的关系

总色差值	牢度级别	总色差值	牢度级别
≥11.60	1	2.10~2.94	3~4
8.20~11.59	1~2	1.25~2.09	4
5.80~8.19	2	0.40~1.24	4~5
4.10~5.79	2~3	<0.4	5
2.95~4.09	3		

有些色差公式在确定牢度级别时还可以采用计算的方法。就是把经过测色仪测得的色差数据，代入相应的牢度等级判定公式中，经过计算也可以确定牢度级别。如 ISO 色差式，就可以用下面的公式计算牢度级别。

$\Delta E_F \leqslant 3.4$ 时：　　染色牢度 $G_s = 5 - \dfrac{\Delta E_F}{1.7}$

$\Delta E_F > 3.4$ 时：　　染色牢度 $G_s = 5 - \dfrac{\lg \dfrac{\Delta E_F}{0.85}}{\lg 2}$

计算所得到的数值就是所要求的牢度等级。

2. 沾色牢度的仪器评价　对于沾色牢度，也可以用与前面相同的方法，把计算出的色差值代入相应的牢度级别计算公式判断牢度级别。下面是用 CIELAB 色差式评价沾色牢度时用于计算牢度级别的公式。

$$SSR = 7.05 - 1.43\ln(4.4 + \Delta E_{CIE})$$

使用该公式时,首先用测色仪对按相应标准处理过的试样进行测试,测得 CIELAB 色差值后代入上面的计算公式,计算 SSR 值,再根据表 3-9 查得牢度级别。

表 3-9　SSR 值与沾色牢度的关系

SSR 值	牢度级别	SSR 值	牢度级别
<1.25	1	3.25~3.74	3~4
1.25~1.74	1~2	3.75~4.24	4
1.75~2.24	2	4.25~4.86	4~5
2.25~2.74	2~3	>4.87	5
2.75~3.24	3		

日本京都纤维工艺大学的寺主一成先生提出过一个计算沾色牢度的公式,因为与以往的计算公式思路不同,所以,也介绍给大家。这个计算公式目前应用的并不多。其表达式为:

$$N_s = 5.5 - \frac{\lg\dfrac{\Delta C^*}{0.125} + 1}{\lg 2}$$

式中:ΔC^*——标准白色织物沾色前后的深度差。

深度 C^* 由下式计算。

$$\Delta C^* = \frac{21.72 \times 10^{C\tan H^\circ}}{2^{\frac{V}{2}}}$$

$$\tan H^\circ = 0.01 + 0.001\Delta H_{5P}$$

式中:ΔH_{5P}——在 100 等分的孟塞尔色相环中,与 5P 色相之间的最小差值;

C——孟塞尔彩度;

V——孟塞尔明度。

计算所得的 N_s 值与被测织物沾色牢度之间的关系见表 3-10。

表 3-10　N_s 值与沾色牢度的关系

N_s 值	牢度级别	N_s 值	牢度级别
1.0~1.5	1	3.5~4.0	3~4
1.5~2.0	1~2	4.0~4.5	4
2.0~2.5	2	4.5~5.0	4~5
2.5~3.0	2~3	5.0~5.5	5
3.5~3.0	3		

此外,色差计算结果还是计算机配色中配方是否准确的判定依据(见第八章,计算机配色)。

目前常用的色差计算公式有 CIELAB 色差式、$CMC_{(l:c)}$ 色差式、ISO 色差式、CIE_{94} 色差式。

$CMC_{(l:c)}$色差式在应用于纺织品的相关检测时常取$l:c=2:1$。

复习指导

1. 通过莱特线段和麦克亚当椭圆可知，CIEXYZ表色系统的颜色空间是不均匀的，在色度图中具有相等距离的色度点之间不一定具有相同的颜色差异，不能直接以计算色度点之间距离的方法来计算试样之间的色差。因此，必须对CIEXYZ表色系统进行变换，建立均匀的颜色空间。

2. 均匀颜色空间是色差式建立的基础，是色差计算中的重要概念。20世纪70年代以前建立的色差式，基本上都是在这种指导思想下建立起来的。建立色差式所依据的颜色空间均匀性的好坏，对计算结果与人的视觉之间的相关性有重要影响。一般颜色空间均匀性越好，计算出的色差与视觉之间的相关性会好一些。例如CIELAB色差式，其对应的CIE1976$L^*a^*b^*$颜色空间就是一个比较均匀的颜色空间。与同类型的色差式相比，CIELAB色差式与视觉之间的相关性，也是比较好的。

3. 色差计算中引进加权系数，使色差计算进入一个新的阶段，由此而建立起来的色差式与视觉之间的相关性有了明显的提高，$CMC_{(l:c)}$色差式就属于这一类型。这些色差式中加权系数的引进是以人的视觉为依据的。引进加权系数后的色差式与视觉之间的相关性有明显的提高。

4. 色差式有很多，与视觉之间的相关性各不相同。在色差式的选择上，虽然各个不同行业本身有一定的倾向性，但是目前还不能统一。主要是因为没有哪一个色差式的计算结果与人的视觉完全一致。在对颜色的评价中，色差是重要指标，包括总色差、明度差、色相差、饱和度差。色相差有两种表达方式，一种是用于色相差异性评价的，而色相角差，则是用于色相差异方向性评价的。

习题

1. CIERGB、CIEXYZ、CIELAB表色系统有什么联系与区别？

2. 如何理解“均匀颜色空间”？

3. 已知两个色样的参数为$L_{std}=70$、$a_{std}=14$、$b_{std}=30$；$L_{sp}=72$、$a_{sp}=15$、$b_{sp}=28$。计算D_{65}、10°视场下的色差（分别用CIE Lab、$CMC_{(2:1)}$色差式计算）。

4. 两个颜色样品的三刺激值为$X_1=24.9$、$Y_1=19.77$、$Z_1=16.39$；$X_2=25.55$、$Y_2=21.58$、$Z_2=17.31$。采用C光源（$X_0=98.07$、$Y_0=100$、$Z_0=118.22$）、2°视场，试用CIE $L^*a^*b^*$色差式计算其ΔL^*、Δa^*、Δb^*和总色差ΔE^*。

5. 请用CIE94色差式计算下列样品的色差（D_{65}，10°视场）。

$X_{std}=14.78$　　$X_{sp}=15.23$

$Y_{std}=28.47$　　$Y_{sp}=27.96$

$Z_{std}=31.44$　　$Z_{sp}=30.79$

6. 如何利用仪器评价纺织品的变褪色牢度和沾色牢度？

第四章　白度的测量

第四章　白度的测量

白度是具有高反射率和低纯度颜色群体的属性，这些颜色处于 CIEXYZ 颜色空间 470 ~ 570nm 主波长连线上靠近白点的狭长范围内。通常其明度 Y 大于 70，兴奋纯度 P_e 小于 0.1。在这一范围内的白颜色，同样也是由三维空间构成的。尽管如此，大多数观察者仍然能够将明度、纯度和色相可能都不相同的白色样品，按照知觉白度的差异，排列出一个顺序。但是，对于同一组给定的白色样品，其排列顺序不仅会由于观察者的不同而不同，而且，即使是同一观察者，在采用不同的排序方法时，也可能会有不同的排列结果。此外，白度的评价还依赖于观察者的喜好，例如，有的观察者喜好带绿光的白，有的喜好带蓝光的白，有的则喜好带红光的白。另外，白度的评价还依赖于观察条件的变化，例如，在不同的亮度或在具有不同光谱能量分布的光源下观察，都可能有不同的结果。

第一节　概述

一、荧光样品的分光测色

荧光物质在纺织行业中应用得相当广泛，如印花用的荧光涂料颜色十分鲜艳，非常受消费者的欢迎。由于荧光增白剂能明显地提高纺织品的白度，因而，荧光增白处理就成了纺织品增加白度不可缺少的处理过程。

荧光物质一般是吸收波长较短的光，而激发出波长较长的荧光。像荧光增白剂，就是吸收波长较短的紫外光，而激发出蓝紫色的可见光。因此，它和非荧光物质具有完全不同的颜色特征，由此也给颜色测量带来很多不便。物体表面色的分光测色原理如图 4－1 所示。

图 4－2 中的曲线Ⅰ与Ⅱ分别是图 4－1 中的Ⅰ型和Ⅱ型两种测色装置测得的橙色荧光样品的分光反射率曲线。用测色装置Ⅱ测得的上述荧光物质在 D_{65} 照明体和 CIE1931 标准色度观察者下的三刺激值和色度坐标为：

$$X_{Ⅱ}=63.59 \qquad Y_{Ⅱ}=60.10 \qquad Z_{Ⅱ}=56.21$$

$$x_{Ⅱ}=0.3535 \qquad y_{Ⅱ}=0.3341$$

从图 4－2 的分光反射率曲线Ⅰ可知，在波长 610nm 处，有一个该荧光物质特有的峰值。荧光样品吸收了波长比较短的光而激发出了波长比较长的荧光。所以在图 4－1 的装置Ⅰ中，当照明光源发生变化时，将会得到不同的测量结果。因此，测色装置Ⅰ应当使用与 D_{65} 标准照明体在紫外光区和可见光区的能量分布都接近的模拟 D_{65} 光源。在实际的仪器生产中，常常由氙灯加滤色镜来得到。按图 4－2 曲线的测量结果，分光反射率曲线Ⅰ在 D_{65} 照明体及 CIE1931 标准色度观察者下的三刺激值和色度坐标为：

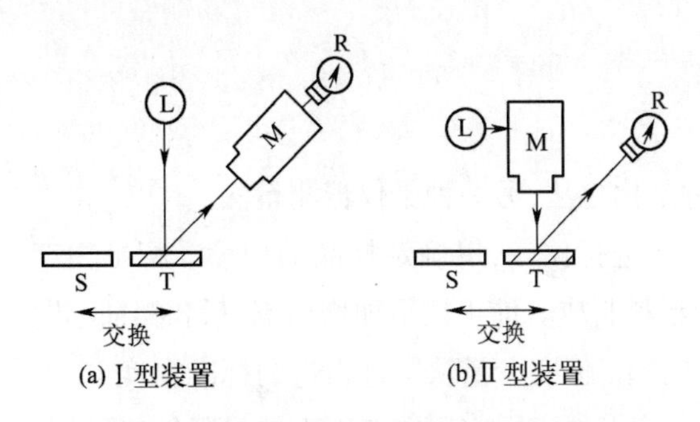

图4－1　物体表面色分光测色原理示意图

L—照明光源　M—单色光器　R—探测器

S—标准样品　T—被测样品

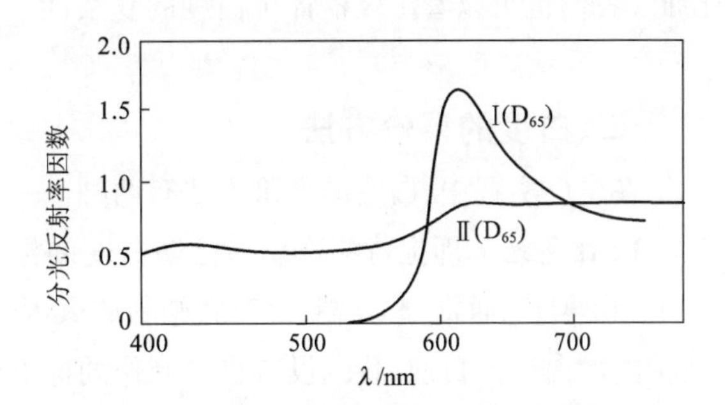

图4－2　橙色荧光样品在两种不同颜色装置下测得的分光反射率因数

$$X_{\text{I}}=65.47 \quad Y_{\text{I}}=36.65 \quad Z_{\text{I}}=0.12$$

$$x_{\text{I}}=0.6403 \quad y_{\text{I}}=0.3585$$

很显然，使用Ⅱ型那样的常规分光测色仪，所测得的结果是不准确的，原因是，当使用Ⅱ型装置进行颜色测量时，除了有波长 λ_s 的反射光外，还有激发出来的波长大于 λ_s 的荧光 λ_1，而此时的探测器把反射光和激发出来的荧光都作为 λ_s 的反射光而被检测。

而对于图4－1中的装置Ⅰ，在测量非荧光样品的分光反射率因数时，因为是标准白与被测样品两者的反射光的比，所以测得的分光反射率值与入射光是无关的。由此，它与图4－1中的装置Ⅱ测得的结果应无差别。而在测定荧光样品时，探测器检测的某一波长的反射光中，不仅包含有与入射光波长相等的光，而且，还包含有荧光样品吸收了波长较短的入射光激发出来的荧光。而荧光样品激发出来的荧光的强弱，与照明光源中波长较短的光的能量分布有关。所以，以装置Ⅰ测定荧光样品时，其测得的分光反射率因数决定于照明光源L的光谱能量分布，特别是短波一侧的分布状态。

因此，要想以图4－1所示的Ⅰ型装置测得 D_{65} 标准照明体下正确的三刺激值，则光源的能量分布必须与约定的 D_{65} 标准照明体完全一致。当然，实际做到这一点是有相当难度的。

由此可见，对白度的评价比对颜色的评价更困难。特别是对纺织品白度的评价，就更复杂得多了。因为在纺织品加工过程中，为了提高其成品的白度，生产厂经常采用上蓝、加荧光增白剂、上蓝和加增白剂合用等方法，来达到提高白度的目的。所谓的上蓝是用染料把纺织品染上淡淡的蓝紫色，从而增加了纺织品对可见光区中绿光和红光区域的吸收，实际上是使样品反射光的总亮度降低了，但是，我们的眼睛看起来，还是觉得白度提高了。而加荧光增白剂，则是增加了纺织品对可见光区蓝紫色光的反射，也就是增加了纺织品反射光的总亮度，由于样品反射光的总亮度增加了，又补充了试样缺少的蓝紫色，白度自然会有所提高。由此可见，这两种方法，虽然都增加了纺织品的表观白度，但是本质上却是完全不同的。而由仪器来评价白度，最基本的依据还是试样的分光反射率,因此,白度计算公式还必须考虑人对白度的实际视觉感受。由此,我们也可以看出仪器评价白度的复杂性。

二、白度的评价方法

在生产实践中,白度的评价方法有两种。一种是比色法,另一种是仪器测量法。

1. 比色法 即把待测样品与已知白度的标准样进行比较,以确定样品的白度。标准白度样卡(白度卡)通常分12档,以嘧胺塑料或聚丙烯塑料制成。前4档不加增白剂,后8档加不同数量的增白剂。目前,我国没有自己制作的标准白度卡,但有少量从国外引进的标准白度卡,不过在纺织品白度评价中应用得并不太多。因为在白度卡的实际应用中有很大的局限性,且白色试样的来源很复杂,在用白度卡评价其白度时,常常在白度卡中很难找到与试样白度相同的位置。所以不同评级人员之间出现偏差,甚至出现较大偏差,也在所难免。

2. 仪器测量法 即用仪器测量样品的相关数值,然后用选定的白度公式计算出样品的白度。由于白度评价的复杂性,到目前为止,采用各种方法,已经建立起了百余个白度计算公式。这些白度公式也和色差公式一样,同时在各个国家的不同企业中应用,目前还不能统一。这些公式建立的途径各不相同,相当复杂,但是为了便于了解和掌握这些白度公式,以便更好地应用这些白度公式,我们可以把它粗略地分为两大类,一类是以理想白为基础建立起来的白度计算公式,另一类是以试样的反射率为基础导出的白度计算公式。

第二节 白度计算公式

一、以理想白为基础建立起来的白度计算公式

这一类白度公式,把理想白的白度值作为100,以测得试样的三刺激值为计算的基本参数建立起来的白度公式。在这一类白度式中,有的直接用被测试样与理想白之间的色差来表示试样的白度。这些白度式的白度值计算与色差计算很相似。

1. 由 Hunter Lab 表色系统建立起来的白度公式

$$W_{Lab} = 100 - \{(100 - L)^2 + K_1[(a - a_P)^2 + (b - b_P)^2]\}^{1/2} \quad (4-1)$$

式中:L——试样在 Hunter Lab 表色系统中的明度指数;

a,b——试样在 Hunter Lab 表色系统中的色度指数;

K_1——常数,原则上取1;

a_P、b_P——理想白在 Hunter Lab 表色系统中的色度指数,原则上取如下数值:

不带荧光的试样:$a_p = 0.00, b_p = 0.00$

带有荧光的试样:$a_p = 3.5, b_p = -15.87$

不带荧光的试样和带有荧光的试样比较时:$a_p = 3.50, b_p = 15.87$

L、a、b 值可用 Hunter Lab 表色系统中的转换公式,由 X、Y、Z 三刺激值计算得到。

2. 由 α、β 色度坐标及亮度值 Y 评价白度

$$W_{Y\alpha\beta}=100-\left\{\left(\frac{100-Y}{2}\right)^2+K_2\left[(\alpha-\alpha_P)^2+(\beta-\beta_P)^2\right]\right\}^{1/2} \tag{4-2}$$

式中：α、β——试样的色度坐标；

K_2——常数，原则上取 $K_2=900$；

α_P，β_P——理想白的色度坐标，原则上取如下数值：

非荧光样品：$\alpha_P=0.0000$，$\beta_P=0.0000$

带荧光的样品 $\alpha_P=0.0063$，$\beta_P=0.0216$

非荧光样品与带荧光样品比较：$\alpha_P=-0.0063$，$\beta_P=-0.0216$

α、β 值可从 X、Y、Z 及 x、y 值计算得到。

3. CIE1982 白度评价公式

CIE1982 白度评价公式是在甘茨（Ganz）白度公式的基础上建立起来的，这是 CIE 推荐的唯一一个白度计算公式，也是我国评价纺织品白度的国家标准 GB/T 8424.2—2001 中选定的公式。这一类公式也是以理想白作为参照标准的。理想白的白度定为 100。

CIE1982 白度公式与甘茨白度式的差别，主要应该是两者在对仪器进行校正时，所采取的方法和仪器校正过程中的某些差异。因此，造成所得到的结果也不尽相同。

CIE1982 白度评价公式为：

$$W_{10}=Y_{10}+800(x_{n10}-x_{10})+1700(y_{n10}-y_{10}) \tag{4-3}$$

式中：x_{n10}，y_{n10}——理想白在 $D_{65}/10°$ 条件下的色度坐标。其中 $x_{n10}=0.3138$，$y_{n10}=0.3310$；

Y_{10}、x_{10}、y_{10}——试样在 $D_{65}/10°$ 条件下的亮度指数和色度坐标；

W_{10}——$D_{65}/10°$ 条件下的白度值。W_{10} 值越大，试样的白度越高。

在 $D_{65}/10°$ 条件下被测试样的微小色偏差计算公式为：

$$T_{W10}=900(x_{n10}-x_{10})-650(y_{n10}-y_{10})$$

T_{W10} 为正值表示带绿光，并且正值越大，绿光越强；T_{W10} 为负值表示带红光，并且负值越大，红光越强。

从上述公式可以看出，理想白的白度值在任意照明体和观察者条件下都等于 100，色偏差都为 0。

使用 CIE1982 白度评价公式需要注意如下一些问题。

（1）CIE1982 白度公式适用于中性无彩色试样评价。所以在使用这一公式进行试样白度计算之前，应该进行色偏差计算。计算出的色偏差值的范围为 $-3<T_{W10}<3$。

（2）试样之间，荧光增白剂的用量以及荧光增白剂的种类应该没有大的差别。

（3）在进行白度测量时，测色仪应该具有 UV（紫外光）可调功能，相互比较的试样的测量最好选择同一生产厂家相同型号的测试仪器，并且测试的时间不应该相隔太长。所测得的白度值

的范围通常为 $40 < W_{10} < (5Y_{10} - 280)$。

(4)还需要注意的是,当两对试样的白度差相等时,仅仅表示两对白色试样在白度计算上的数值差异,并不表示在视觉上两对试样一定具有相同的白度差别。同样,当两对试样的色偏差值(T_{W10})相等时,也不表示在视觉上一定具有相同的色偏差。这是因为,计算 T_{W10} 或 W_{10} 的颜色空间是不均匀的。但是,这对试样之间的白度比较没有太大的影响。

计算举例:

在 $D_{65}/10°$ 条件下,测得试样的亮度和色度坐标为:$Y_{10} = 92.35$,$x_{10} = 0.3193$,$y_{10} = 0.3374$。

则:

$$\begin{aligned} T_{W10} &= 900(x_{n10} - x_{10}) - 650(y_{n10} - y_{10}) \\ &= 900(0.3138 - 0.3193) - 650(0.3310 - 0.3374) \\ &= -0.79 \end{aligned}$$

因为 $-3 < -0.79 < 3$,所以可以使用 CIE1982 白度公式计算该试样的白度值。

$$\begin{aligned} W_{10} &= Y_{10} + 800(x_{n10} - x_{10}) + 1700(y_{n10} - y_{10}) \\ &= 92.35 + 800(0.3138 - 0.3193) + 1700(0.3310 - 0.3374) \\ &= 77.07 \end{aligned}$$

4. 甘茨(Ganz)白度公式

甘茨(Ganz)白度公式是被广泛应用的白度公式之一。Ciba – Gagy 公司在 1971 年开始将这一白度公式应用于纺织品的白度测量。这一白度式在测量过程中,需要对所使用的测色仪器的照明光源进行认真校正。校正工作不仅仅针对可见光部分,紫外光的强度也同样需要校正。因为很多白色样品中,为了提高白度,往往都要加入不同种类、不同数量的荧光增白剂。众所周知,紫外光(UV)的能量分布与样品显示的白度有密切关系。校正时,通常是借助标准样板进行的。通过校正,可以得到白度计算公式中的各个相关参数的校正值。由于测试仪器、标准样板、测试人员的操作等诸多因素,往往会造成实际校正值与理论值之间出现微小差异,而这样的差异,对测试结果不会产生明显的不良影响。通过对仪器的认真校正,不仅可以使仪器本身得到稳定的测量结果,同时,也可以使不同仪器之间所测得的白度值具有比较好的交换性。

前面已经讲到,CIE1982 白度公式是以甘茨(Ganz)白度公式为基础建立起来的,该公式创建的关键之处,是把甘茨(Ganz)白度公式中的相关参数都固定了下来,因此,应用时不需要再重新计算相应参数,而只是通过一块带荧光的标准板,对测量仪器照明光源的紫外光(UV)的强度进行校正。因此,与甘茨(Ganz)白度公式比较,使用起来更方便一些,因此,也顺理成章的被广大染整工作者所接受,被广泛应用于白度测量。

但是,参数被固定下来后,也不可避免地给荧光白度的测量带来了一些问题。首先,使仪器之间的白度测量结果的交换性变差。因为,测量仪器在使用过程中,照明光源、积分球内涂层都会老化,积分球内表面有时甚至会被污染等,会造成仪器颜色测量的基础条件发生一定程度的改变。而这种简易的校正方法,往往会忽略各个参数之间并非以线性关系改变的现实。从而使白度测量结果产生某种偏差。其次，因为白度计算公式并不是建立在严格的色度学理论基础之上的，很多情况下，是理论与人眼对带不同微小淡色的白色样品的不同喜好相互融合后的结果，所以，就造成各个参数对白度公式计算结果的贡献随白度公式而异。因此，就造成了采用不同白度公式，计算出的结果不同，缺乏可比性。

通过众多经验丰富的鉴色专家对大量标准白色样板的观测发现，中性无彩色的白色样品在 x—y 色度图上会沿着一条直线分布，这条直线在 $D_{65}/10°$ 条件下，就是通过参考白点并与色度图中光谱轨迹 470nm 的色度点相交的直线，如图 4－3 所示。

图中 $\lambda = 470\text{nm}$，$\varphi = 15°$，图中所示的直线 RWL 就是通常所谓的参考波长（reference wavelength）线。这条直线与 x 轴的夹角为 η，与光谱轨迹的交点为（x_d、y_d）。参考白点的色度坐标（x_1，y_1）与照明光源相关。由图 4－3 可知：

$$\eta = \arctan[(y_1 - y_d)/(x_1 - x_d)]$$

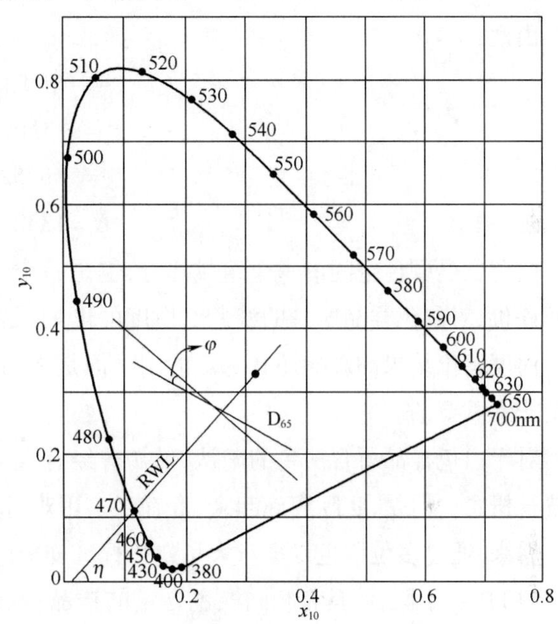

图 4－3　CIE1964 色度图上的参考白点（D_{65}）及参考波长线（RWL）

由经验丰富的鉴色专家对大量带有一定色偏差的标准样板进行观测，结果发现：人眼观测的结果，会与我们预想的结果产生一定的偏差。从图 4－3 的色度图上可以看到，人们预想的具有一定色偏差的样板的分布轨迹，似乎应该与参考波长线垂直，但是，由人眼实际观测的结果所构成的轨迹与垂直于参考波长线（RWL）的预想值的轨迹，保持一定的夹角。这个角定名为 φ。φ 的大小，通过多位有经验的观测者对大量标准样板的实际观测，经简单的数学处理确定为 15°。当 φ 为正数时，喜好白的白色色调偏向红紫，而 φ 为负值时，则喜好白偏向绿色。

甘茨白度基本公式为：

$$W = DY + Px + Qy + C \tag{4-4}$$

式中：W——白度。

$$D = \Delta W/\Delta Y$$

亮度 Y 与白度 W 具有同等作用，与白度值是同步的。所以：

$$D = \Delta W/\Delta Y = 1$$

$$P = -(\Delta W/\Delta S)/[\cos(\varphi + \eta)/\cos\varphi]$$

$$Q = (\Delta W/\Delta S)/[\sin(\varphi + \eta)/\cos\varphi]$$

$$C = W_0(1 - \Delta W/\Delta Y) - Px_1 - Qy_1 = -Px_1 - Qy_1$$

因为白色在整个颜色空间中只占据极小的范围,所以公式中的 D、P、Q、C 都可以看做常数。

因为
$$\eta = \arctan[(y_1 - y_d)/(x_1 - x_d)]$$

在 D_{65} 照明体、10°视野条件下:

$$x_1 = 0.3138, y_1 = 0.3309$$

$$x_d = 0.1152, y_d = 0.1090$$

求得:
$$\eta = 48.1715$$

$\Delta W/\Delta S$ 表示由于样品饱和度的变化所引起的白度变化。$\Delta W/\Delta S = 4000$,$W_0 = 100$。

由此:

$$D = 1$$

$$P = -1869.3$$

$$Q = -3752.9$$

$$C = 1832.4$$

白色也是颜色空间的一个组成部分,也是一个三维空间的量。所以,为了对白色样品进行全面评价,对白色样品所带的淡色对白度的影响,是不可回避的重要内容。虽然要准确描述淡色对白度评价结果的影响还有一定的困难但是在白度评价过程中,白色样品所含淡色的确认,还是非常重要的。

对于白色样品所含淡色的确认,最初曾经有人尝试,采用色度学中标定颜色时常常使用的主波长概念。但是,实际实施起来,存在很多困难,得不到预想的效果。

后来,通过多位鉴色专家对大量白色标准样板的观测发现:

(1)白度不同,而具有相同淡色含量的样品,在色度图中会分布于与参考波长线平行的一条直线上。由此还可以了解到,淡色值是一个与明度 Y 无关的量。

(2)淡色含量与照明体中紫外光(UV)的含量并没有直接关系。因为,随着 UV 含量的变化,所得到的淡色的色度坐标点会沿着参考波长线平行分布。

根据这样的研究结果,我们可以预期引入白色样品中的淡色含量,共同对白色样品进行全面的白度评价,应该是有可能的。

甘茨(Ganz)白度公式,正是在对样品白度进行评价的同时,引进了所谓的色偏向值(Tint Deviation)的概念,使之成为该白度公式的重要特点之一。在甘茨白度计算公式中,给出了色偏向值的计算公式,这一计算公式中的各个参数是对标准白色样板目测评价后再进行线性回归分析后得到的。色偏向值的计算公式为:

$$T = mx + ny + k \tag{4-5}$$

其中:
$$m = -(1/\Delta x), n = 1/\Delta y, k = -mx - ny$$

$$\Delta x = BW(1 + 1/b^2)^{1/2}, \Delta y = BW(1 + b^2)^{1/2}$$

b 为等波长线的斜率,通过做图法得到,$b = 1.4192$。

BW 为色偏差每级别之间的单位距离,计算方法见图 4-4。

$$BW = \Delta y \cdot \sin\alpha = 0.0008$$

x、y 通常是同一白度等级的一批样板所测得的平均值。

$$\alpha = \arctan(1/b)$$

色偏向值基础数据的建立方法:首先是以多个色偏向值不同的样品,由多名评色人员独立凭视觉确定色偏向级别。综合每个人的级别评定,最后确定色偏向值 T 为:

T	偏红或偏绿
< -5.5	RR
-5.5 ~ -4.51	R5
-4.5 ~ -3.51	R4
-3.5 ~ -2.51	R3
-2.5 ~ -1.51	R2
-1.5 ~ -0.51	R1
-0.49 ~0.49	中性
0.5 ~1.49	G1
1.5 ~2.49	G2
2.5 ~3.49	G3
3.5 ~4.49	G4
4.5 ~5.49	G5
>5.5	GG

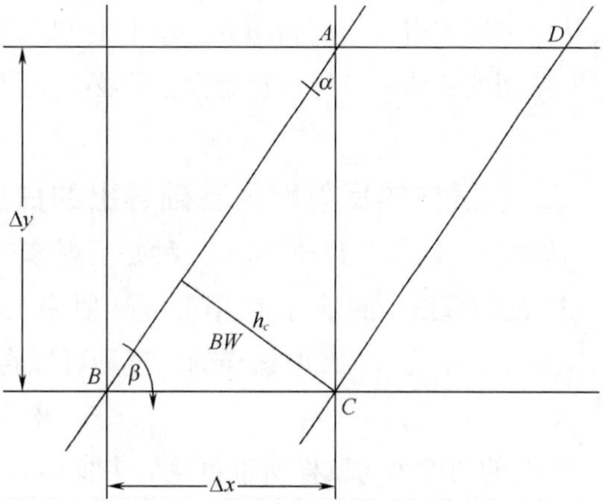

图 4-4 *BW* 计算方法示意图

在实际白度测量时,仪器 UV 校正操作中,一般采用 4 块白布样板,其中 3 块含有不同数量的荧光增白剂。由符合要求的仪器对样板的白度进行测量。这些白布样板,除了白度不同外,色偏向值 T 应该全部都在 ±0.5 以内。

测色条件:采用积分球式测试仪,SPE(测量时不包含光泽),D_{65} 照明体,10°视野(不同的照明体,不同的观测条件,参考白度线的斜率不同。在实际白度测量中,通常采用 D_{65} 照明体和 10°视野)。

在实际测试过程中,对甘茨(Ganz)公式中各个参数的校正步骤:

(1)首先输入标准的 P、Q、C 值,以此标准值作为基准,用最大白度值样板校正 UV 含量[1]。在 D_{65}、10°及 SPE(不包含光泽)条件下,使得到的 P、Q、C 值与标准 P、Q、C 值相等或接近。

(2)从 4 块校正用的白布样板可以测得 W_i^*、S_i^* 值,以 W_i^* 对 S_i^* 作图,在图中可以得到一条非常规整的直线,该直线的斜率即是 Q 值。因此,由直线上的两点即可求得 Q 值。

---

[1] 一般高级积分球式测色仪都在闪光氙灯前装有可自动调节 UV 的过滤镜片装置,以控制光源中 UV 含量,模拟 D_{65} 照明体。同时,可以借过滤镜片减少拦截比例,补偿照明光源灯老化而减少的紫外线能量。一旦过滤镜片完全打开,照明光源灯的 UV 能量仍然不足时,则应该更换照明光源灯。事实上,D_{65} 照明体是一个很难由自然界实在的光源模拟的,需要大家注意。

$$Q = b = (W_3^* - W_1^*)/(S_3^* - S_1^*)$$

在实际校正过程中,常常取几组数据的平均值。

(3)由 $P = QV, C = W_i^* - QS_i^*$,计算出 P、C。

(4)再由 $P = -(\Delta W/\Delta S)[\cos(\varphi + \eta)/\cos\varphi]$ 计算出 $\Delta W/\Delta S$ 值。所得到的 $\Delta W/\Delta S$ 值必须在 4000 ~4100 之间。否则,需要重新对 UV 含量进行校正,直到符合要求为止。

(5)通过4块校正用标准白色样板的测试数据,在 x—y 色度图上得到色偏向值 $T=0$ 的直线,从而可以求得直线的斜率 b。另外,已知 $BW = 0.0008$,进而可求得 Δx、Δy、m、n 以及 k。此时,所使用的4块白色样板色偏向值都必须在 ±0.5 以内。

二、以试样的反射率为基础导出的白度计算公式

这类公式通常有两种形式,一种是反射率法,另一种是测色仪法。

1. 反射率法 测量时,使用最大透射率在475nm 的蓝色滤光片,而求得试样的所谓蓝反射,反射率表示为 R_B,此时试样的白度则可以直接以此反射率值来表示,即:

$$W = R_B \tag{4-6}$$

此时的白度值与试样所带黄色的多少相对应。即反射率越高,蓝紫色成分就高,白度越高,黄色成分也就越少;反之,蓝紫色成分低,黄色成分就高,白度自然也就低。

2. 测色仪法 用测色仪首先测得试样的三刺激值 X、Y、Z,再把它转换成不同标准照明体、不同观察者条件下的参数,结合众多观察者对大量试样评价结果的统计和不同行业、不同人群对白色喜好的不同,得到众多的计算白度的公式。如:

TI(Tappi) $W = B$

CR(Cros) $W = B + G - A$

ST(Stephansen) $W = 2B - A$

BE(Berger) $W = 3B + G - 3A$

TA(Taub) $W = 4B - 3G$

上面各个公式中的 A、G、B 值,是用下面的方程式计算出来的。

$$A = g_{AX}X + g_{AZ}Z \tag{4-7}$$

$$G = Y$$

$$B = g_{BZ}Z$$

而

$$g_{AX} = \frac{1}{f_{XA}}$$

$$g_{AZ} = -\frac{f_{XB}}{f_{XA}f_{ZB}}$$

$$g_{BZ} = \frac{1}{f_{ZB}}$$

而f_{XA}、f_{XB}、f_{ZB}等因数则可由表4－1查得。

表4－1　在2°视野和10°视野条件下，不同照明体对应的f_{XA}、f_{XB}、f_{ZB}因数

	CIE1931 2°			CIE1964 10°		
	f_{XA}	f_{XB}	f_{ZB}	f_{XA}	f_{XB}	f_{ZB}
A	1.0447	0.0539	0.3558	1.0571	0.0544	0.3520
D_{55}	0.8061	0.1504	0.9209	0.8078	0.1502	0.9098
D_{65}	0.7701	0.1804	1.0889	0.7683	0.1798	1.0733
D_{75}	0.7446	0.2047	1.2256	0.7405	0.2038	1.2072
C	0.7832	0.1975	1.1823	0.7772	0.1957	1.1614
E	0.8328	0.1672	1.0000	0.8305	0.1695	1.0000

计算举例：

计算试样$X=84.90$，$Y=92.35$，$Z=88.62$的白度。

标准D_{65}照明体，10°视野条件下，白度公式中相应参数的计算：

$$g_{AX}=\frac{1}{f_{XA}}=\frac{1}{0.7683}=1.3916$$

$$g_{AZ}=\frac{f_{XB}}{f_{XA}\cdot f_{ZB}}=-\frac{0.1798}{0.7683\times1.0733}=-0.2180$$

$$g_{BZ}=\frac{1}{f_{ZB}}=\frac{1}{1.0733}=0.9317$$

$$A=g_{AX}X+g_{AZ}Z=1.3916X-0.2180Z$$

$$G=Y$$

$$B=0.9317Z$$

计算：

$$\begin{aligned}A&=1.3016X-0.2180Z\\&=1.3016\times84.90-0.2180\times88.62\\&=91.19\end{aligned}$$

$$G=92.35$$

$$\begin{aligned}B&=g_{BZ}Z=0.9317Z\\&=0.9317\times88.62\\&=82.57\end{aligned}$$

则TI白度：$W=B=82.57$

BE白度：$W=3B+G-3A$

$=3\times82.57+92.35-3\times91.19$

$=66.49$

ST 白度:$W=2B-A$

$=2\times 82.57-91.19$

$=73.95$

标准 D_{65} 照明体、10°视野条件下,理想白的白度对于上述白度公式也都大约等于100。但是在其他标准照明体和观察条件下,理想白的白度计算结果一般都稍小于100。而CIE1982白度公式,无论在任何标准照明体和标准色度观察者条件下,理想白的白度值都等于100。这也是这两类公式的差别所在。

标准 D_{65} 照明体、10°视野条件下,理想白的三刺激值:

$$X=94.83 \quad Y=100.00 \quad Z=107.38$$

其白度为:

$$A = g_{AX}X + g_{AZ}Z = 1.3016\times 94.83 - 0.2108\times 107.38$$

$$= 100.03$$

$$G=Y=100.00$$

$$B = g_{BZ}Z = 0.9317\times 107.38$$

$$=100.05$$

则 TI 白度:$W = B = 100.00$

BE 白度:$W = 3B + G - 3A$

$= 3\times 100.05 + 100.00 - 3\times 100.03$

$= 100.06$

ST 白度:$W = 2B - A$

$= 2\times 100.5 - 100.3$

$= 100.07$

则标准照明体 D_{65}/2°视野条件下,理想白的白度值:

TI 白度:$W=99.93$

BE 白度:$W=99.88$

ST 白度:$W=99.89$

这两类公式,目前都被广泛采用,至于具体选用哪一个公式,要根据相应的标准规定和客户的要求而定。

总之,白度的评价是比色差评价更困难的问题,对纺织品的白度评价,至今,虽然已经完全可以方便地对试样间的白度进行比较,但是与色差的评价相比,还是有一定的差距的。另外,在用分光测色仪测量试样的白度时,仪器之间的交换性也不如颜色测量时好。

在对纺织品进行白度评价的同时,往往对其黄度也同时做出评价,因为有些纺织品的黄变现象也是纺织品的重要质量指标。如纺织品经过后整理后的泛黄,蛋白质纤维的泛黄等。一直都是广大染整工作者关注的问题。黄度的计算也有不少公式，下式则是其中之一。

该黄度式也可以像白度式一样，以 A、G、B 的函数形式来表示。

$$Y_{\mathrm{I}} = \frac{100(1.28X - 1.06Z)}{Y}$$

$$Y_{\mathrm{I}} = \frac{100(0.98A - 0.90B)}{G}$$

式中：Y_{I} 为被测试样的黄度，通常，数值越大，试样越黄；X、Y、Z 为试样在 CIEXYZ 表色系统中的三刺激值；A、G、B 则与白度公式中的相关参数相同。

计算试样的黄度时，只要用测色仪测得在选定条件下试样的三刺激值后，代入上面的计算公式中即可。而黄变度（泛黄）则是按下式求出黄度差。

$$\Delta Y_{\mathrm{I}} = Y_{\mathrm{I}(sp)} - Y_{\mathrm{I}(std)}$$

式中：ΔY_{I}——黄变度（泛黄）；

$Y_{\mathrm{I}(sp)}$——试样黄度；

$Y_{\mathrm{I}(std)}$——标准样黄度。

值得注意的是，在白度和黄度的评价中，黄度和白度之间并没有严格的对应关系。也就是说，并不一定是黄度值越大，白度值越小。

复习指导

1. 白度是具有高亮度和低纯度的一类颜色的属性。白度的评价比色差更困难。因为白度会随观察个体的喜好而改变，也可以说，白度的评价在广大观察个体中不存在一个唯一的确定的标准。纺织品白度的评价尤其困难。因为有很多改善纺织品表观白度的手段，都会给白度的测量带来一定的麻烦。

评价白度的公式比计算色差的公式还要多，白度测量结果与视觉之间的相关性，比色差的测量结果与视觉之间的相关性要差一些。在仪器之间的交换性方面，白度的测量也远不如色差的测量。

2. CIE1982 白度公式与甘茨（Ganz）白度公式是密切相关的。前者是在后者的基础上建立起来的，但是，又具有很大的不同。其中最大的差别在于 CIE1982 白度公式中，相关的参数都是固定的，这样操作起来更方便，更容易被广大使用者接受，更容易推广。但是参数固定以后，被忽略的测量仪器在使用过程中的改变，会使测量结果的准确性以及仪器之间的交换性变差。

习题

1. 使用 CIE1982 白度评价公式时，需要注意哪些问题？
2. 为什么采用不同白度公式所计算出的结果之间缺乏可比性？

第五章　颜色的测量方法与常用测色仪器

随着现代化科学技术的发展,颜色已成为评价各行业产品质量的重要指标。颜色品质控制、颜色管理作为企业的生命线得到了广泛的应用。与此同时,颜色测量方法的采用、颜色的精确测量、颜色的非接触测量、在线式颜色检测等,已成为企业质量管理部门共同关心的重要课题。

第一节　颜色测量方法的分类

颜色测量包括发光物体颜色的测量与不发光物体颜色的测量。不发光物体颜色测量又分为荧光物体颜色测量和非荧光物体颜色测量。

在生产实践中,涉及非荧光物体颜色的测量方法可分为目视测量和仪器测量两大类。随着测量仪器的进步,采用仪器测量物体颜色时,由于测量方式的差异,又可把其分为接触式颜色测量和非接触式颜色测量。

随着科学技术的快速发展,新型测量物体颜色的仪器不断涌现,根据测色仪器所获取色度值的方式不同,可将非荧光物体颜色测量方法分类为光电积分测色法、分光光度测色法、在线分光测色法和数码摄像测色法。

应该说,人眼也是一种古老的测色仪器,人眼具有敏锐的识别物体微小色差的能力,人们长期应用目视比较方法辨别或控制产品的颜色质量。但是由于观测人员的经验和心理、生理上的影响,使得该方法可变因素太多,并且无法进行定量描述,从而影响评估的准确性和可靠性。由于该方法简单灵活,我们把目视对比测色法作为一种古老而基本的颜色测量方法,归于颜色测量方法的分类中。这样就总结出了五种非荧光物体颜色测量方法,即:目视对比测色法、光电积分测色法、分光光度测色法、在线分光测色法和数码摄像测色法(图 5 - 1)。

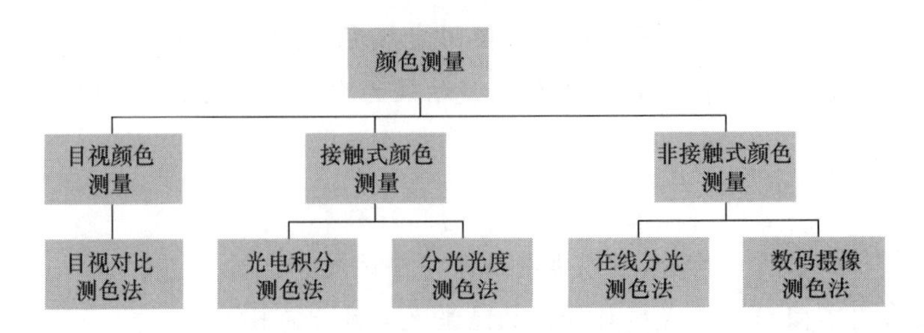

图 5 - 1　颜色测量方法的分类

一、目视对比测色法

如上所述,目视对比测色法是指通过人眼对样品颜色与标准颜色的差别进行直接的视觉比较。该方法要求操作人员具有丰富的颜色观察经验和敏锐的判断力。为了达到判断颜色的准确性,通常选择视觉正常的人员经过严格的长时间专业训练,然后,再通过实际观察颜色样品的磨练,才能培养出称职的操作人员。

在进行颜色样品的实际操作时,对比颜色样品应该在特殊设计的房间或在标准光源箱内进行。通常参照 CIE 的规定:观察背景应该是中灰色的亚光涂层,一般选用蒙赛尔标号为 N5 或 N7 中灰色做背景。在观察颜色样品时,遵循 CIE 规定的0°/45°或45°/0°的照明/观察的几何条件进行,也就是说,观察者坐在标准光源箱前,要用 45 度角看平放在标准光源箱底部的颜色样品,这就符合 CIE 规定的 0°/45°的照明/观察的几何条件了;或者在标准光源箱内放一个 45 度角的斜面,观察者坐在标准光源箱前直看平放在这个斜面上的颜色样品,这就符合 CIE 规定的45°/0°的照明/观察的几何条件了。如果用其他的角度去观察颜色样品,结果都会造成偏差。

目测时,标准光源箱按照美标和欧标的要求去选择。出口美国的产品大都选用美国爱色丽公司生产的标准光源箱,如 Judge Ⅱ、Spectralight Ⅲ等;出口欧洲的产品大都选用英国 VeriVide 公司生产的标准光源箱,如 VeriVide CAC60、VeriVide CAC120、VeriVide CAC150 等。

标准光源箱一般可供配备的光源有 UV 紫外光源、A 光源和 D_{65}光源,还有 TL84(三基色荧光灯)、CWF(冷白荧光灯)和 U3000 等商用标准光源。

总的来讲,目测法是一种最简单的颜色比对方法,设备的一次性投资较少。但是,由于受到人为主观因素的影响,测量结果往往会因人而异,而且该方法的效率很低。

二、光电积分测色法

光电积分测色法是通过探测器的光谱响应匹配成所要求的 CIE 标准色度观察者光谱三刺激值曲线,对被测量的光谱功率进行积分测量。即模拟人眼的三刺激值特性,用光电积分效应直接测得颜色的三刺激值。

光电积分法是仪器测色中的常用方法。通常用滤光片覆盖在探测器上,把探测器的相对光谱灵敏度 $S(\lambda)$修正成 CIE 推荐的光谱三刺激值 $x(\lambda)$、$y(\lambda)$、$z(\lambda)$。用这样的三个光探测器接收光刺激时,就能用一次积分测量出样品的三刺激值 X、Y、Z。更确切地说,利用经过滤色片校正的探测器去模拟 CIE 标准观察者,使仪器的输出信号与物体颜色三刺激值构成线性关系。使用这种方法的测色仪器,其总的光谱灵敏度应符合卢瑟(Luther)条件,即总的光谱灵敏度与 CIE 规定的光谱三刺激值成正比。

采用光电积分法的仪器要做到完全符合上述条件是很困难的。在实际的滤色修正中,由于色玻璃的品种有限,仪器不可能完全符合卢瑟条件,只能近似地符合。因此,测量的重复性和机台间的误差很难解决。但光电积分法的优势在于其测色速度快,能够准确地测量颜色样品间的色差,故采用光电积分法的仪器多为便携式,如亨特公司生产的 D25 - PC2、美能达公司生产的

CR－210和日电公司生产的P6R－100DP等。

三、分光光度测色法

分光光度测色法测量物体颜色的过程主要包括物体反射或透射光度特性的测定,再通过计算求得物体的各种颜色参数。更确切地说,该类仪器应用分光光度计测量物体的光谱辐亮度因数或光谱透射比,再利用CIE推荐的标准照明体的光谱功率分布和标准观察者光谱三刺激值,经计算得出物体颜色的三刺激值和色度坐标。

分光光度测色法所用仪器一般采用凹面光栅、棱镜或干涉滤光片作为分光器件对光源进行分光。通过探测器探测物体整个光谱能量的分布信息。

1. 按照光路组成的不同分类 分光光度测色法可分为单光束分光测色和双光束分光测色。只采用一个分光器件和一个探测器,通过比较参比和样品在同一波长上反射的单色辐射功率,然后得出数据的是单光束分光测色;采用两个分光器件和两个探测器分别测量样品和参比得出数据的则是双光束分光测色。

2. 根据采集光谱信号的方式的不同分类 分光光度测色法又可分为光谱扫描法和光电摄谱法。

(1)光谱扫描法。单通道测色方法,它按照一定的波长间隔,采用机械扫描结构,逐个波长采集光谱信号,经处理后显示数据。其优点是精度较高,缺点是光路结构复杂,测色速度慢,且波长重复性差,对光源的稳定性要求较高。

通常,光谱扫描法的探测器采用光电倍增管和光电器。

(2)光电摄谱法。可同时探测全波段光谱,它通过分光系统由多通道光电探测器探测待测物整个光谱能量的分布,然后将光谱信息产生的时序信号送入处理电路进行处理和计算,最后显示数据。应该说光电摄谱法是光谱分析技术领域的一次革命,其显著特点是测量时间极短,信噪比很高,对光源稳定性要求低。

光电摄谱法的探测器普遍采用自扫描光电二极管阵列(SPD)、CCD器件等,现代的测色仪绝大部分都采用光电摄谱法。

当今的测色仪器几乎都利用计算机完成仪器控制和大量的数据处理工作,使得测色操作更为简便和快捷,测量精度更高,结果更可靠。分光光度测色法最典型的仪器如德塔公司的Datacolor 600、爱色丽公司的Color－Eye 7000A等。

四、在线分光测色法

目前,国内纺织印染行业大多使用离线测色法,检测人员使用测色仪器对产品进行检测,或在生产线上由经验丰富的工人目视测色。显然这样不能满足生产高质量产品的要求。

在线式颜色测量是指将颜色测量仪器安装在生产线上,对产品的颜色进行测量。在测量过程中,产品不能离开生产线,更不用停止生产,可极大地节约时间和人力成本。在线式测量中,产品随生产线连续运动,必须使用非接触式测量。

在线式测量可以实时监测生产线上产品的质量情况,及时获得产品颜色信息,不仅有利于减少生产浪费,而且可有效提高生产效率。与对静止物体的离线式颜色测量相比,在线式颜色测量有以下特点:被测物体是生产线上的产品,始终不停的运动,速度从每分钟十几米到上百米不等;在线测量面临着更严峻的环境干扰等问题,如温度高、湿度大、灰尘多,被测样品抖动剧烈,环境光影响等。针对以上特点,在线式分光测色仪需要满足一些特殊的要求。

非接触测量方式和被测物体的连续运动是在线式测色仪与传统分光测色仪的主要区别,而环境光、物体运动和正常的抖动不会影响测量结果的精确性将是在线式分光测色仪的技术难点。

作为一个完善的颜色测量系统,不仅要求测量结果准确,而且更重要的是,根据测量结果对染化料进行实时调节,使之符合生产要求。

纵观在线式分光测色仪的发展历程和现状,从技术层面来看,未来在线式分光测色仪的发展趋势是:

(1)在线式分光测色仪大都采用双光束分光系统的结构。可有效地补偿光源发光不稳对测量造成的影响。采用脉冲氙灯作为光源的仪器对测量的稳定性是必要的。

(2)越来越多的仪器采用内部自动校正功能,包括标准白板校正和光谱标定。

(3)仪器必须有更好的重复性,与台式分光测色仪具有更佳的仪器间的一致性。

总的来看,未来的在线式分光测色仪还要做到通用性强、快速的信息反馈。只有这样才能更好地优化生产工艺,提高产品质量。当今典型的在线式分光测色系统有美国爱色丽公司的Vericolor Spectro、瑞士格灵达麦克贝斯的ERX50、美国Hunterlab公司的SpectraProbe XE等。

五、数码摄像测色法

数码摄像测色法是基于数字化图像处理技术,采用高精度的数码照相机,在一个完全控制稳定的照明条件下,利用非接触测量技术,准确地捕获目标物体的颜色和物体的外观图像。在得到样品的标准色度数据前,必须调整好数码相机的光圈大小、曝光速度及感光度等参数,在此条件下生成颜色校正文件,用这样固定的数码相机参数测定样品的RGB值。然后经过数据计算得出相应的物体颜色信息。

用数码摄像测色法进行测色的优势是,可在高分辨率的图像中通过多种取色方式对非常小或不规则的物体进行测量。即使是测试毛巾布、地毯等毛圈类表面不规则的面料时,这种非接触式的测量方法也可使线圈保持自然状态从而得到真实的测量结果。这是由于测量时得到的是颜色数据加上图像轮廓和图像的阴影综合的结果。

数码摄像测色法的关键部件是数码相机,它的光学原理是将被摄物体发射或反射的光线通过镜头在焦平面上形成物像。数码相机采用了CCD作为记录图像的光敏介质,CCD是通过光照的不同引起的电荷分布的不同来记录被摄物体的视觉特征。

数码相机的系统工作过程就是把光信号转化成为数字信号的过程。数码相机使用CCD电荷耦合器件作为光敏元件感光成像。光线通过透镜系统和滤色器投射到CCD光敏元件上,CCD元件将其光强和色彩转换为电信号记录到数码相机的存储器中,形成计算机可以处理的数字信号。

数码摄像测色系统应包含一个带标准光源的图像采集箱,用数码相机进行拍摄,然后通过对数码相机拍摄的图像进行色度分析数据处理的多功能软件,用计算机来控制和数据处理。

当今比较著名的数码摄像测色系统有英国Verivide公司生产的DigiEye(数慧眼)颜色沟通系统、Tintometer公司的CAM - System500系统。

第二节　接触式颜色测量及常用仪器

一、接触式颜色测量的方法

以往在测定液体或透明薄膜的透光率时,常常以空气、相应的溶剂或空白基质材料作为参照标准,即把这些物质的透光率作为100%,而被测物体的透光率通过与相应的参照物质相比较,就可以很方便地得到。无论是空气、溶剂,还是空白基质材料,都是自然界存在的,可以很方便地得到。而不透明物体的分光反射率$\rho(\lambda)$是以完全反射漫射体作为测量不透明物体的分光反射率$\rho(\lambda)$的参照标准。所谓完全反射漫射体就是物体的反射率在各个波长下均为100%的理想的均匀反射漫射体,它无损失地全部反射入射光,并且各个方向上的亮度均相等。但是,这样的物体在自然界中是不存在的。不透明物体表面色的分光反射率是通过在相同的标准照明体和观察条件下与完全反射体相比较而确定的,是所谓的绝对反射率。因此需要采用特殊的方法才能得到正确的结果。这些问题在分光测色仪生产过程中,生产厂家已经考虑到了,并且已经得到了正确的解决。我们只要按照仪器的操作规程,正确地操作,就可以得到准确的分光反射率。

按照CIE的规定,物体的分光反射率因数$\beta(\lambda)$定义为:在给定的立体角、限定的方向上,待测物体反射的辐通量$\Phi_\lambda\Delta\lambda$与在相同照明、相同方向上完全漫反射体的辐通量$\Phi_{0\lambda}\Delta\lambda$之比,即:

$$\beta(\lambda)=\frac{\Phi_\lambda\Delta\lambda}{\Phi_{0\lambda}\Delta\lambda}$$

在特定条件下的分光反射率因数$\beta(\lambda)$,也可以叫作分光反射率,用$\rho(\lambda)$表示。作为颜色测量基准的标准白板,常用的为新鲜的氧化镁烟雾面,其反射率因数$\beta_S(\lambda)$或$\rho_S(\lambda)$见表5 - 1。氧化镁良好的散射特性和在各波长下都有很高的反射率值。因此常常被用来作为颜色测量和传递的标准物质。除此以外,硫酸钡、氧化铝、碳酸镁也有应用。后来人们通过研究发现,氧化镁虽然有很多优点,但新鲜的氧化镁烟雾面稳定性差,随存放时间的延长,反射率下降,给颜色测量带来诸多不便。德国的国立物理工艺研究所PTB(Physikalisch - Technischnischnc. Bundesanstala)和蔡司(Zeiss)公司共同开发了有非常好的重现性和稳定性的硫酸钡粉末,该粉末以压缩成型法制作的标准白板，后来被德国工业标准采用。目前供应高纯度硫酸钡粉末的公司，有蔡司公司和美国的 Eastman Kodak 公司。据介绍，用蔡司公司的硫酸钡粉末制作的标准白板，其反射率的差异，不同批次间大约为 ±0.3%，同一批次内的差值在 ±0.2% 以内，用同一瓶粉末制成的标准白板，其反射率差在 0.02% 以内。

表 5－1　标准白板分光反射率（优质新鲜氧化镁）

波长/nm	反射率	波长/nm	反射率	波长/nm	反射率
380	0.987	520	0.992	660	0.990
385	0.988	525	0.992	665	0.990
390	0.988	530	0.992	670	0.990
395	0.988	535	0.992	675	0.990
400	0.989	540	0.992	680	0.989
405	0.990	545	0.992	685	0.989
410	0.990	550	0.992	690	0.989
415	0.990	555	0.992	695	0.988
420	0.991	560	0.992	700	0.988
425	0.992	565	0.992	705	0.988
430	0.992	570	0.992	710	0.987
435	0.992	575	0.992	715	0.987
440	0.992	580	0.991	720	0.987
445	0.992	585	0.991	725	0.987
450	0.992	590	0.991	730	0.987
455	0.992	595	0.991	735	0.987
460	0.992	600	0.991	740	0.987
465	0.992	605	0.990	745	0.987
470	0.992	610	0.990	750	0.987
475	0.992	615	0.990	755	0.987
480	0.992	620	0.990	760	0.987
485	0.992	625	0.990	765	0.987
490	0.993	630	0.990	770	0.987
495	0.993	635	0.990	775	0.987
500	0.993	640	0.990	780	0.987
505	0.993	645	0.990		
510	0.993	650	0.990		
515	0.992	655	0.990		

从稳定性看,由硫酸钡制作的标准白板比由氧化镁制作的标准白板要好,硫酸钡标准白板储存6周与氧化镁标准白板储存7h的变化相近。硫酸钡标准白板的色度坐标x、y,储存三周时间的变化大约为0.1%,储存6周时间,亮度Y的变化大约为0.1%。而氧化镁标准白板色度坐标x、y变化0.1%,仅仅需要数小时,亮度Y变化1%大约需要2h。

除此以外,其他材料也可以作"标准白板"用。但不论什么材料,作为"标准白板"一般应满足如下条件:

(1)具有良好的化学和机械稳定性,在整个使用期间其分光反射率因数应保持不变。

(2)具有良好的漫反射性。

(3)在各个波长下的分光反射率一般都在90%以上,并且分光反射率在360~780nm内十分平坦。

由于标准白板保存、清洁等不甚方便,在实际的颜色测量中,经常使用经过精确校正的陶瓷、搪瓷等材料制成的白板来代替,虽然这类白板不像标准白板那样,对整个可见光范围内的所有波长的光都有那样好的反射功能,但它容易保存,容易清洁,经久耐用,所以经常用于实际颜色测量中。因此,这种白板又被称为工作白板。

二、接触式颜色测量的测色条件

被测物体通常都不可能是完全反射漫射体,主要是因为它们材料各异,表面结构复杂,因此都或多或少地存在着一部分规则反射。也就是说,被测物体被光照亮以后,表面的反射光在不同方向上的分布实际上是不均匀的。在实际测量中,还存在着照射在物体上的光,一部分可能被吸收,一部分可能透射过去,另一部分则被反射出来。被吸收的部分转变成了热能等其他能量形式,透过部分则朝着离开眼睛的方向传播,这两部分光对眼睛的颜色视觉都不起作用,只有被物体反射并且进入人眼睛的那部分光,才能构成颜色刺激。由此看来,在不同的照明和观测条件下,不透明体表面的分光反射率因数$\beta(\lambda)$是不同的。因此,国际照明委员会于1971年正式推荐了四种测色的标准照明和观测条件,其中在0/45、45/0以及d/0三种照明和观测条件下测得的分光反射率因数(也叫作分光辐亮度因数),可记作$\beta_{0/45}$、$\beta_{45/0}$以及$\beta_{d/0}$。在0/d条件下测得的分光反射率因数,可以称作分光反射率。分光反射率因数是四种观测和照明条件下的总称。

(1)垂直/45(记作0/45):照明光束的光轴和样品表面的法线之间的夹角不超过10°,在与样品表面法线成45°±5°的方向上观测,照明光束的任一光线与其光轴之间的夹角不超过5°,观测光束也按同样规定,见图5-2(a)。

(2)45/垂直(记作45/0):样品可以被一束或多束光照射,照明光束的轴线与样品表面法线间的夹角为45°±5°,观测方向与样品法线之间的夹角不超过10°,照明光束中的任一光线与照明光束光轴之间的夹角不超过5°,观测光束也应按相同规定,见图5-2(b)。

(3)垂直/漫射(记作0/d):照明光束的光轴和样品法线之间的夹角不超过10°,反射光借助于积分球来收集,照明光束的任一光线与照明光束光轴之间的夹角不超过5°,积分球的大小国际照明委员会并没有严格规定，一般直径在60～200mm。积分球过小，会影响仪器的测量精度。积分球表面为了测量的需要，通常要开若干个孔，但开孔面积一般不超过积分球总面积的10%，见图5－2(c)。

(4)漫射/垂直(记作d/0)：用积分球漫射照明样品，样品的法线与观测光束光轴之间的夹角不应超过10°，对积分球的要求与0/d测试条件下相同，观测光束的任一光线与其光轴之间的夹角不应超过5°，见图5－2(d)。

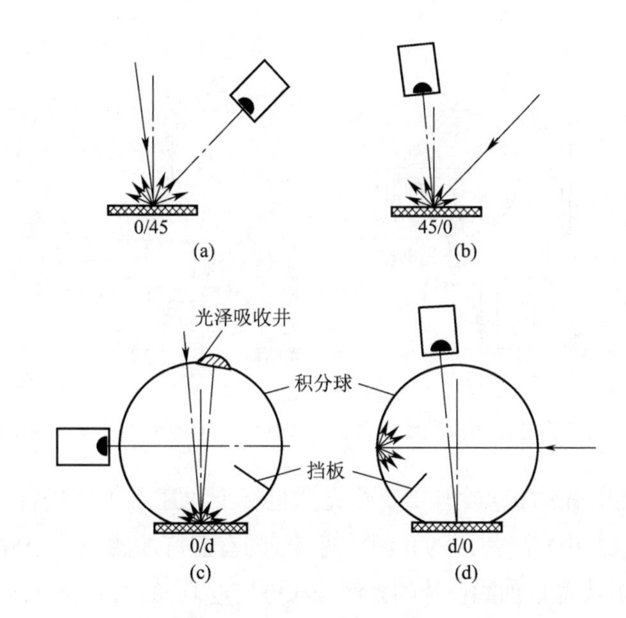

图5－2　测量分光反射率因数的四种照明和观测几何条件

三、接触式颜色测量常用仪器

常用的测色仪器有两类，一类是分光光度测色仪，另一类是光电积分式测色仪。

1. 分光光度测色仪　在可见光范围内的若干波长下，对物体以及参比物的反射光和透射光进行测量，测得其光谱反射率或光谱透光率，进而计算出物体颜色的三刺激值和色度坐标的仪器称为分光光度仪。

(1)分类。按照分光光度仪的使用要求、技术指标和结构组成有很多分类方法。若按光路组成的不同，可分为单光束和双光束；按照测量方法分类，可分成两种，机械扫描式分光光度仪和电子扫描式分光光度仪；利用单色仪对被测光谱进行机械扫描，逐点测出每个波长对应的辐射能量，由此达到光谱功率分布的测量属于机械扫描式分光光度法；采用光二极管阵列检测器的多通道检测技术，通过探测器内部的电子自动扫描实现全波段光谱能量分布的属于电子扫描式分光光度法。

(2)光路设计。若以试样受到的照明光是复色光还是单色光来区分，分光光度仪的光路设计有两种,一种称为“正向”的,另一种称为“逆向”的。在正向的光路设计中,来自光源的光线先经单色器分光,然后以单色光按波长顺次进入积分球而照射到试样上,这时,检测器接收到的是试样上反射的单色光,如图5-3所示 。这种设计中,仪器所用的光源并不需要符合CIE标准光源。选择何种标准照明体,仅是计算三刺激值时选用的问题。

“逆向”的光路设计可以克服正向光路不能测荧光的缺点。因为来自光源的复色光先进入积分球照射样品,光由样品反射出来,以后再由单色仪进行分光;分光后的单色光再由光电检测器接收,如图5-4所示。

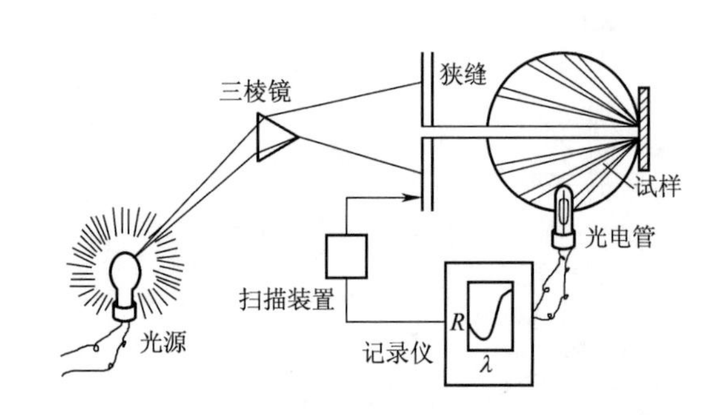

图5-3 试样由单色光照明的分光光度仪光路设计

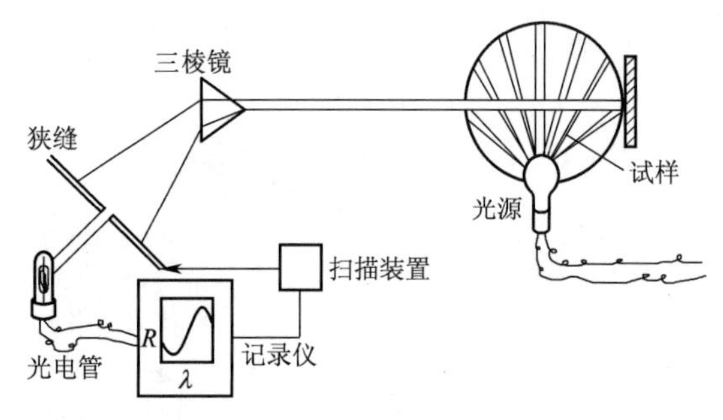

图5-4 试样由复色光照明的分光光度仪光路设计

这种光路虽有可测荧光的优点,但要使荧光测色标准化还必须使用标准光源,最好能符合CIE D_{65}标准照明体。仪器中实际使用的光源接近D_{65}的有氙灯加滤光片构成和石英质卤钨再生白炽灯加滤光片构成,其中氙灯加滤色片的光源分布更接近D_{65}的功率分布,而且红外发热也少。

有些型号的分光光度仪拥有“正”、“逆”式可变换的两种光路。因此,对有荧光色的试样将不仅可由“逆”式测得包括反射光和荧光在内的“总反射率”,而且可用“正”式测得不包括荧光的“真反射率”,从而提供了荧光程度的信息。图5-5所示是荧光增白的试样由正逆两光路测得的反射光谱。图5-5中曲线1是逆式光路下分光光度仪测得的“总反射率”;曲线2是正光路下测得的“真反射率”;曲线3是曲线1减去曲线2之后的差,反映了荧光的程度;曲线4不是反射率,而是对紫外线的吸收曲线。现代的分光测色仪大都采用逆向的光路设计,有些高级的分光测色仪装有紫外线可调装置,此装置可定量调节紫外线通过的量,这样就很方便地测出荧光对总反射率的贡献。

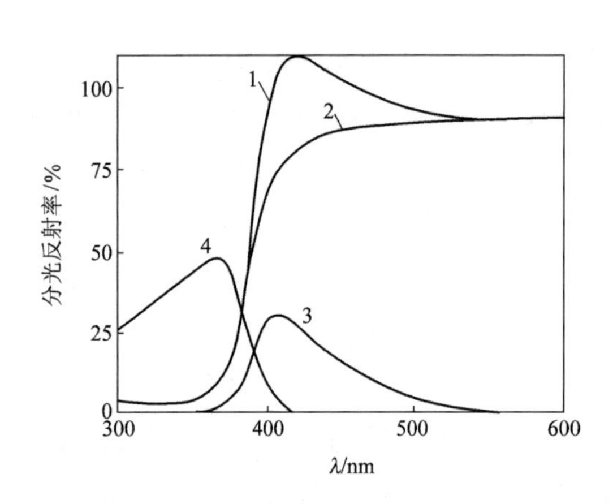

图5-5 荧光增白的试样由正、逆两光路测得的反射光谱

(3)结构。分光光度仪在结构上主要由光源、单色器、积分球、光电检测器和数据处理装置等几个部分组成。

①光源。分光测色仪经常用于样品颜色的测定，需要在一定波长范围内扫描，以得到反射光谱。因此对其光源的要求是能发射稳定的、强度足够、能发射连续光谱的辐射，要求发光面积小，接近点光源，寿命尽量长。在可见光区域，常用的光源有两种，一种是高压脉冲氙灯。这种灯借电流通过氙气的办法产生强辐射，其光谱在 250 ~ 700nm 是连续的，这种氙灯的色温约为 6500K 。在仪器中该灯由电容器定期放电的办法间歇地工作，这样可得到很高的强度，而且使用寿命也很长。另一种是卤钨灯，其中以碘钨灯用得最多，它是把碘封入石英质的钨丝灯泡后做成，在 250 ~ 650℃温度区间，碘与蒸发到玻壁上的钨反应，生成气态碘钨化合物，使灯壁保持透明，同时生成的碘钨化合物又向灯泡中心扩散，在灯丝附近的高温区分解成碘和钨。这使蒸发了的钨又回到灯丝上，而游离的碘重新扩散到玻壁，再与蒸发的钨化合，实现碘钨循环。碘钨灯的色温约为 3000K，其能量的主要部分是在红外区域发射的。碘钨灯可用于 350 ~ 2500nm 的波长区域。在可见区域，碘钨灯的能量输出大概随工作电压的四次方而变化。为使辐射源稳定，需要严格控制电压，为此，仪器在设计时不仅考虑对光源单独提供稳压装置，有的还用光电检测器对光源发出的光加以反馈监控。仪器中实际使用的光源，是由氙灯加滤光片构成，或由石英质卤钨再生白炽灯加滤光片构成。它们的相对光谱功率分布与 D_{65}的分布很接近，带滤光片的氙灯提供了最好的模拟。带滤光片的碘钨除紫外线的部分外，可见光部分就比较接近 D_{65}分布。图 5 - 6、图 5 - 7 显示了模拟标准照明体 D_{65}的高压脉冲氙灯和白炽灯光谱功率分布。

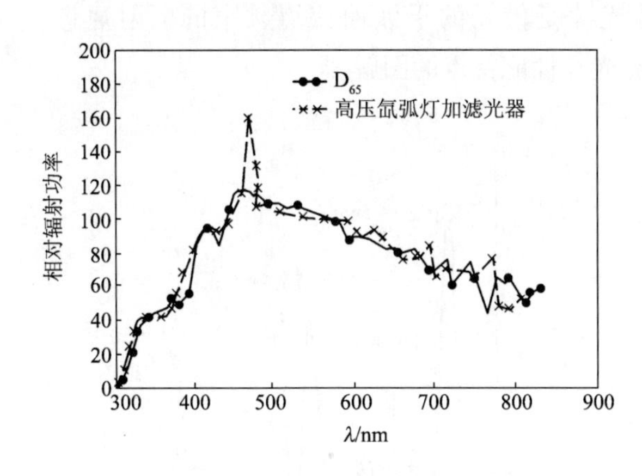

图 5 - 6　模拟标准照明体 D_{65}的高压氙弧灯光谱功率分布

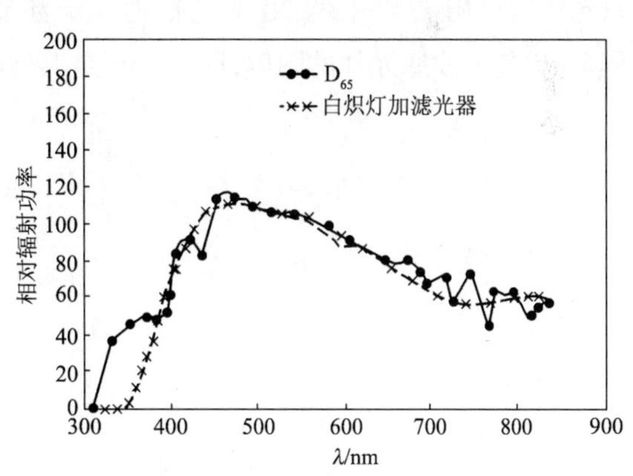

图 5 - 7　模拟标准照明体 D_{65}的白炽灯光谱功率分布

②单色器。单色器的作用是将来自光源的连续光辐射色散，并从中分离出一定宽度的谱带。单色器的主要部件是色散元件，如棱镜或光栅。也有把棱镜和光栅串接起来进行两次色散的，棱镜和光栅相互取长补短可提高单色光的纯度。除色散元件外，单色仪中还可能包括若干使光束平行的准直镜，使光束聚集的聚光透镜，使光束改变方向的反光镜以及调节进、出光束宽度的狭缝装置等。图 5 - 8 所示为两种单色器的光学设计。一种用棱镜作辐射的色散元件，另一种用光栅作色散元件。作为色散元件的光栅，其色散几乎不随波长而改变，这一性质使单色

器的设计变得简单多了。另外,反射光栅还可以用于远紫外和远红外区域的色散元件。因此,现代测色分光光度仪中都使用光栅作色散元件。如 Datacolor 600 真双光束分光光度仪的单色器就选用了两组高分辨度的曲凹面全息光栅。

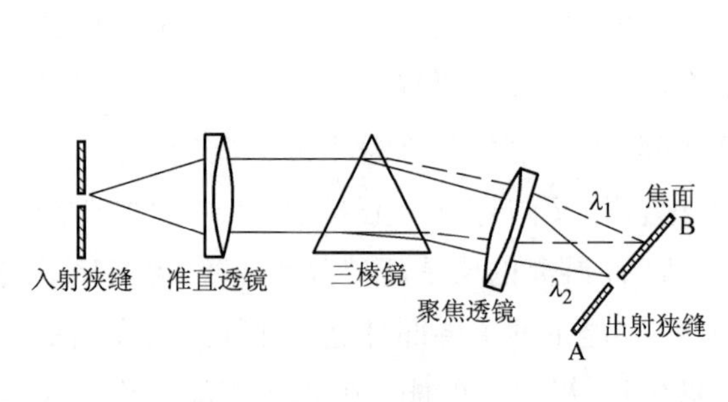

(a) Bunsen 棱镜单色器

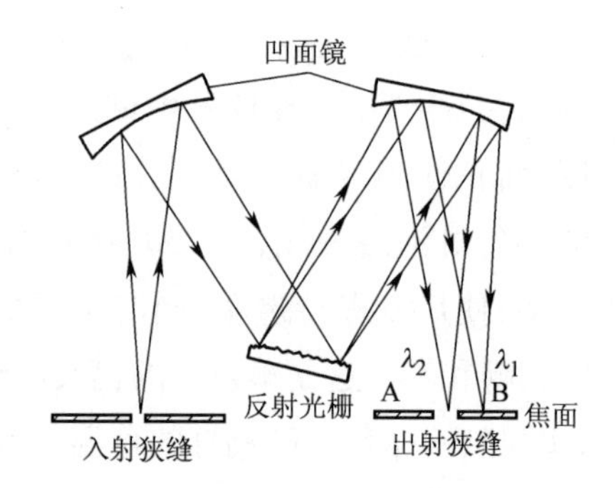

(b) Czerney-Turner 光栅单色器(其中 $\lambda_1>\lambda_2$)

图 5－8 两种单色器的光学设计

凹面光栅是用刻蚀球形反射面的办法制成的。这种衍射元件也可用来把辐射聚焦在出射狭缝,从而省去一个透镜。用光栅色散得到的单色光带有偏振性,那么测定就必须注意使试样多变换几次角度,反复测定以取其平均值,这样可减少偏振面不同而造成的误差。

在某些仪器中装有吸收和干涉滤光片,用于波长选择。前者仅限于光谱的可见区域。干涉滤光片则可用于紫外线、可见光辐射。干涉滤光片是借光的干涉而获得颇窄的辐射通带。图 5－9 是干涉滤光片的图解,图 5－10 是典型滤光片性能特点的图解。

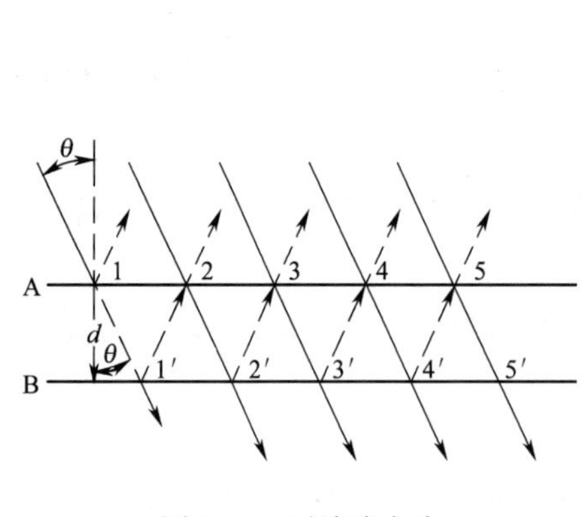

图 5－9 干涉滤光片

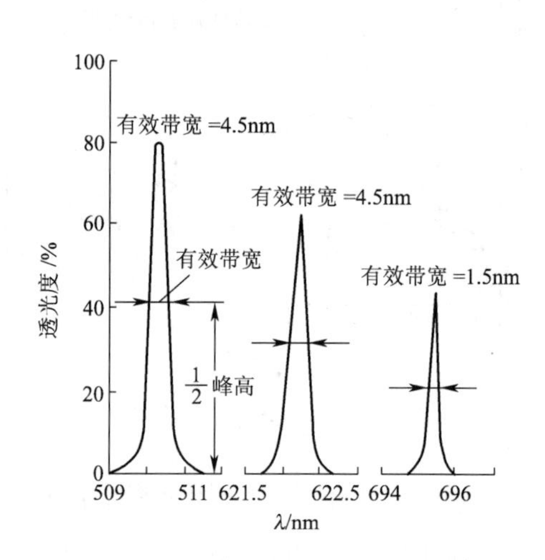

图 5－10 典型干涉滤光片的透射特性

图 5－9 中,光与法线成 θ 角的方向射到半透明膜点 1 上,部分通过,部分被反射。同样的过程也在 1′、2、2′处发生,为使在点 2 处发生加强作用,1′处反射光束所走的距离必须等于它在介质中波长 λ'的整数倍。由于两表面间的光程长度可表示为 $d/\cos\theta$,故发生加强作用的条件

是 $n\lambda' = 2d/\cos\theta$，此处 n 为小的整数。

③积分球。积分球是内壁用硫酸钡等材料刷白的空心金属（或塑料）球体，一般直径在 50～200mm。球壁上开有测样孔等若干开口，以开口的面积不超过球内壁反射面积的 10% 为宜。内壁搪白时，可先涂二氧化钛环氧树脂作底漆，再涂高度洁白的硫酸钡（$BaSO_4$）粉末和聚乙烯醇（PVA）、水（H_2O）等调制而成的刷白剂。其配方列于表 5－2。

表 5－2　刷白剂的配方

试　　剂	第一次涂刷（份）	第二次涂刷（份）	第三次涂刷（份）
$BaSO_4$	100	100	100
PVA	4	4	4
H_2O	40	40	200

所用聚乙烯醇，要求其 4% 水溶液在 20℃时的黏度为 0.03Pa · s。这样刷白后的球壁对光的吸收很少，所以光线虽然屡次反射，仍能以很高的比例输出。受光时积分球内因呈充分的漫反射状态而通体照亮。球内的光强相当均匀和稳定，并可证明球壁上任意一点的光强都相等。世界各主要仪器制造商将积分球内壁均改用聚四氟乙烯微珠粉刷白，其效率、寿命、稳定性均有改善。

④光电检测器。可见光的辐射检测器一般常用光电效应检测器，它是将接受到的辐射功率变成电流的转换器，常用的元件主要有光电倍增管和硅光敏二极管两类，最新的仪器是采用光二极管阵列多通道检测器。

光电倍增管对低辐射功率的测量要比普通的光电管好。图 5－11 是此种器件的示意图。

光电倍增管的阴极表面组成与光电管类似，当暴露在辐射中时即有电子发射出来。该管有

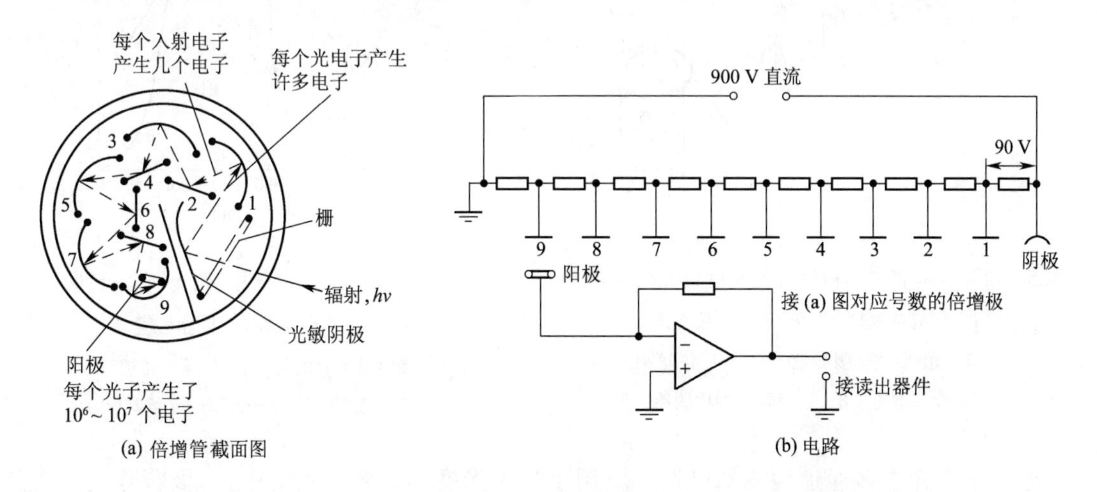

图 5－11　光电倍增管示意图

1～9—倍增极

一些附加电极,叫倍增极,倍增极1的电位保持在比阴极高90V,因此电子都被加速朝它转动,打到倍增极上后,每个光电子又会引起几个附加电子发射,这些电子又顺次被加速朝倍增极2飞去,倍增极2比倍增极1又要高90V,当打到表面上时,每个电子又会再使另外几个电子发射出来,当这一过程经过九次之后,每个光子已激发出 10^6 ~ 10^7 个电子,这些电子最后都被阳极收集,产生的电流随后用电学方法加以放大和测量。

硅二极管检测器是由在一硅片上形成的反相偏置PN结组成,反相偏置造成了一个耗尽层,它使该结的传导性降到了几乎为零。但是如果让辐射射到N区,就可形成空穴和电子,空穴扩散通过耗尽层达到P区而消灭,于是电导增加。电导增加的大小与辐射功率成正比。硅二极管检测器不如光电倍增管灵敏,但是由于可在单独一块硅片表面上制成这种检测器的阵列,所以它的重要性已提高,这种带有光敏二极管检测器阵列的硅片是现代测色仪检测的重要部件。采用这种检测器的阵列可使现代测色仪做到同时分光同时接收,这样可大大提高测色仪的测样速度。图5-12表示了二极管阵列检测分光光度仪光路示意图。

光电倍增管、硅光敏二极管的光谱灵敏度(相对的响应曲线)差别甚大。显然两者还跟人眼的光谱效率曲线不同,如图5-13所示。

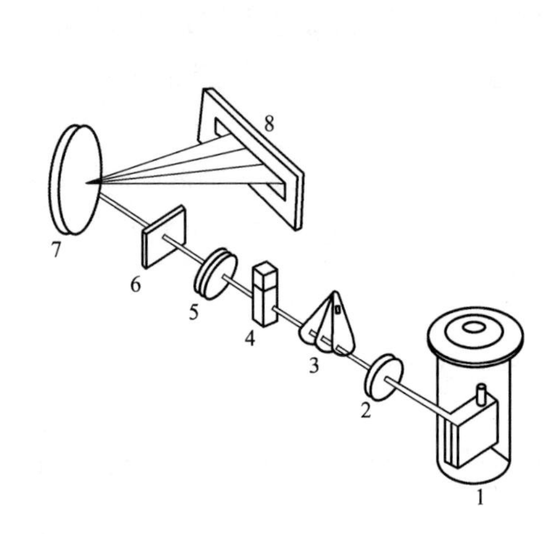

图5-12　二极管阵列检测分光光度仪光路示意图

1—钨灯或氘灯　2、5—消光差聚光镜

3—光闸　4—吸收池　6—入口狭缝

7—全息光栅　8—二极管阵列检测器

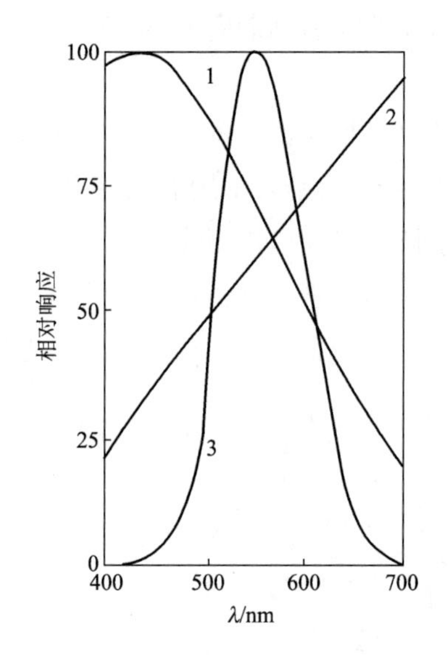

图5-13　光电倍增管、光敏二极管和人眼的光谱响应

1—光电倍增管的光谱响应　2—光敏二极管的光谱响应　3—人眼的光谱响应

近几年来光学多通道检测器已经广泛用于分光光度样品颜色测定中,二极管阵列是在晶体硅上紧密排列一系列二极管检测管;如Datacolor 600真双光束分光光度仪采用独有的SP2000分析仪,配备双排256个光二极管阵列和高分辨全息光栅。这种多通道快速分光测

色仪的工作原理是色散元件将色散的光投射在360～750nm的256个阵列二极管上，每个二极管相当于对一束单色器分出的窄带辐射做出响应。二极管输出的电信号强度与投于其上的辐射强度成正比。两个二极管中心距离的波长称为采样间隔。上述自扫描光二极管阵列多通道快速分光测色仪中，二极管数目越多，采样间隔越窄，分辨率越高。上述光二极管阵列多通道检测器中，每一个光二极管可在1s内同时并行地对每1.5nm范围内的辐射获取一个测量结果，可一下测得256个数据，获得全波谱范围内的光谱。与传统的机械扫描分光仪相比，上述分光仪在实现对样品颜色测量上具有快速、高效的优点。同时也降低了对测量对象和照明光源的时间稳定性要求。图5－14给出SP2000光电检测组件示意图。

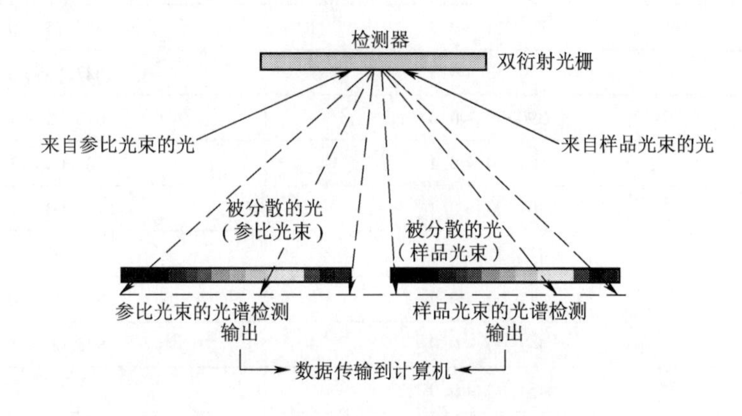

图5－14　SP2000光电检测组件示意图

(4)校正。不论何种分光光度仪，在使用前均必须进行校正。不同形式的分光光度仪的生产者，均提供详细的安装调试步骤。这里只介绍将分光光度仪按说明书安装与初步调试后，仪器定期校正波长、光度标尺的方法。

①波长标尺的校正。可利用某些光源发射的线状光谱或用滤光片及某些标准溶液的吸收峰校正分光光度仪的波长标尺。在可见光和紫外线波段可用汞灯和氘灯的亮谱线作为基准波长，两者的亮谱线波长见表5－3。

表5－3　汞灯和氘灯的亮谱线波长

汞灯亮谱线的波长/nm	265.20	265.37	265.50	365.01	365.48	366.33
氘灯亮谱线的波长/nm	486.00	656.10				

波长标尺也可用具有陡锐吸收峰的溶液或滤光片进行校正。一般分光光度仪提供镨钕滤光片，可用其双峰吸收线573nm及586nm或其他锐峰进行波长校正。

在实验室无标准校正滤光片时，可配制相应的稀土盐类溶液用于波长校正，用高纯度的氯化钐($SmCl_3$)或氯化钕($NdCl_3$)配制溶液，1.301g氯化钐溶于3mL 1mol/L盐酸中，在厚度

1cm 液槽中测定 374.3nm 的吸光度为 0.795(峰值)。0.270g 氯化钕溶于 3mL 1mol/L 盐酸中,在 1cm 液槽中测定 521.7nm 的吸光度为 1.020(峰值)。表 5-4 给出了用于波长校正的稀土盐吸收峰波长值,其中 $SmCl_3$ 的 *m* 峰和 $NdCl_3$ 的 *c*、*g*、*h*、*j* 峰为最适宜用于校正的波峰,$SmCl_3$ 的 *f* 峰和 $NdCl_3$ 的 *b* 峰易于辨认,精确度较佳。图 5-15 给出氯化钐与氯化钕的吸收光谱。

表 5-4 用于波长校正的稀土盐吸收峰

峰	$SmCl_3$ 的吸收峰/nm	$NdCl_3$ 的吸收峰/nm
a	344.50 +0.2	512.00 +0.6
b	534.50 +0.0	512.75 +0.6
c	362.25 +0.2	574.75 +0.7
d	374.30 +0.3	627.50 +0.8
e	390.50 +0.4	678.00 +1.0
f	401.50 +0.4	731.00 +1.0
g	407.00 +0.4	740.00 +1.0
h	415.25 +0.4	794.00 +1.0
i	417.00 +0.0	801.00 +0.0
j	441.00 +0.0	865.00 +1.0
k	451.00 +0.0	
l	463.25 +0.5	
m	478.50 +0.5	

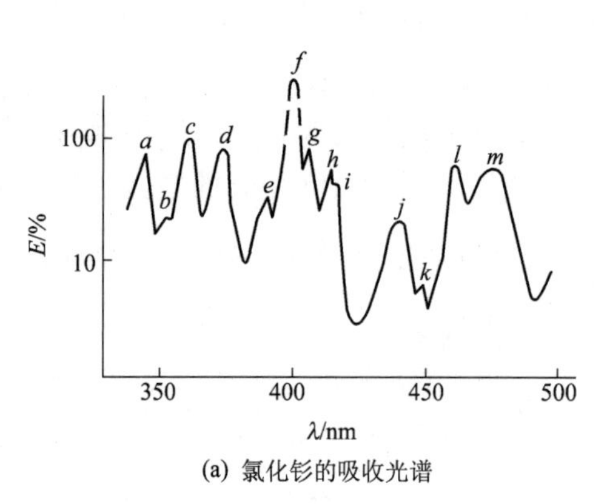

(a) 氯化钐的吸收光谱

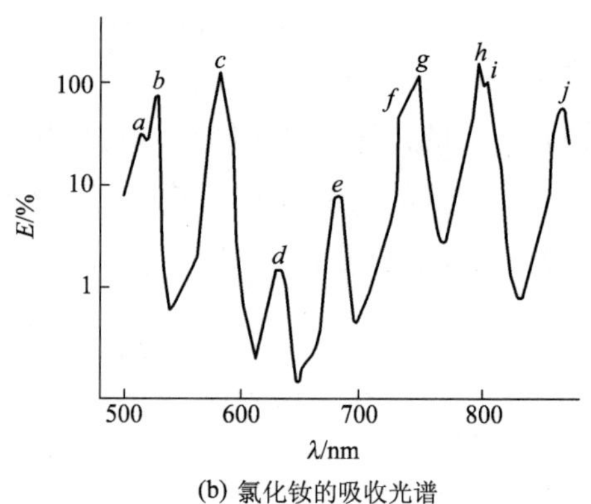

(b) 氯化钕的吸收光谱

图 5-15 氯化钐与氯化钕吸收光谱

②光度标尺的校正。光度标尺一般可用适当的标准溶液校正。如铬酸钾在 0.05mol/L 氢氧化钾介质中,其摩尔吸光系统 ε 值为 4800 ~ 4820(λ = 370nm)。在硫酸介质中,重铬酸钾的摩尔吸光系统 ε 值见表 5-5。

表 5-5　重铬酸钾在 0.005mol/L 硫酸介质中的摩尔吸光系统 ε

波长/nm	350	313	257	235
ε	3156.8	1437.2	4257.1	3659.8

用标准溶液校正光度标尺，要注意杂质的存在可能对结果发生影响。例如有还原物质存在对铬酸盐标准溶液的吸光度即有显著影响。

生产分光光度仪的厂商常提供校正光度标尺的标准滤光片，如 Pye Unican 提供一套九枚中性吸光度滤片，供校正光度标尺用。如用美国国家标准局的 NBS930 滤光片进行光度标尺的校正，会使分光光度仪的光度值更为准确。

(5)产品型号介绍。

①瑞士 DATACOLOR 公司的产品。目前主要有 Datacolor 650 型、Datacolor 550 型高性能透射率和反射率双光束分光测色仪，Datacolor 600 型、Datacolor 400 型独特的高性能反射率双光束分光测色仪，Datacolor 110 型小巧、高性价比的精密台式双光束分光测色仪，Datacolor 110P 型便携式双光束分光测色仪，Datacolor 245 型 45/0 双光束分光测色仪，Datacolor Elrepho 型造纸业用双光束分光测色仪，Datacolor FX10 型多角度分光测色仪。其中，Datacolor 600 型分光光度仪采用 D_{65} 脉冲氙灯照明，光学设计上称为“真双光束”方式，仪器为卧式，如图 5-16 所示。

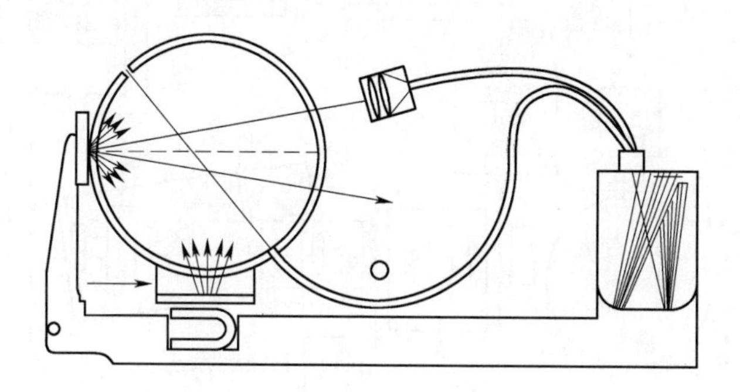

图 5-16　Datacolor 600 型分光光度仪光学原理示意图

在这种仪器中，参比光束和试样反射光束分别经过凹面全息光栅色散，然后由彼此独立的 256 通道硅光敏二极管阵列检测器(SPD)接收。此仪器有调节照射孔径的装置，整台仪器内无转动部件，这样能长期保证仪器的精度。仪器采用 d/0 方式，测样时间少于 1s，波长 360～700nm，间隔取 256 个样。仪器有包括/不包括(SCE/SCE)装置。仪器可自动进行紫外线定量校正，光度测量范围为 0～200% 反射率，重复精度小于 0.01CIELABΔE，机内装有高性能的计算机控制和数据处理系统，使试样的测量更为精确，仪器操作更方便。

DATACOLOR 公司近期推出的 Datacolor 650 型分光光度仪光学结构和仪器精度与 Datacolor 600 型分光光度仪相似，另外增加了透射测量功能，在 550nm 处透射率测定的仪器间一致性为±0.10%(当透射率为32%时),在550nm处漫射透射率测定的仪器间一致性为±0.40%(当透射率为42%时),透射浊度测定的仪器间一致性为±0.15%(当透射浊度为10%时)。该仪器也是真双光束方式,采用D_{65}脉冲氙灯照明,仪器采用d/8°方式照明接收方式,仪器内有自动紫外线校正装置,照射孔径连续可调,波长360~700nm,间隔10nm取样。光度测量范围为0~200%反射率,重复精度小于0.01CIELABΔE,仪器为卧式,设有液体测量装置,使用十分方便。

Datacolor 110P将PDA技术与其高端仪器标准整合,推出具有极大灵活性的手提式双光束分光光度仪,该仪器采用脉冲氙灯照明,仪器采用d/8°方式,51mm积分球,波长360~700nm,间隔1.5nm取256个样,测样时间少于1s。光度测量范围为0~200%的反射率,重复精度小于0.03CIELABΔE。

②美国MACBETH公司的产品。主要有CE—7000A型双光束分光测色仪、CE—3000型单光束分光测色仪、CE—XTS型便携式分光测色仪。

MACBETH公司最新推出的测配系统选用的分光光度仪是色目3000分光光度仪和COLOR—EYE 7000A分光光度仪;COLOR—EYE 7000A型的结构如图5-17所示。

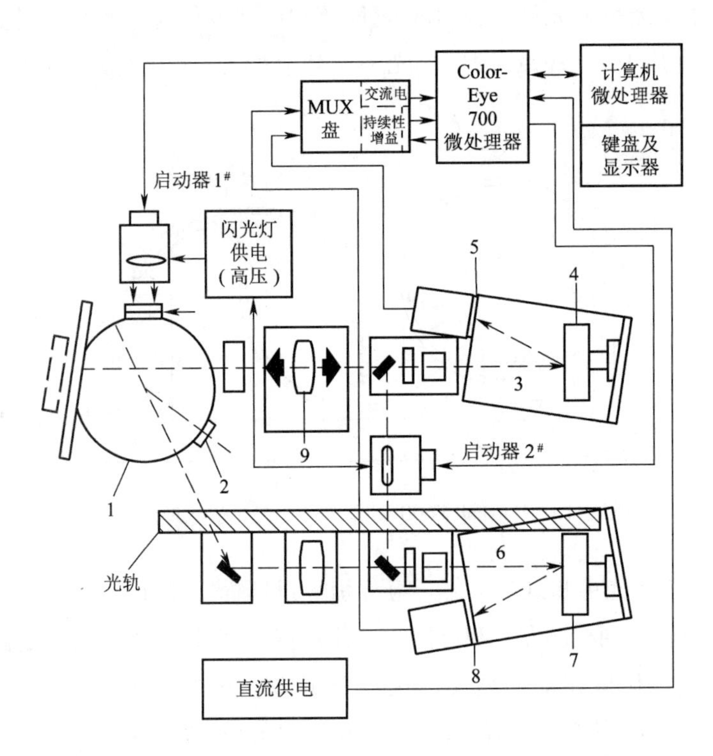

图5-17 COLOR—EYE 7000A分光光度仪光学结构

1—积分球 2—积分球镜面反射光泽陷阱 3—分析仪 4、8—全息图像光栅 5—40一单元感测器排列 6—参数分析仪 7—全息图像光栅 9—可变焦距镜头

COLOR—EYE 7000A 分光光度仪是真双光束分光光度仪。其中阵列探测器均为 40 光敏单元 SPD,采用脉冲氙灯作照明光源,波长 360 ~ 750nm,间隔 10nm 取样。其照明受光的几何条件为 d/8°方式,152mm 积分球。测样时间少于 1s,仪器有包括/不包括光泽测量功能。重复精度小于 0.01CIELABΔE,仪器为卧式。

COLORCHECKER 545 是手提式分光光度仪;采用脉冲氙灯照明,其照明受光的几何条件为 45/0 方式,波长 380 ~ 750nm,间隔 10nm 取样。光度测量范围为 0 ~ 120% ,测量时间为 1s。

③美国 X—RIYE 公司的产品。主要有 Color Premier 8400 型双光束分光测色仪、Color Premier 8200 型双光束分光测色仪、SP68 型便携式分光光度计。

Color Premier 8000 系列双光束分光测色仪采用脉冲氙灯做照明光源,由硅光敏二极管阵列检测器(SPD)接收。波长 360 ~ 740nm,间隔 10nm 取样。测样时间少于 1s,仪器有包括/不包括(SCE/SCE)装置。照明受光的几何条件为 d/8°方式,152mm 积分球。重复精度小于 0.01CIELABΔE。

SP68 型便携式分光光度计采用卤素钨丝灯照明,照明受光的几何条件为 d/8°,波长 400 ~ 700nm,间隔 10nm 取样,测量时间大约 2.5s;光度测量范围为 0 ~ 200% 。

④HUNTERLAB 公司的产品。主要有 Ultrascan 型双光束分光测色仪、Colorquest 型双光束分光测色仪、Miniscan XE plus 型便携式分光光度计。

HunterLab Ultrascan XE 型分光测色仪采用脉冲氙灯作照明光源,由 40 元硅光敏二极管阵列检测器(SPD)接收。波长 360 ~ 750nm,间隔 10nm 取样。测样时间少于 1s,仪器有包括/不包括(SCE/SCE)装置。照明受光的几何条件为 d/8°方式,重复精度小于 0.02CIELABΔE。

Colorquest 型分光测色仪采用脉冲氙灯作照明光源,由 256 元硅光敏二极管阵列检测器(SPD)接收。波长 400 ~ 700nm,间隔 10nm 取样。测样时间少于 1s,仪器有包括/不包括(SCE/SCE)装置。照明受光的几何条件为 d/8°方式,重复精度小于 0.03CIELABΔE。

⑤日本 MINOLTA 公司的产品。主要有 CM—3700d 型双光束分光测色仪、CM—3600d 型双光束分光测色仪、CM—3500d 型双光束分光测色仪、CM2002 型便携式分光光度计。

CM—3700d 型束分光测色仪采用脉冲氙灯作照明光源,照明受光的几何条件为 d/8°方式,由 38 元硅光敏二极管阵列检测器(SPD)接收。波长 360 ~ 740nm,间隔 10nm 取样。测样时间少于 1s,仪器有包括/不包括(SCE/SCE)装置。重复精度小于 0.01CIELABΔE。

CM—3600d 型束分光测色仪采用脉冲氙灯作照明光源,照明受光的几何条件为 d/8°方式,由 40 元硅光敏二极管阵列检测器(SPD)接收。波长 360 ~ 740nm,间隔 10nm 取样。测样时间少于 1s,仪器有包括/不包括(SCE/SCE)装置。重复精度小于 0.02CIELABΔE。

当前国际市场出现分光测色仪日益增多,采用的结构和原理大同小异,表 5 - 6 给出了各公司近期推出比较流行的产品型号、光学结构、主要性能和特点,仅供参考。

表5-6　各公司近期推出比较流行的产品型号、光学结构、主要性能和特点

公司名称	仪器型号	光学结构	波长/nm	间隔/nm	测量孔直径/mm	光度/%	重复性 CIELAB
Datacolor(瑞士)	Datacolor 650	双光束,256元SPD,d/8°,积分球ϕ152mm,脉冲氙灯,SCI/SCE,有透射测量	360~700	10、5	30、20、9.0、6.5、3.0	0~200	0.01ΔE
	Datacolor 600	双光束,256元SPD,d/8°,积分球ϕ152mm,脉冲氙灯,SCI/SCE	360~700	10、5	30、20 9.0 6.5 3.0	0~200	0.01ΔE
	Datacolor 550	双光束,256元SPD,d/8°,积分球ϕ152mm,脉冲氙灯,SCI/SCE有透射测量	360~700	10	30 9.0 6.5 3.0	0~200	0.02ΔE
	Datacolor 400	双光束,256元SPD,d/8°,积分球ϕ152mm脉冲氙灯,SCI/SCE	360~700	10	30 9.0 6.5 3.0	0~200	0.03ΔE
	Datacolor 110	双光束,256元SPD,d/8°,积分球ϕ66mm脉冲氙灯,SCI/SCE	400~700	10	22 9.0 6.5 (只能选其中之一)	0~200	0.05ΔE
	Datacolor 110P(CHECK)采用PDA技术(便携式)	双光束,256元SPD,d/8°,积分球ϕ51mm,脉冲氙灯,SCI/SCE	360~700	10	15 10 6.5 3.0 (双孔径设置)	0~200	0.03ΔE
	Datacolor 245	双光束,256元SPD,45°/0,脉冲氙灯,SCI/SCE	400~700	10	16	0~200	0.03ΔE
	Datacolor FX10多角度分光仪	25°/170° 25°/140° 45°/150° 45°/120° 75°/120° 75°/90° 45°/110° 45°/90° 45°/60° 45°/25° 脉冲氙灯	360~750	10	3×6	0~200	0.05ΔE

续表

公司名称	仪器型号	光学结构	波长/nm	间隔/nm	测量孔直径/mm	光度/%	重复性 CIELAB
Gretag Macbeth（美国）	CE—7000A CE—7000	双光束，40 元 SPD，d/8°，积分球，脉冲氙灯，SCI/SCE	360～750	10	25.4 15 7.5×10 3×8	0～200	0.02Δ*E*
	CE—3100 CE—3000	20 元 SPD，d/8°，积分球，脉冲氙灯，SCI/SCE	360～700	20	25.4 5.1×10	0～200	0.02Δ*E*
Gretag Macbeth（美国）	CE—XTH（便携式）	双光束，CCD，d/8°，积分球，脉冲氙灯，SCI/SCE	360～750	10	5 2	0～200	0.05Δ*E*
	CE—740GL	15°/45°/75°/110° 脉冲氙灯	360～750	10、20	10	0～350	0.10Δ*E*
X－Rite（美国）	Color Premier 8400	双光束，SPD，d/8°，积分球，152mm，脉冲氙灯，SCI/SCE	360～740	10	19 8.0 4.0	0～200	0.01Δ*E*
	Color Premier 8200	双光束 SPD d/8°，积分球 ϕ152mm，脉冲氙灯，SCI/SCE	360～740	10	19 8.0 4.0	0～200	0.02Δ*E*
	SP68（便携式）	卤钨灯，d/8°	400～700	10	8.0	0～200	0.05Δ*E*
HunterLab（美国）	Ultrascan XE	双光束，40 元 SPD，d/8°，积分球，脉冲氙灯，SCI/SCE	360～750	10	19 6.3	0～200	0.02Δ*E*
	ColorQuest XE	双光束，256 元 SPD，d/8°，积分球，脉冲氙灯，SCI/SCE	400～700	10	19 6.3	0～200	0.03Δ*E*
	MiniScan XE Plus（便携式）	双光束，SPD，d/8° 和 45/0，脉冲氙灯，SCI（d/8°），SCE（45/0）	400～700	10	25，5.0（45/0） 22，8.0（d/8°）	0～150	0.05Δ*E*（ϕ25、ϕ22、ϕ8.0） 0.25Δ*E*（ϕ5.0）
Minolta（日本）	CM—3700d	双光束，38 元 SPD，d/8°，积分球，脉冲氙灯，SCI/SCE	360～740	10	25.4 8.0 3×5	0～200	0.01Δ*E*
	CM—3600d	双光束，40 元 SPD，d/8°，积分球，脉冲氙灯，SCI/SCE	360～740	10	25 8.0 4.0	0～200	0.02Δ*E*
	CM—3500d	18 元 SPD，d/8°，积分球，脉冲氙灯，SCI/SCE	400～700	10	30 8.0	0～175	0.05Δ*E*

2. 光电积分式测色仪 光电积分式测色仪是把具有特定光谱灵敏度的光电积分元件与适当的滤光装置组合而得到的一种测色装置。这类装置结构简单,价格便宜,能满足一般测色要求,其设计原理如图5－18所示。

若仪器照明光源的光谱能量分布为 $S(\lambda)$,三块滤色片的光谱透过率分别为 $T_X(\lambda)$、$T_Y(\lambda)$、$T_Z(\lambda)$,光电检测器的光谱灵敏度为 $\varphi(\lambda)$,则光电积分测色仪必须满足卢瑟(LUTHE)条件:

$$L_X S(\lambda) T_X(\lambda) \varphi(\lambda) = E(\lambda) X(\lambda)$$
$$L_Y S(\lambda) T_Y(\lambda) \varphi(\lambda) = E(\lambda) Y(\lambda)$$
$$L_Z S(\lambda) T_Z(\lambda) \varphi(\lambda) = E(\lambda) Z(\lambda)$$

式中:L_X、L_Y、L_Z——比例常数。

显然这类仪器要求所用光源的发光组成始终保持稳定。

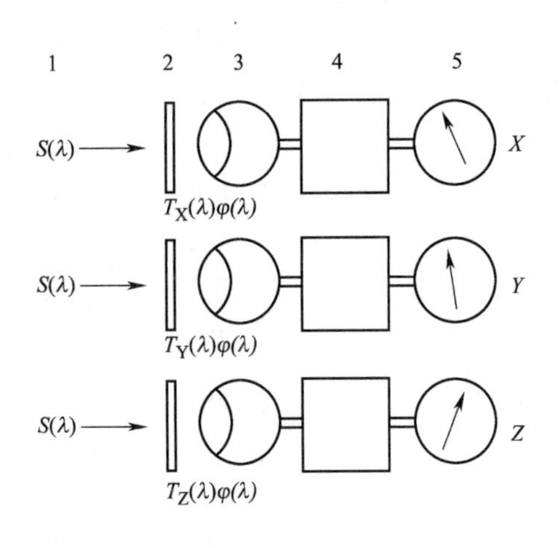

图5－18 光电积分式测色原理示意图
1—照明光源 2—滤光片
3—光电管 4—放大器 5—检测器

光电测色仪的精度大体上与仪器符合卢瑟条件的程度有关,要想使仪器完全符合卢瑟条件是不可能的,只能近似的符合,仪器符合卢瑟条件的程度愈高,测量的精度就愈高。为了减少探测器修正不完善所带来的误差,就得根据待测样品的颜色,选用不同的标准色板或标准滤色片来校正仪器,使仪器显示的三刺激值和标准色板或标准滤光片中的标定值一样。

仪器制作中要满足卢瑟条件的困难也不少,尤其是三块滤色片。红的那块滤色片因其$X(\lambda)$曲线以504nm为界,存在着前、后两个峰。在504nm前的峰形较小,只占$X(\lambda)$积分总值的16.7%。为解决此问题,迫使光电积分测色仪分成两类,一类拥有三个感受器,另一类拥有四个感受器。但市面上流行的,似乎以三个感受器方式为多。在这类仪器中,感绿和感蓝两个感受器与仪器光源配合后能基本满足$E_C(\lambda)Y(\lambda)$和$E_C(\lambda)Z(\lambda)$的要求(E_C为C光源光谱能量分布)。至于红色感受器,因其滤色片的光谱透过率仅符合$X(\lambda)$中504nm后的大峰,所以504nm以前的部分乃是借助小峰峰形与$Z(\lambda)$大体相似的特点,以蓝色感光器的测定结果打一个折扣计算的。图5－19表示一台有代表性的光电测色仪模拟CIE配色函数的情况,从图5－19可以看出差异的程度。因此光电测色仪的测色正确性不如分光光度仪。

常见的光电测色仪产品有:

(1)日本MINOLTA公司的CHROMA METER CR—210型光电测色仪,可提供D_{65}和C两种

光源下的三刺激值。采用脉冲氙灯照明，照明受光的几何条件为 d/0 方式，测量面积为 $8mm^2$，连接 DP—100 型微处理机可测纺织品的 L^*、a^*、b^*，L^*、C^*、H^* 和 ΔE。此仪器的光学结构如图 5－20 所示。

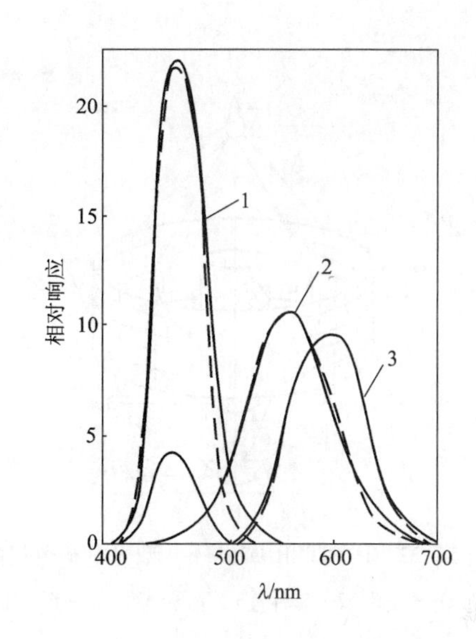

图 5－19　一台有代表性的光电测色仪模拟 CIE 配色函数的情况

1—蓝色感光器的 $Z(\lambda)$　2—绿色感光器的 $Y(\lambda)$

3—红色感光器的 $X(\lambda)$

（2）X—RITE 公司的 CDM 型手握式色差计，该色差计采用卤素钨丝灯照明，照明受光的几何条件为 0/45 方式，测量直径为 20mm，测量时间大约 2.5s；可测量样品的 ΔL、Δa、Δb、Δc、ΔH、ΔE。CDM 型手握式色差计的外形结构如图 5－21 所示。

（3）HUNTER D25M—9 是 HUNTER Lab 公司的产品，光源采用石英卤钨灯，测量精度小于 0.1 HUNTER LAB 单位。这种仪器的主要特点是利用 240 块镜片，使照明光从四周以 45°角射入样品窗口，样品上的反射光在 0°方向上通过光导纤维引到四个三刺激值滤色片，最后分别由硅光电二极管接收，其光学结构如图 5－22 所示。

（4）ND—100DP 色差计是日本电气公司的产品，此仪器由三只滤色镜与光电检测器构成 X、Y、Z 三刺激值感受器，能测 C 光源 2°视场条件下的三刺激值。其照明受光几何条件 0/d 方式，光源采用卤钨灯。此仪器可直接读出 X、Y、Z 三刺激值和 HUNTER Lab。ND—100DP 色差计的光学结构如图 5－23 所示。

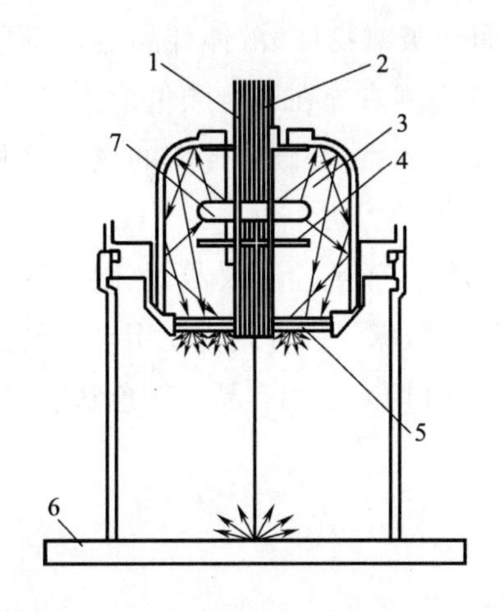

图 5－20　CHROMA METER CR—210 型光电测色仪的光学结构

1—监察器用光纤　2—测定用光纤　3—漫射室
4—遮光板　5—漫射板　6—被测定物　7—脉冲氙灯

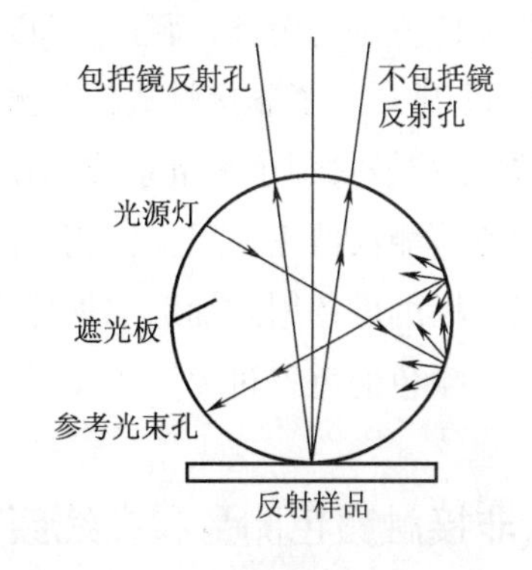

图 5－21　CDM 型手握式色差计的外形结构示意图

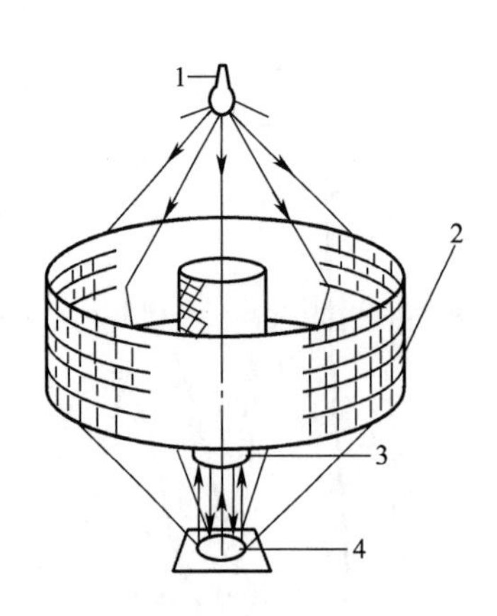

图5-22　HUNTER D25M—9型光电测色仪的结构

1—光源　2—镜片　3—光导纤维　4—测样窗口

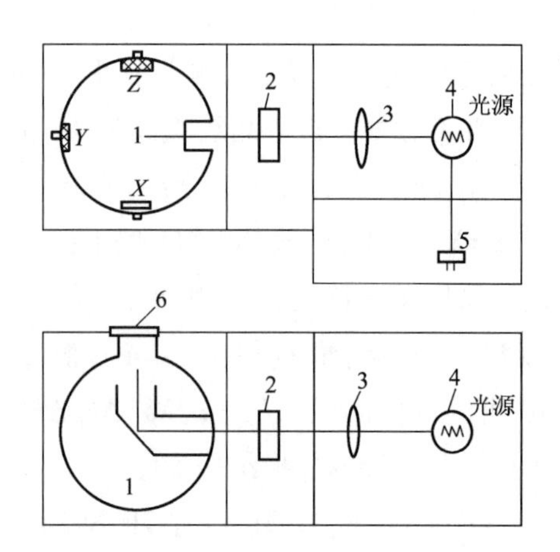

图5-23　ND—100DP色差计的光学结构

1—积分球　2—透射试样　3—准直镜

4—光源　5—参比检测器　6—试样

第三节　非接触式颜色测量及常用仪器

传统的颜色检测系统都是采用接触式对样品进行颜色检测。所谓接触式,是指在检测颜色时,样品必须与测量仪器紧密接触,也就是说,被测量的颜色物体必须放置在仪器的测量孔径上,并在测量时不能让孔径漏光,否则将无法得到准确的颜色数据。一般离线检测需要将产品从生产线上取下来进行检测,因而无法及时得到生产线上的实时颜色数据。接触式测量方法对于常见较小的被测样品(如纱线)、粉状物体、不规则表面的被测物体、液体样品进行颜色检测更是望尘莫及。而非接触式颜色测量、非接触式在线颜色检测系统在进行颜色检测时,产品与检测仪器保持一定的距离,而且还可以在生产线上直接检测产品,突破了传统的颜色检测方式的局限性,更显示出了非接触式颜色测量系统的优越性。

通常,非接触式颜色测量系统和在线颜色检测系统都包括颜色检测仪器、控制软件和辅助设备。颜色检测仪器主要用来检测产品,以得到颜色的原始数据。软件则主要用来控制仪器和分析数据。辅助设备用来辅助实现特定的功能,例如,警示灯用来显示产品的颜色状态,当红灯闪烁时表示颜色的色差过大。

一、非接触颜色测量和在线颜色测量的优势

1. 非接触式颜色测量的优势

传统的颜色检测需要在被测产品的表面施加一定的压力,然而,这往往会对产品造成一定的损坏。相比之下,由于非接触式颜色检测允许产品与仪器保持一定的距离,因而不会对产品造成损伤或损坏。

非接触式颜色检测系统可以检测非平面的产品。尽管在一些夹具的协助下，传统的检测系统也可以对部分非平面产品进行检测，但这种检测方式的精确度并不能令人满意。显然，非接触检测系统的测量范围要宽泛得多，而且检测的准确度和精度也得到了极大的改善。

一般情况下，在检测诸如色母粒等颗粒状和粉末状产品时，需要仪器透过玻璃进行检测。由于测量面积的局限和颗粒排布的不确定性及玻璃的影响，测量的重复性往往无法得到保证。而非接触测量则可以避开容器的影响，同时由于测量面积更大，还可以显著削弱产品排列对测量结果的影响，从而更易得到准确的颜色数据。

另外，非接触式检测系统还可以检测湿样，如未干的涂料刮样。传统的仪器很难测量这种湿样，因为直接测量时会污染，甚至损坏仪器。而非接触式测量则不存在这一问题。

2. 在线颜色测量的优势

在线颜色测量大多采用非接触式测量，可实时监控生产线上各产品的质量情况，增强颜色附着性，不仅有利于减少生产浪费，而且可有效提高生产效率。这里的“在线”包含两层含义：一是指检测系统安装在生产线上；二是指检测系统与生产线的控制系统相连。

传统的颜色检测通常都滞后于生产。当检测出产品有颜色问题时，很多或大批不合格的产品已经被生产出来，进而导致材料的浪费，而在线检测可以克服这一缺点。例如，在建筑用型材的生产过程中，产品检测系统可以安装在挤出机上，当产品到达检测位置或到达设定时限时，检测系统会自动检测产品的颜色，及时获得实时的颜色数据。这样，在切割产品之前，就能详细掌握产品颜色的优劣情况，若有问题也可以马上进行调整。在检测过程中，产品不用离开生产线，也不用停止生产线的生产，因此，极大地节约了时间和人力成本。

将检测系统与生产线的控制系统相连，可形成闭环控制系统。当颜色数据不符合要求时，检测系统可向控制系统发出警告，甚至直接停止生产。安装在连续轧染生产线上的检测系统就是一个成功的应用案例。当产品颜色的偏差超过警戒值时，该系统会向有关部门发出警告。若产品的误差超出允许范围，系统会自动发出指令，将在生产线上做特殊处理。

与生产线的控制系统相连的另一个好处是，可以远程监控颜色数据。生产管理人员或质量管理人员可以在办公室监视产品的颜色情况，也可以通过控制系统直接下达相关的命令。而传统的颜色检测系统则需要借助电子邮件或电话等方式人工传达颜色的品质状况，既费时费力，准确性又较差。

二、DigiEye 数码摄像测色系统简介

英国 Verivide 公司的 DigiEye（数慧眼）数码摄像测色系统是一种非接触式数码图像分析系统，可用于全自动的色牢度评级与颜色测量。在专用的样品影像颉取箱内，可以提供符合国际标准且光照一致的环境，用数码相机准确捕捉并测量 2D 与 3D 图像的颜色和外观，并显示在经过高质量校准的显示屏上，也可利用打印机打印出高质量的图像，图 5－24 就是 DigiEye 非接触式颜色及影像测量系统。

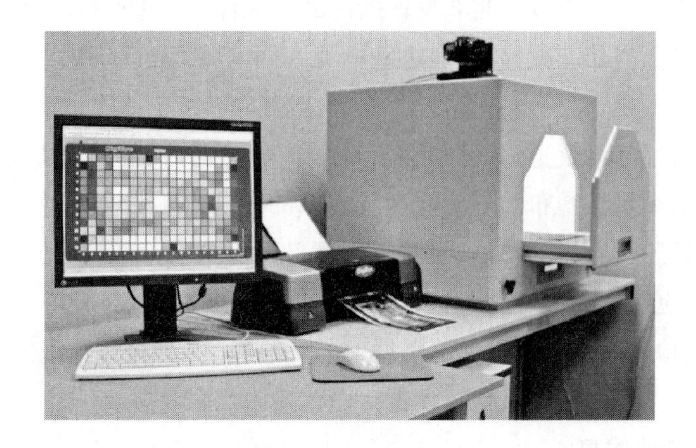

图5-24　DigiEye非接触式颜色及影像测量系统

DigiEye系统硬件——专用的样品影像摄取箱(图5-25)内的条件是:

光源:D_{65},Verivide标准光源灯管+LED光谱补偿。

光学几何结构:漫反射与45°/0°(或30°/0°、20°/0°、10°/0°,共四个角度可选取)。

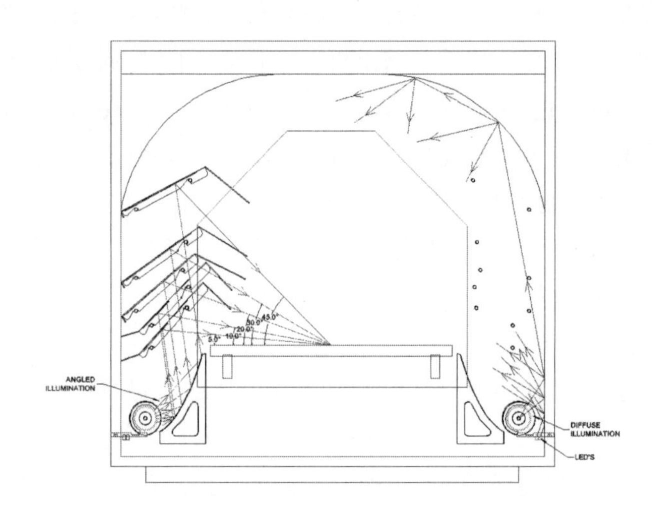

图5-25　样品影像摄取箱内光学几何结构示意图

系统如选择漫反射(Diffuse)测量,其结果是测量样品颜色的均一化;如选择用Angled测色角度测量样品,其结果真实显现样品的外观颜色。应用上述专用的样品影像摄取箱,在特定的D_{65}照明条件下,让亮度和对比度都固定下来,这样摄取的图像颜色有对比性,每次所测量的样品颜色都可以在这个系统上复原,也就体现了样品颜色的可追溯性。

DigiEye系统采用特殊的颜色校正技术。对Nikon数码摄像器Eizo 246专业彩屏进行精准校正,这就保证了在荧屏上显示的颜色与样品实际颜色相一致。两个异地互联的荧屏显示的实际样品颜色是相一致的,这样才能确保样品颜色和图像进行远程沟通。

DigiEye 系统通过 Led 灯紫外定量的校正功能，再加上标准校正版上有荧光样品的标定，利用这样的校正功能，该系统就可对荧光样品的颜色进行实际测量和比较。这是通常所用的分光测色系统不能测量和比较的。

DigiEye 从高分辨率图像中选取颜色数据，从而测量微小或不规则试样。颜色的量度会以色度值或光谱数据显示，系统可简单快捷地以标准模式利用网络将图像与颜色数据传输。

DigiEye 系统的软件功能包括：

(1)在样品影像颉取箱的固定光照条件下，将相机的 RGB 输入信号转为 CIE 规格。

(2)经校准的 CRT 显示屏，显示准确的颜色和图像。

(3)以色度值及彩色光谱反射值来描述所捕捉的图像颜色。

(4)色彩模拟功能，建立代表性的结构数据库，并对指定结构进行模拟着色。

(5)按最新的 CIE DE2000 标准，在屏幕上测定色差与色牢度评级。优点是：DigiEye 的自动色牢度评级功能可以改变纺织测试行业的人工评级的传统，测定的色牢度评级能与人工评级对比，并具有更高的稳定性。

长期以来，人们总是利用分光光度计来测量颜色，然而，分光光度计不能测量微小或不规则区域，如弯曲或质地粗糙的织物；不能分辨织物的外观差别，如起毛织物(天鹅绒)与平织棉布(斜纹织物)的差别。DigiEye 可以非接触式地测量具有不同外形特征的所有织物，甚至可以测量只有一个像素的多色及花纹试样。对于复杂的形态与图案，DigiEye 可以自动选择颜色相近的像素区，这是传统的分光光度计无法达到的。

DigiEye 系统另一应用中的智能化功能就是它的“聚类”技术，它可以自动分组同一颜色的像素，并计算在图像内总像素中所占的百分比，这对于织物印花确定颜色数目来讲是非常有用的。软件中智能化的过滤器功能，可以更方便地解决颜色测量中的实际问题，更方便地处理颜色，更深层地梳理及分析样品颜色。

DigiEye 最早应用于美国北卡罗来纳州纺织学院色度学实验室，专门用于小型物体颜色测量的研究项目，进行染色及洗涤色牢度的分级。同时，该实验室也在研究 DigiEye 在测量小型 3D 及多维试样方面的功效，传统的分光光度计并不能测量这些小型试样。英国的利兹大学进一步开发 DigiEye 的软件，用于物体色貌方面的研究。美国纺织品染化师协会(AATCC)及国际标准化组织(ISO)也推出了有关标准，即 SB EN ISO105 - A11：2012。Mark & Spencer、NEXT 和 NIKE 等世界著名公司都选用 DigiEye 系统，以期提高色彩一致性和产品可靠性，使客户和自身都受益。

DigiEye 是包括软硬件的全套的彩色图像处理装置。硬件包括一个特定的数码相机、专用样品影像颉取箱及经校准的高清晰度的 LED 荧屏。专用样品影像颉取箱由 Verivide 设计，可以提供符合国际标准的一致光照。与其他光源相比，VeriVide 的 D_{65} 光源是最佳的标准光源。

复习指导

1. 在特定条件下的分光反射因数$\beta(\lambda)$，也可以叫作分光反射率，用$\rho(\lambda)$表示。颜色测量的关键是要测得物体的分光反射率$\rho(\lambda)$，然后根据分光反射率$\rho(\lambda)$就可以对物体表面色在任意照明和观测条件下的三刺激值进行计算。测量不透明物体分光反射率$\rho(\lambda)$的参比标准是完全反射漫射体，在实际测量中，采用特制的满足一定要求的标准白板或工作白板作为颜色测量的基准。

2. 由于光源、被观测物体和观察者的相互作用取决于光源的漫射和定向性能，观察位置以及光源与样品、样品与观察者之间的特定几何关系，所以国际照明委员会于1971年正式推荐了四种测色的标准照明和观测条件，其中在0/45、45/0以及d/0三种照明和观测条件下测得的分光反射率因数(也叫作分光辐亮度因数)，可记作$\beta_{0/45}$、$\beta_{45/0}$以及$\beta_{d/0}$。在0/d条件下测得的分光反射率因数，可以称作分光反射率。分光反射率因数是四种观测和照明条件下的总称。

3. 颜色测量包括发光物体颜色的测量与不发光物体颜色的测量。不发光物体颜色测量又分为荧光物体颜色测量和非荧光物体颜色测量。

在生产实践中，涉及非荧光物体颜色的测量方法可分为目视测量和仪器测量两大类。随着测量仪器的进步，采用仪器测量物体颜色时，由于测量方式的差异，又可把其分为接触式颜色测量和非接触式颜色测量。

随着科学技术的快速发展，新型测量物体颜色的仪器不断涌现，根据测色仪器所获取色度值的方式不同，可将非荧光物体颜色测量方法分类为：光电积分测色法、分光光度测色法、在线分光测色法和数码摄像测色法。

应该说，人眼也是一种古老的测色仪器，人眼具有敏锐的识别物体微小色差的能力，人们长期应用目视比较方法辨别或控制产品的颜色质量。但是由于观测人员的经验和心理、生理上的影响，使得该方法可变因素太多，并且无法进行定量描述，从而影响评估的准确性和可靠性。由于该方法简单灵活，我们把目视对比测色法作为一种古老而基本的颜色测量方法，归于颜色测量方法的分类中。这样就总结出了五种非荧光物体颜色测量方法，即：目视对比测色法、光电积分测色法、分光光度测色法、在线分光测色法和数码摄像测色法。

4. 分光光度仪在结构上主要由光源、单色仪、积分球、光电检测器和数据处理装置等几个部分组成。分光光度仪使用的光源要求能发射连续光谱的辐射，并且发射稳定、强度足够、发光面积小(接近点光源)、寿命长。在可见光区域，常用的光源有两种，一种是高压脉冲氙灯，另一种是卤钨灯，两种光源各具特点。单色器的作用是将来自光源的连续光辐射色散，并从中分离出一定宽度的谱带，其主要部件是棱镜或光栅等色散元件，单色仪中还可能包括若干准直镜、聚光透镜、反光镜以及狭缝装置等。积分球是内壁用硫酸钡等材料刷白的空心金属(或塑料)球体，一般直径在50~200mm之间。光电检测器是将接受到的辐射功率变成电流的转换器，常用的元件主要有光电倍增管和硅光敏二极管两类，最新的仪器则是采用光二极管阵列多通道检测器。

5. 了解分光光度仪的校正,包括波长和光度标尺的校正。
6. 了解目前分光测色仪的结构和原理以及产品型号、光学结构、主要性能和特点。
7. 了解非接触式颜色测量的特点,掌握典型数码摄像测色系统的工作原理和功能特点。

习题

1. 作为标准白板的材料一般应该满足什么条件?
2. 什么是工作白板?有什么特点?
3. 解释"0/45""45/0""0/d""d/0"的含义。
4. 简述分光光度测色仪的主要组成及其各自的作用。
5. 非接触式颜色测量与接触式颜色测量有哪些区别?
6. 简述颜色测量的分类方法,详述一种颜色测量方法的特点。
7. 非接触式颜色测量有哪些优点?
8. 简述 DigiEye 系统的基本组成,系统软件有哪些功能?

第六章　孟塞尔表色系统及其新标系统

第六章　孟塞尔表色系统及其新标系统

第一节　孟塞尔表色系统

孟塞尔表色系统，实际上常常是把染好的色卡，按一定的顺序排列起来制成图册作为物体知觉色的标准出现的。知觉色是基于颜色知觉的色。所谓颜色知觉是为了区别人对物体形状和大小判断的视觉功能，指的是单纯由于光刺激（物体的反射光）而产生的视觉特性。例如，我们在自然光线下，用眼睛直接观察物体时，通过大脑的分析判断而产生的颜色视觉特性，就称为色知觉，此时的颜色称为知觉色。

作为知觉色的标准，首先制作大量的各种颜色的样卡，按照它们的颜色知觉属性，例如色相、明度、彩度等，系统地排列起来，并附以适当的标记和编号，就可以作为物体知觉色的标准使用了。孟塞尔色卡就是按照这样的基本程序制成的物体知觉色的标准色卡。

一、孟塞尔表色系统与 CIEXYZ 表色系统的区别

孟塞尔表色系统与 CIEXYZ 表色系统，在颜色的表示上是有很大差异的。孟塞尔表色系统，是以人的视觉为基础建立起来的，而 CIEXYZ 表色系统，是以心理物理学概念为基础建立起来的。它们的主要差别见表 6－1。

表 6－1　孟塞尔表色系统与 CIEXYZ 表色系统的比较

比较项目 ＼ 表色系统	CIEXYZ 表色系统	孟塞尔表色系统
色的区别	心理物理学色	知觉色
区别的基准	心理物理学概念	心理概念
区别的根据	以色感觉建立的表色系统	以色知觉建立的表色系统
表色原理	以光的混合为基础	以实物标准为基础（如色卡）
表示的对象	表示光色（包括物体反射光）	表示物体的表面色
用于表示的量符号	CIE 光谱三刺激值 X、Y、Z	色相、明度、彩度

从表 6－1 所列内容可以知道，两种表色系统之间确实存在一定的差异。因此，由测色仪测得的结果，与用视觉评价得到的结果存在一定的差异是很自然的。弥补这些差异，通常是通过修正相应计算公式而完成的。

二、孟塞尔表色系统的构成

从其表色原理来说，孟塞尔表色系统是一种物体表面知觉色的心理颜色的属性，即每个颜色都对应着由色相、明度、彩度组成的圆柱坐标系中的点，并且，在这个坐标系中，色相、明度、彩度在视觉上都是等间隔的，色卡间的色差与这个颜色空间中两个色点之间的直线距离成比例。

在孟塞尔表色系统中，表示颜色明亮度属性的量称明度，以 V 表示；表示颜色鲜艳程度的量称彩度，以 C 表示；表示色相属性的量仍称色相，以 H 表示。在以孟塞尔表色系统构成的柱坐标中，Z 轴为孟塞尔明度（V），θ 为孟塞尔色相（H），r 为孟塞尔彩度（C）。

孟塞尔表色系统中，理想白色在表示明度的纵轴的上端，明度值 $V=10$；绝对黑体在下端，明度值 $V=0$，其间从 0 ~ 10，共分成 11 个等间隔的等级，因为 0 和 10 实际都是不存在的，所以，实际图册中只有 1 ~ 9，共 9 个明度级别。孟塞尔彩度是以离开中心轴的距离来表示的，处于纵轴上的无彩色，彩度最低，其彩度值为零；离纵轴越远，彩度越高；不同颜色彩度的最大值是不相同的，某些色相最大彩度值可达 20。在孟塞尔图册中，明度的间隔通常为 1，彩度的间隔通常为 2。图 6 - 1 为孟塞尔颜色空间排列示意图。

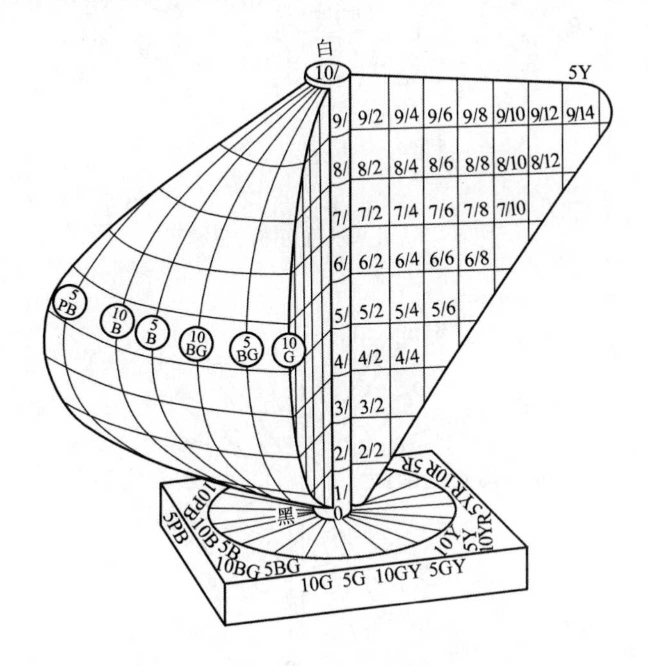

图 6 - 1　孟塞尔颜色空间排列示意图

孟塞尔色相，是以围绕纵轴的环形结构表示的，通常被为孟塞尔色相环。这一色相环中的各个方向共代表 10 种孟塞尔色相，这 10 种色相包括 5 种主要色相［即红（R）、黄（Y）、绿（G）、蓝（B）、紫（P）］和 5 种中间色相［即黄红（YR）、绿黄（GY）、蓝绿（BG）、紫蓝（PB）、红紫（RP）］。为了对色相做更详细的划分，每一种色相又分成 10 个等级，即从 1 ~ 10。在这里，每种主要色相和中间色相的等级都定为 5，如黄色则表示为 5Y，红色则表示为 5R，红紫色则表示为 5RP 等。色相是以红（R）、黄（Y）、绿（G）、蓝（B）、紫（P）的顺序，以顺时针方向排列的。前一色相中的

10刚好为后一色相的0,如10R即为0YR,接下来是1YR、2YR等。图6-2所示为孟塞尔色立体的色相环。图6-3所示为孟塞尔色立体的等明度面。

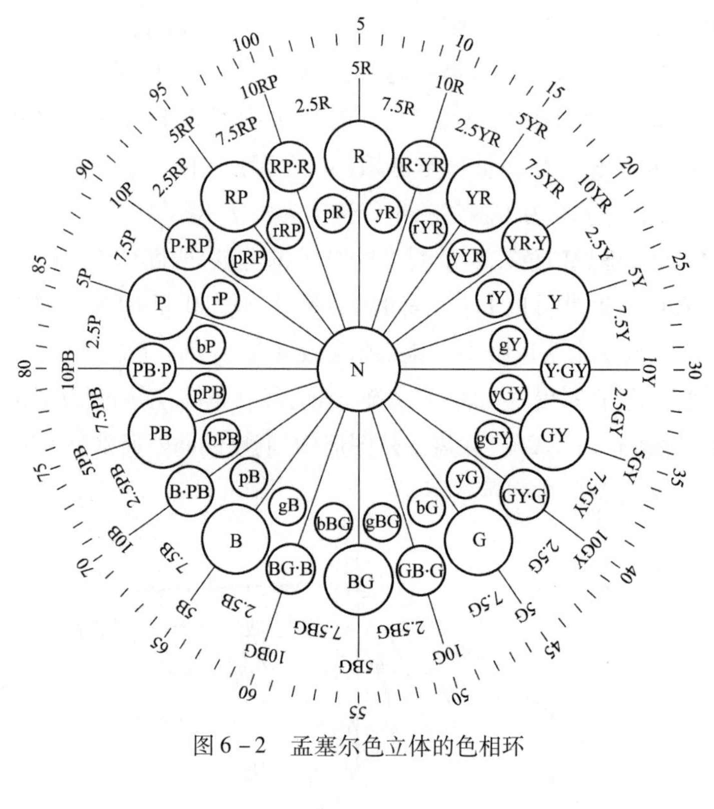

图6-2 孟塞尔色立体的色相环

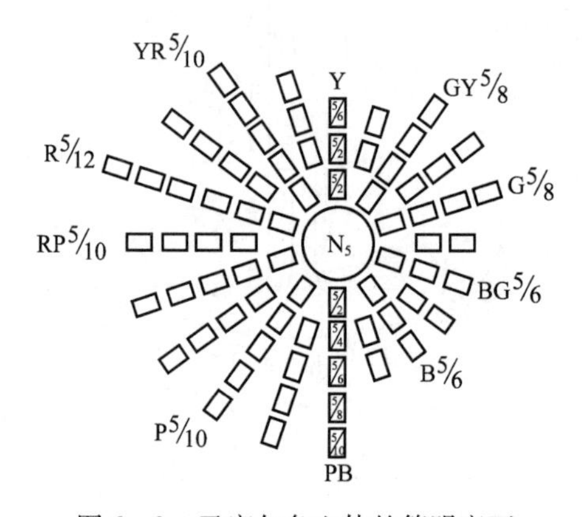

图6-3 孟塞尔色立体的等明度面

通常孟塞尔色卡是装订成册的,所以,又称为孟塞尔图册。在图册中,每一页所包含的都是不同明度和不同彩度,但又都是同一色相的色卡,都处于通过黑白明度轴的颜色立体纵剖面中,此剖面又称为等色相面,中央轴为1~9个明度等级,图6-4中,右侧为黄色(5Y),左侧为紫蓝色(5PB)。图6-4所示为孟塞尔色立体的等色相面。图6-5为孟塞尔色立体。

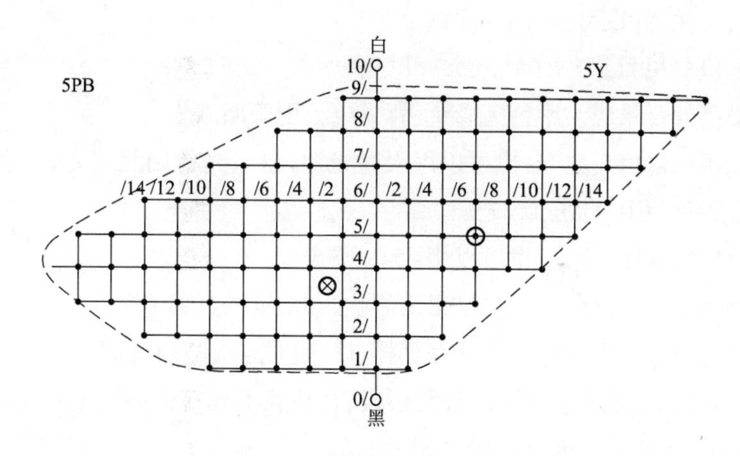

图6-4　孟塞尔色立体的等色相面

一个理想的颜色立体,在任何方向、任何位置上,各颜色之间都有相同的间隔,在视觉上的差异应该是相等的,即无论是色相,还是明度或彩度,在任何方向上都是等间隔的。也就是说,应该都具有相等的视觉差异。但是,任何表示颜色的色立体,都很难做到这一点。所谓均匀,实际上是相对的。

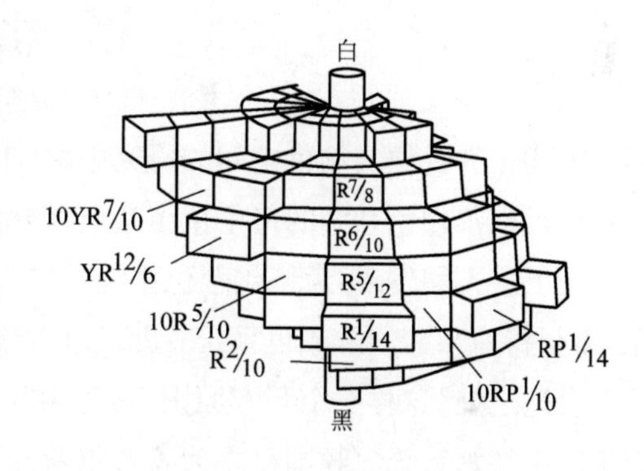

图6-5　孟塞尔色立体

三、孟塞尔标号及其表示方法

孟塞尔表色系统虽然是知觉色系统,是以色卡的形式出现的,但由于对色相、明度、彩度都是按特定的顺序赋予了一定的编号,因此在实际中,也是可以把各种不同的颜色用孟塞尔标号,即一组孟塞尔表色系统的参数来表示。其表示方法为:首先书写孟塞尔色相,然后写孟塞尔明度,在明度后画一斜线,接着写孟塞尔彩度,即 $H \cdot V/C$ = 色相 · 明度/彩度。例如:5R · 4/14,5R 为红色,明度中等,饱和度很高,所以它是一个中等深度的非常鲜艳的红色。而 10Y · 8/12,因 10Y 色相是在 5Y(黄)和 5GY(绿黄)中间,因此是一个带绿光的黄色,又由于明度和彩度都很高,所以它是一个颜色比较淡(浅),但很鲜艳的带绿光的黄色。对于无彩色的黑白系列,通常表示为 N · V/,即中性色 · 明度值。如明度值为 5 的中性色,可以表示为:N · 5/。严格来说,中性色彩度应为 0,但在实际中常常把彩度低于 0.5 的颜色也都归为中性色。在实际施行中,对于这类中性色,为了能更准确地表示其颜色特性,常常要注明其微小的彩度值和色相,这时的表示方法通常为:N · $V/(H \cdot C)$ = 中性色 · 明度/(色相 · 彩度)。如 N · 1.4/(4.5PB · 0.3),它表示一个稍带紫蓝色相的黑色,当然也可以表示为 $H \cdot V/C$ 的形式,即 4.5PB · 1.4/0.3。

由于孟塞尔表色系统,是一个知觉色表色系统,所以确定孟塞尔标号最直接的方法就是依靠人的视觉,以视力正常的并且经过颜色鉴别训练的人,直接以视觉来确定孟塞尔标号。进行颜色实际观察时,应注意以下几方面的问题。

第一,观测者应是视力正常的人。

第二,放置样品的背景应为中性无彩色,背景应为中等明度。

第三,照明光源可以用自然光,也可以用人造光源;自然光常用北窗光,人造光源则应该选CIE标准C光源或模拟CIE标准D_{65}光源。

第四,观测可以用0/45方式,也可以用45/0方式。

第五,还必须注意室内环境对观测结果的影响,如墙壁的反射光等。

第六,观测时还应像使用灰色样卡评级那样,以灰色纸框遮住样品和孟塞尔色卡,以防对颜色评价造成干扰。但无论是色相、明度,还是彩度,往往找不到与样品完全匹配的色卡,因此,通常要采取线性内插法来确定孟塞尔标号。

第二节　孟塞尔新标系统

人们在进行均匀颜色空间的研究中,从1937年开始,美国光学学会(OSA)测色委员会,开始对原孟塞尔颜色系统的每个色卡进行了精确的测量,并把所得到的结果精确地描绘于$x—y$色度图上。人们发现,孟塞尔颜色系统从物理学的角度看,存在着一些稍稍不规则的点,于是就在"既保持原来孟塞尔颜色系统在视觉上的等色差性,又使其从物理学的角度看,也没有什么不太合理之处"这样一个基本原则下,对孟塞尔表色系统做了修正,于1943年公布了新的经过修正的孟塞尔系统。我国称之为孟塞尔新标系统。

从孟塞尔新标系统的建立过程可以知道,它与原来的孟塞尔表色系统具有完全不同的含义,因为每个色卡都标有CIEXYZ颜色系统的三刺激值和色度坐标。所以,它实际上成了孟塞尔表色系统与CIEXYZ表色系统之间,相互联系的桥梁。

目前,世界各国使用的孟塞尔表色系统,实际上都是经过修正的孟塞尔新标系统。我国的全国纺织品流行色调研究中心,也曾复制过一套孟塞尔色卡,其中包括40个色相,近1300个色卡。

一、孟塞尔明度

美国光学学会(OSA)测色委员会,根据众多观测者的观测结果,对CIEXYZ表色系统中的亮度因数(又称视感反射率)Y与孟塞尔明度V之间的关系进行了反复实验研究后,得到式(6-1):

$$Y = 1.2219V - 0.23111V^2 + 0.23951V^3 - 0.021009V^4 + 0.0008404V^5 \qquad (6-1)$$

其观测背景为中等明度($V=5$,Y约为20%)的无彩色。从式(6-1)中可知,当$Y=100\%$时,$V=9.91$;当$V=10$时,$Y=102.57\%$。这里的亮度因数Y,是以氧化镁标准白板为反射率测量标准的,也就是把氧化镁标准白板的视感反射率作为100%。后来,国际照明委员会又更改为,以理想白色体为颜色测量基准。在这样的条件下,氧化镁标准白板的亮度因数约为

97.5%。因此式(6－1)中的孟塞尔明度 V 和以理想白色为基准的亮度因数 Y 之间的关系，需要做如下修正：

$$Y = 1.1913V - 0.22532V^2 + 0.23351V^3 - 0.020483V^4 + 0.0008194V^5 \qquad (6-2)$$

这里，当 $Y = 100\%$ 时，$V = 10$。按照式(6－2)，可以把视觉上不均匀的亮度因数 Y 转换成视觉上均匀的孟塞尔明度 V，这在实际应用上是有很大意义的。

二、孟塞尔色相和彩度

在孟塞尔颜色系统中，对于具有相同明度的各种不同色卡，其不同，当然只有色相和彩度的变化。若把这些经过精确测量得到的各个色卡的色度坐标 x、y 描绘于 x—y 色度图中，似乎具有相同孟塞尔彩度的颜色，应在色度图中构成一组以色度图中参考白点为中心的、与舌形曲线相似的一组规整的图形。但实际并非如此，而是围绕着参考白点形成一系列并不规整且不同明度水平、形状各异的图形(图 6－6)。若把具有相同孟塞尔色相的色卡按其所测得的色度坐标绘于 x—y 色度图上时，发现除主波长 $\lambda = 571 \sim 575$nm，$\lambda = 503 \sim 507$nm，$\lambda = 474 \sim 478$nm 和补色主波长 $\lambda = 559$nm 等几点外，绝大部分等色相线在色度图中都不是直线，而且，不同明度水平的等色相线也不重合(图 6－7)。因此，具有相同色相的色卡，由于明度水平不同，在 x—y 色度图上应具有不同的主波长。

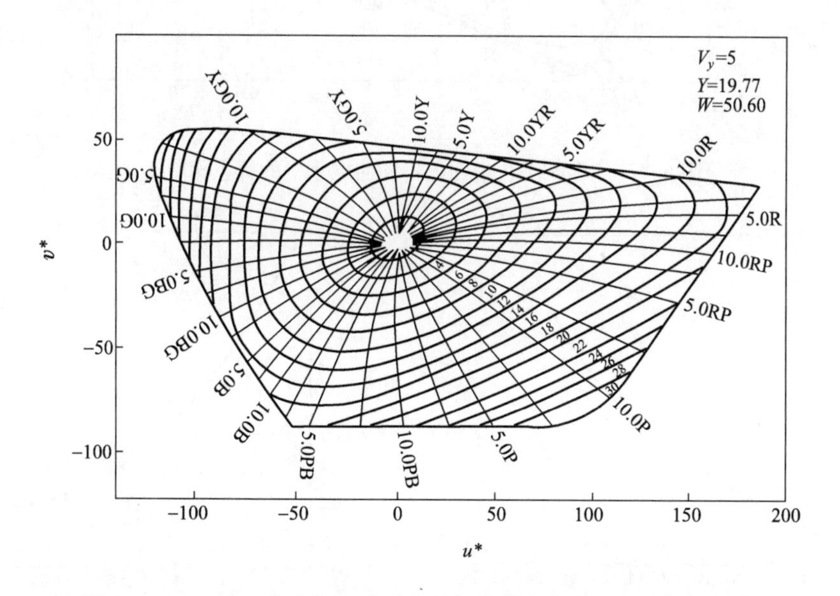

图 6－6　CIE1931 色度图上表面色的恒定色相轨迹和恒定彩度轨迹

孟塞尔表色系统中的色卡，都是由颜色鉴定专家以视觉为基础确定下来的，所以，基本上可以近似地把它看成是一个具有相等间隔的均匀颜色空间。而从以上所显示的孟塞尔表色系统与 CIE1931—XYZ 系统之间，在明度、彩度和色相变化上的不同步，也说明 CIE1931—XYZ 颜色空间是一个不均匀的颜色空间。也就是说,在孟塞尔表色系统中,具有相同彩度的色卡,在CIE1931—XYZ系统中不具有相同的纯度。同样,在孟塞尔表色系统中,具有相同色相的不同彩度的样品,在CIE1931—XYZ系统中也不具有相同的主波长(图6-8)。在孟塞尔表色系统中,明度不同而色相或彩度相同的色卡,在CIE1931—XYZ系统中也同样会有不同的主波长和不同的纯度(图6-9)。

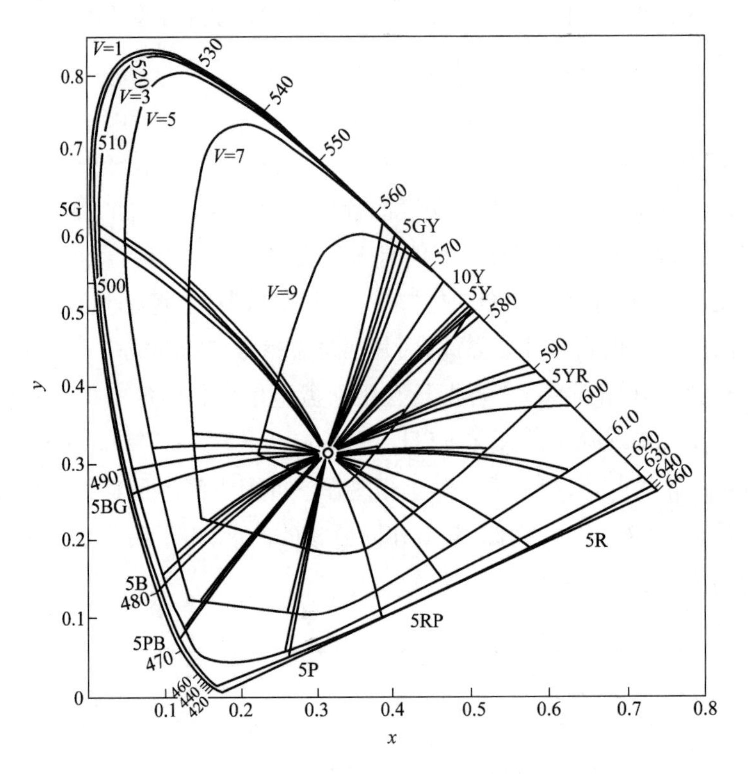

图6-7　CIE1931色度图上不同明度水平的等色相轨迹

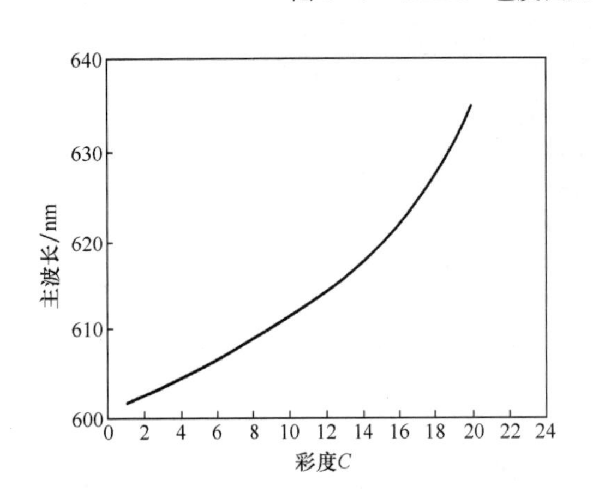

图6-8　主波长与孟塞尔彩度的关系

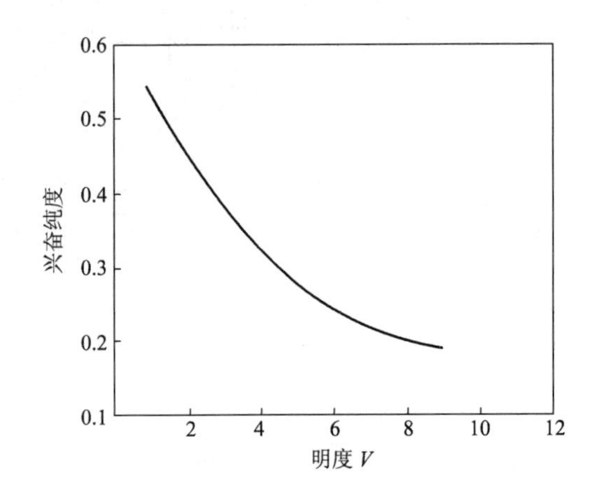

图6-9　兴奋纯度与孟塞尔明度的关系

孟塞尔图册在制作时,要想制得高彩度样卡,实际上是相当困难的。因此,市场上出售的孟塞尔图册通常比理论上可能达到的范围要小得多。图6-10为孟塞尔明度$V=6$的色卡在不同条件下的可能范围。

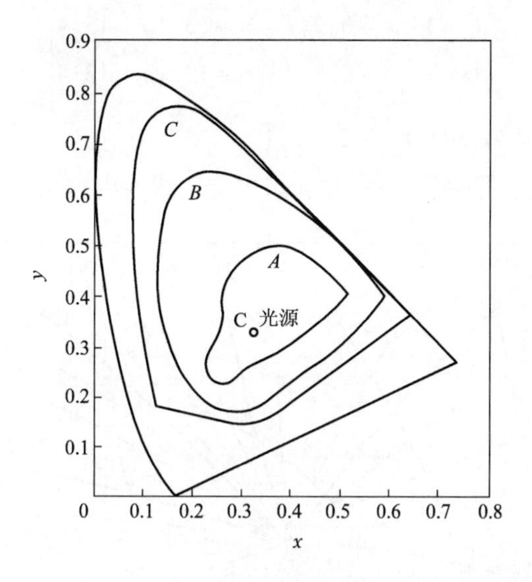

图 6 - 10　孟塞尔明度 $V=6$ 的色卡在不同条件下可能达到的范围

A—市售消光型孟塞尔色卡在 *x*—*y* 色度图上的范围

B—聚乙烯树脂透射型孟塞尔色卡在 *x*—*y* 色度图上的范围

C—理论上可能达到的范围

三、CIE1931—XYZ 表色系统与孟塞尔表色系统之间的转换关系

在 CIE1931—XYZ 系统与孟塞尔表色系统之间的转换关系中，是以 CIE1931*x*—*y* 色度图上孟塞尔新标系统的恒定色相和彩度轨迹图为基础的，如图 6 - 11(a) ~ (m)。由 XYZ 系统向新标系统转换的过程如下。

(1)利用孟塞尔明度值 V_Y 与亮度因数 Y 的关系表(详见本书附录二)，由 Y 查 V_Y，根据 V_Y 的大小确定所使用的图。

(2)根据测得的 x、y 的大小，由图来确定 H/C 的值。

举例：由测色仪测得某样品在标准 C 照明体，2°视场条件下的 $Y=46.02$，$x=0.500$，$y=0.454$，求该样品的孟塞尔标号。

①由附录二查得 $Y=46.02$ 时，$V_Y=7.20$。

②利用 $V_Y=7$ 的图 6 - 11(g) 和 $V_Y=8$ 的图 6 - 11(h)，由内插法求色相和彩度。在图 6 - 11(g)中，色度坐标 $x=0.500$，$y=0.454$ 时，色相 $H=10.0$YR，彩度在 12 ~ 14，估计为 13.1。在图 6 - 11(h)中，色度坐标 $x=0.500$，$y=0.454$ 时，色相接近 10.0YR，因小于 0.25 色差等级，所以定为 10.0YR，彩度在 14 ~ 16，估计为 14.6。

(3)由上述结果可知色相 $H=10.0$YR，在 $V_Y=7$ 时，彩度 $C=13.1$ 而在 $V_Y=8$ 时，彩度 $C=$

14.6,而该样品的 $V_Y=7.2$,利用线性内差法,该样品的彩度 C 可由下式求得:

$$C=13.1+0.2(14.6-13.1)=13.4$$

或

$$C=14.6-0.8(14.6-13.1)=13.4$$

(4)样品的孟塞尔标号为:10YR · 7.2/13.4。

若由不同色度明度图求得的色相不相同时,也应用线性内差法计算样品色相。

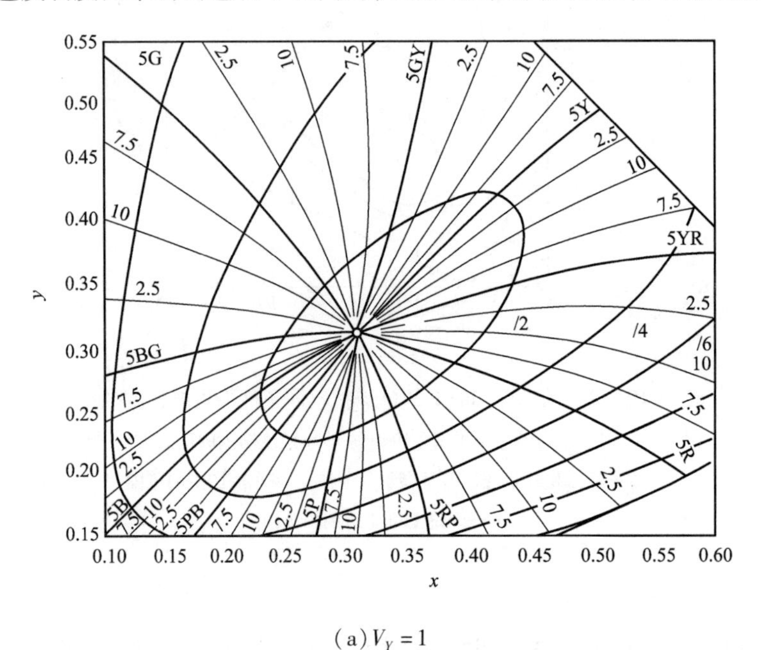

(a) $V_Y=1$

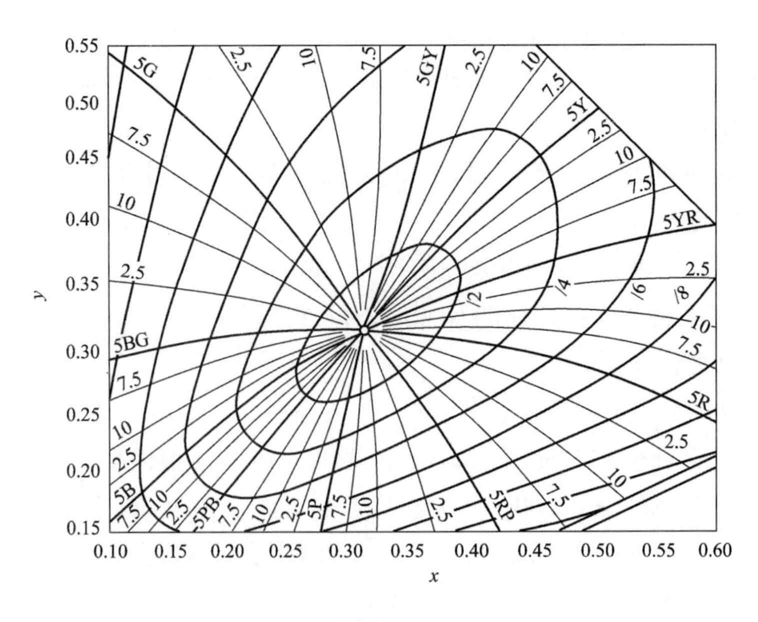

(b) $V_Y=2$

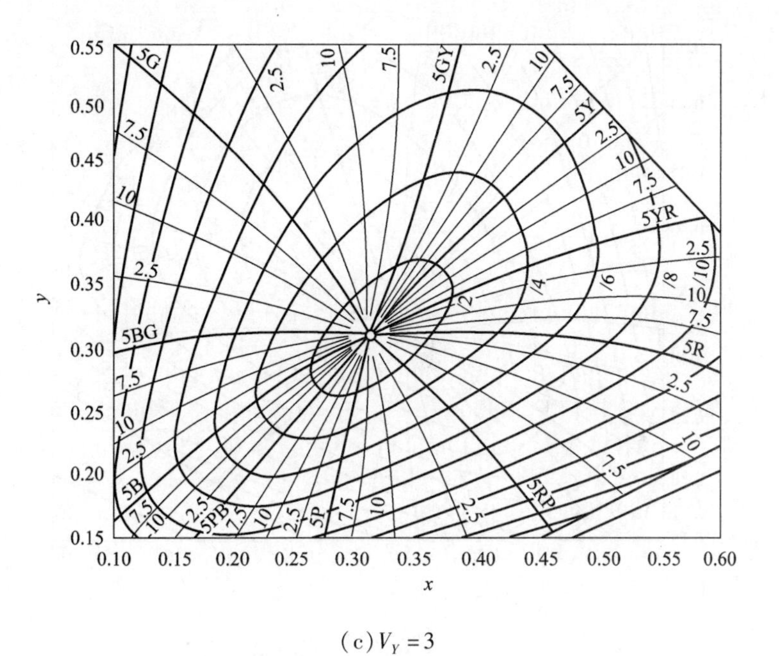

(c) $V_Y=3$

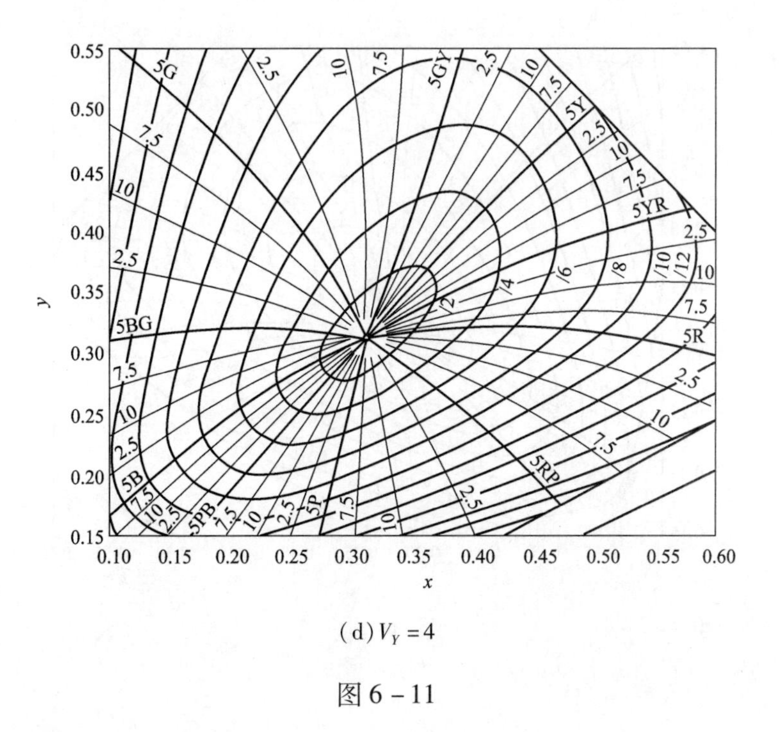

(d) $V_Y=4$

图 6－11

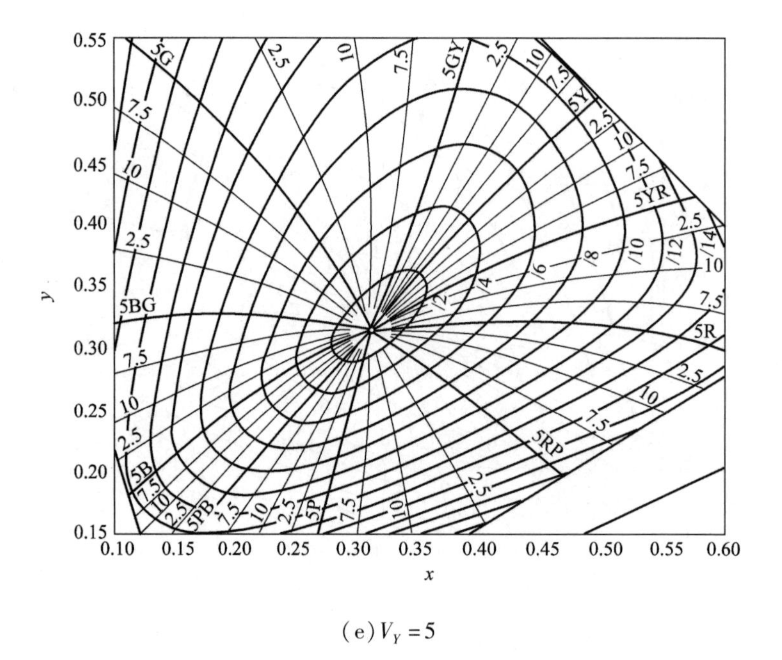

y
x
0.55
0.50
0.45
0.40
0.35
0.30
0.25
0.20
0.15
0.10
0.15
0.20
0.25
0.30
0.35
0.40
0.45
0.50
0.55
0.60
5G
5GY
5Y
5YR
5R
5RP
5P
5PB
5B
5BG
/2
/4
/6
/8
/10
/12
/14

(e) $V_Y=5$

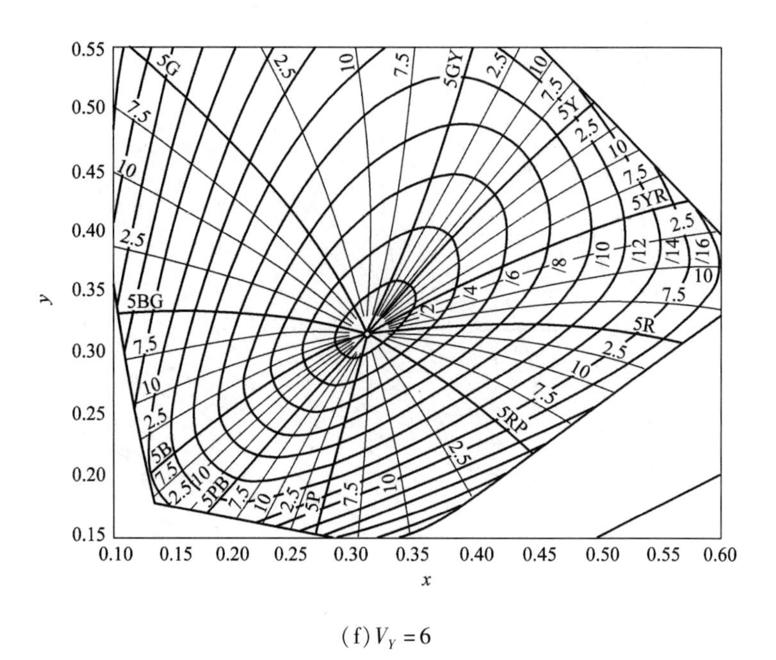

y
x
0.55
0.50
0.45
0.40
0.35
0.30
0.25
0.20
0.15
0.10
0.15
0.20
0.25
0.30
0.35
0.40
0.45
0.50
0.55
0.60
5G
5GY
5Y
5YR
5R
5RP
5P
5PB
5B
5BG
/2
/4
/6
/8
/10
/12
/14
/16

(f) $V_Y=6$

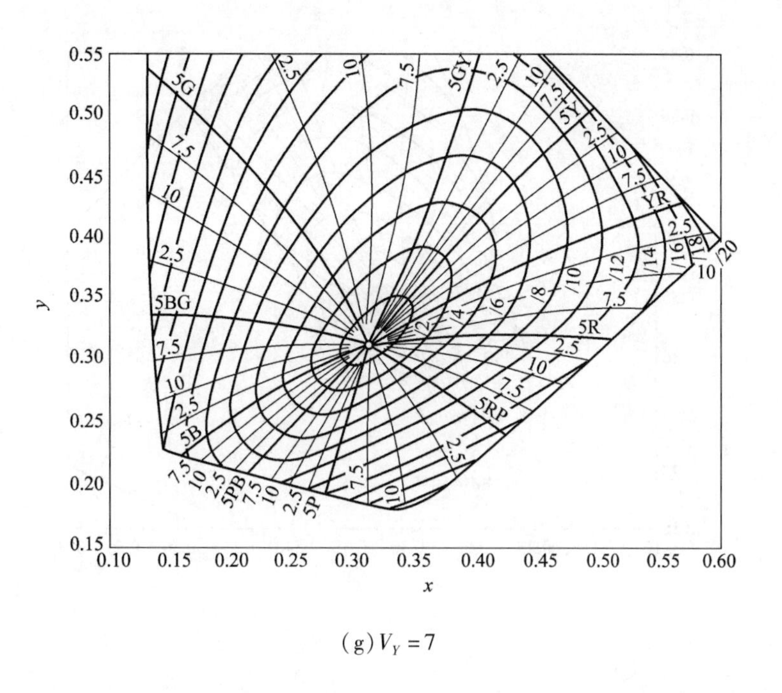

(g) $V_Y = 7$

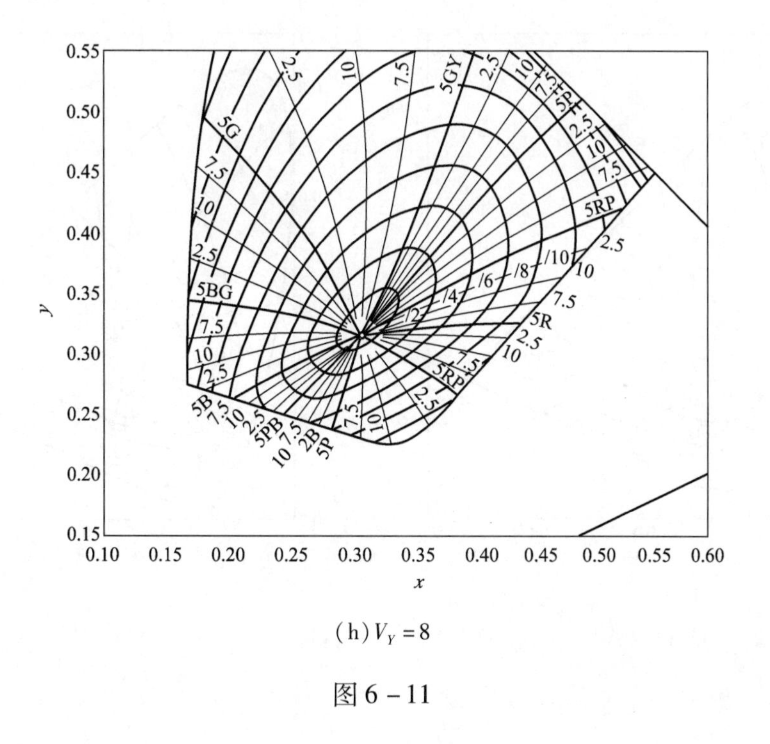

(h) $V_Y = 8$

图 6 – 11

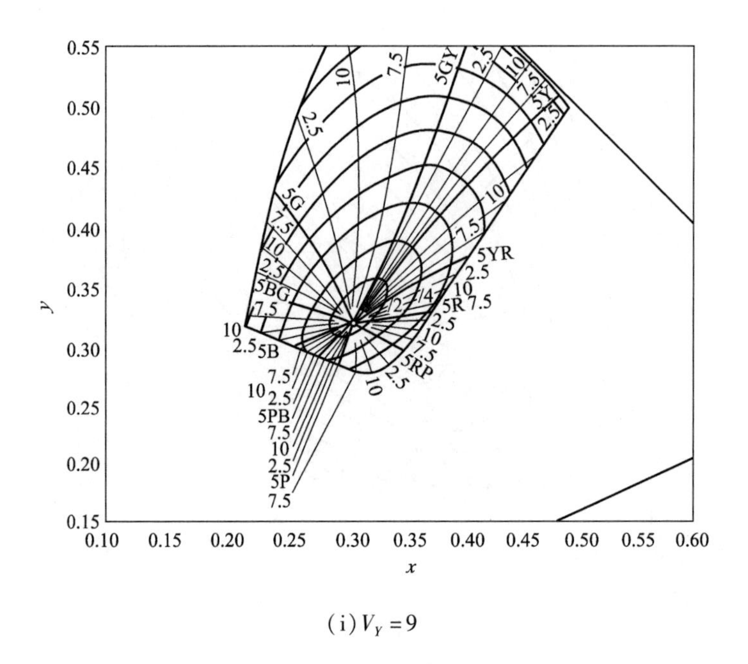

(i) $V_Y = 9$

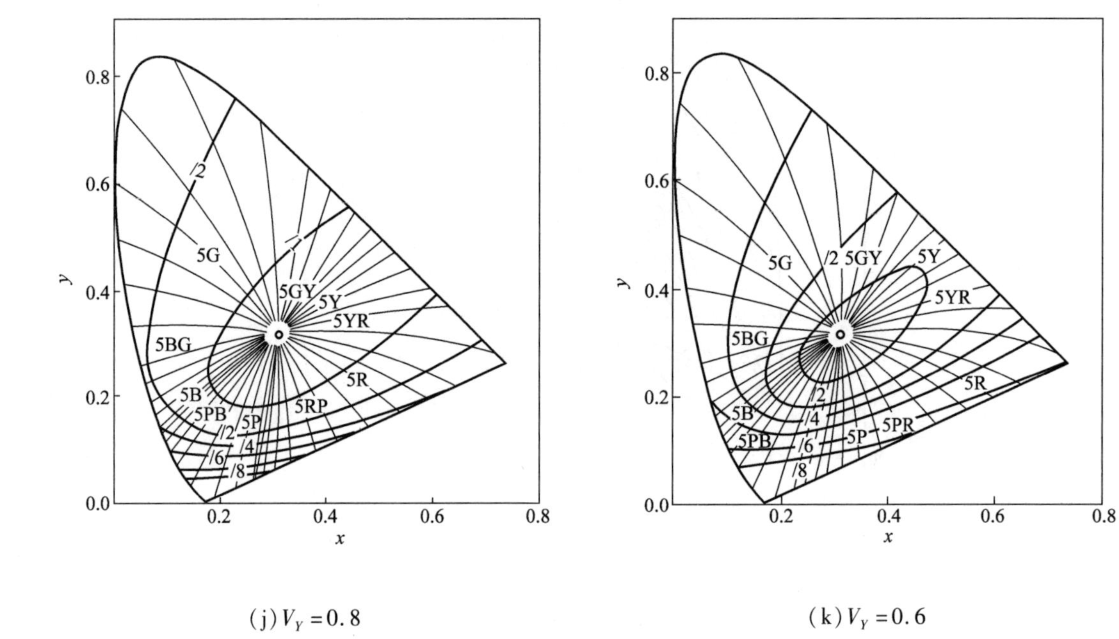

(j) $V_Y = 0.8$

(k) $V_Y = 0.6$

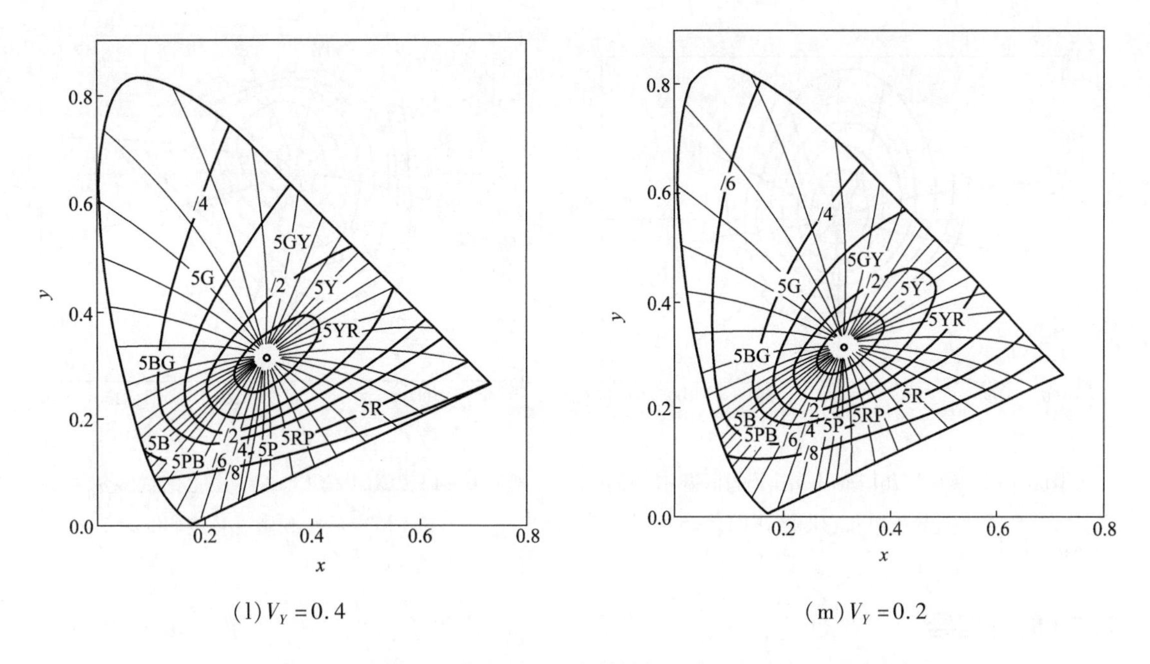

(l) $V_Y=0.4$　　　　(m) $V_Y=0.2$

图 6-11　CIE1931x—y 色度图上孟塞尔新标系统的恒定色相和彩度轨迹

四、孟塞尔新标系统的用途

以孟塞尔标号来表示颜色，在测色技术迅速发展的今天，虽然仍有其一定的应用价值，但已经失去了它原有的地位，重要性已大为降低，可是由于孟塞尔表色系统为一均匀的颜色空间，特别是经过修正以后的孟塞尔新标系统，对孟塞尔图册中的每个色卡都经过了精确的测量，被赋予了 CIEXYZ 表色系统的参数，因而有了很多新的用途。例如检验各种不同颜色空间的均匀性。在第三章的色差计算中，我们已经讲过，为了进行色差计算，常常需要把不均匀的 CIEXYZ 颜色空间转换成均匀颜色空间，而颜色空间的均匀与否，是与对色差评价的结果密切相关的，因此，人们都努力争取建立均匀的颜色空间，而颜色空间均匀与否，可以用孟塞尔表色系统来检验。其检验的方法为，将相同明度而色相和彩度不同的孟塞尔色卡，根据每一色卡的(Y、x、y)表色值，求出新表色系统的表色值，然后将其绘于表色系统的坐标图上，根据图形的形状，则可以大体上判断出新颜色空间的均匀性。如图 6-12 为 CIE1976$L^*a^*b^*$ 颜色空间的 a^*b^* 图上的孟塞尔恒定色相和彩度轨迹。图 6-13 为 CIE1976$L^*u^*v^*$ 颜色空间的 u^*v^* 图上的孟塞尔恒定色相和彩度轨迹。从这两个图，我们可以看出 CIE1976$L^*a^*b^*$ 颜色空间的均匀性稍好于 CIE1976$L^*u^*v^*$ 颜色空间。

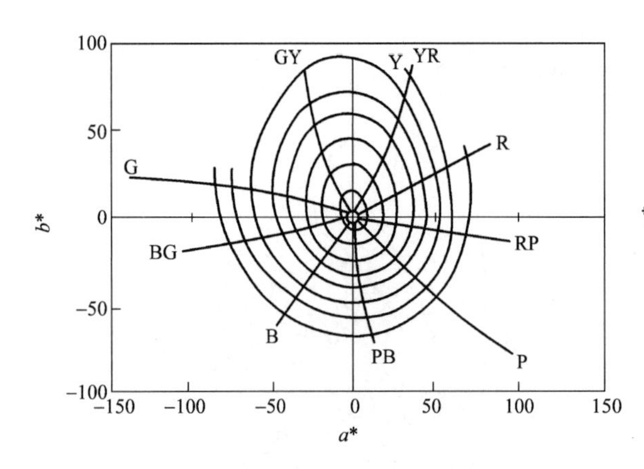

图6－12　CIE1976L*a*b*图上的孟塞尔恒定色相和彩度轨迹($V_Y=5$)

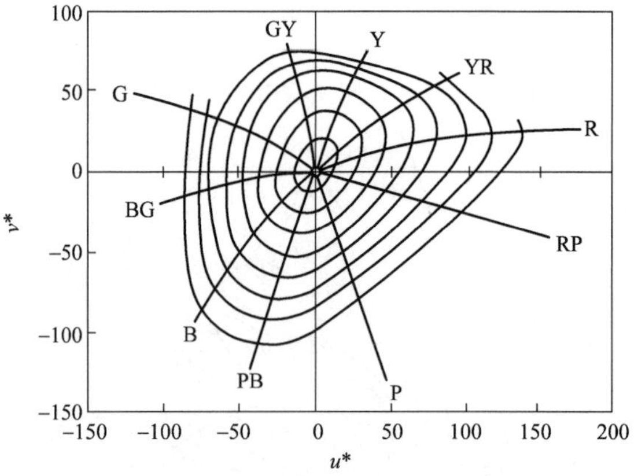

图6－13　CIE1976L*u*v*图上的孟塞尔恒定色相和彩度轨迹($V_Y=5$)

复习指导

1.孟塞尔表色系统,是颜色评价中的知觉色标准,是由一批视力正常的人,靠视觉建立起来的表色系统,是一个均匀的表色系统。对每一个孟塞尔色卡进行精确测量后,对原来的色卡集稍加修正后建立起来的修正后的表色系统,称为孟塞尔新标系统。孟塞尔新标系统是孟塞尔表色系统与CIEXYZ表色系统之间联系的桥梁。

2.孟塞尔表色系统是由明度、彩度、色相构成的三维表色系统。以纵轴表示明度,黑色在下,白色在上,共有11个间隔,绝对黑体的明度为零,理想白色的明度为10,孟塞尔色卡从1～9,共有9个明度等级。以离开中心轴的距离来表示彩度,距离中心轴越远,彩度越高。在孟塞尔表色系统中,各种不同色相颜色的最高彩度值有很大差异。色相则是以围绕中心轴的环形结构来表示的。

3.孟塞尔表色系统与CIE1931—XYZ表色系统之间,利用附录二和CIE1931色度图上不同明度孟塞尔新标系统的恒定色相和彩度轨迹图,可以方便地进行相互转换计算。

习题

1.孟塞尔表色系统的特点是什么?说明下列孟塞尔标号5R·4/6、N·3/、7G·5/8的意义。

2.某样品在标准C光源、2°视场下,$Y=30.05$、$x=0.3927$、$y=0.1892$,求该样品的孟塞尔标号。

3.什么是孟塞尔新标系统?举例说明孟塞尔新标系统的用途。

第七章 染色物的表面色深

第七章 染色物的表面色深

第一节 概述

一、影响染色深度的因素

在染整行业中，常常需要对染料的染色性能进行评价，其中一个重要指标就是染色深度。对于以纤维材料为基质的染色产品来说，其染色深度的评价与印刷、油漆等是有很大差别的。因为不论油漆还是油墨，在使用过程中，颜料在介质中的分布状态与染料在纺织品中的分布状态相比，通常是比较均匀的，颜料的物理状态一般不会发生改变，而染料在纤维材料中的分布则不然，如在印花织物中，染料会由于大量印花糊料的存在，使染料在织物的正反两面的分布出现明显差别，特别是厚织物，通常很难印透，因而印有花纹的所谓织物的正面，得色深度明显比所谓的织物反面深。也就是说，上染于织物"正面"的染料量，远远高于上染于织物"反面"的染料量。由于印花糊料种类的不同、色浆的粘度及色浆的流变性质的不同，都会造成染料在织物上分布状态的变化。染色也不例外，经常出现的所谓白芯现象，就是由于染料在纺织品中分布不均匀造成的。由于这种分布状态的不同，有时虽然织物上具有相同的染料含量，而表现出来的颜色深度却可能有明显的差别，这在染整加工中是很常见的现象。另外，染料在染色过程中物理状态的变化、纺织品织物组织的不同，都会影响染色织物的表面色深。由此可见，染色织物的表面色深，是染色织物中染料的实际含量难以描述的。因此，在这种情况下，我们用测量织物上染料含量的方法来评价织物的得色深度，往往得不到正确的结果。

二、染色牢度与染色深度的关系

人们在长期的实践中还发现，染料的染色牢度往往随着表面色深的变化而变化。例如耐日晒牢度，当用同一染料，对相同的纤维材料染色时，一般染料用量比较高的，染得比较深的织物，耐日晒牢度通常会高一些。而表面色深低的，耐日晒牢度也相对较低。因此，在比较两个染料的耐日晒牢度时，通常应在相同色深度下进行，否则，其测量出的结果将是没有意义的。这些问题，很早以前就已经引起了人们的广泛注意。早在 20 世纪 20 年代，德国和瑞士的染料公司就制定了一套标准深度卡，叫作"Hilftyen"，它共有 18 种颜色，都是同一档深度水平，并且都是由颜色鉴定专家以目光确定的。1951 年，这套标准深度卡被国际标准化组织 ISO 承认和采纳。现在的 ISO 标准深度样卡，把"Hilftyen"称为 1/1 标准深度，同时又增加了比 1/1 标准深度深的 2/1 标准深度，另外，比 1/1 标准深度浅的，还有 1/3、1/6、1/12、1/25，合计共六个档次。其中

2/1～1/12 每一档深度都有 18 种颜色,1/25 标准深度有 12 种颜色。标准深度样卡中,无光泽的是用毛织物染制的,有光泽的是用粘胶或其他长丝织物染制的。除此以外,还有紫色和黑色的色卡,其中无光泽的 3 种颜色,有光泽的 2 种颜色。各个色卡的等色函数值,分别以 Y_c、x_c、y_c 表示,其数值由于发行的年代不同而稍有差异,在实际使用时,都是以色卡自身实测值为准。制作深度卡时,必须使其实测值与标准样品之间的色差保持在允许的范围之内。

日本的小池先生,曾对 ISO 标准深度表中的各色卡进行过测定,并以 Rabe 深度公式计算了深度值 θ,表 7－1 为各个不同深度下的 θ 平均值。这个值可以作为制作标准深度卡的参考值。表 7－2 中所列的值,是对 ISO 1/1 标准深度卡测定的结果。从这些值我们可以看出,不同颜色色卡的 θ 值是有差异的。这既有色卡制作上的问题,也有深度计算公式的问题。

表 7－1　不同深度下的 θ 值(平均)

标准染色深度	无光	有光	标准染色深度	无光	有光
2/1	7.88	7.63	1/6	5.02	5.14
1/1	7.47	7.21	1/12	4.09	4.16
1/3	6.10	6.06	1/25	3.33	3.20

表 7－2　在 ISO 标准染色浓度表中使用的染料 θ 值及 DIN 表色系有关参数(1/1 浓度,无光,1955 年)

染　料	DIN			θ
	T	D	S	
Echtlichtgelb 3G	1.20	0.86	6.30	7.19
Orange Ⅱ	5.11	1.14	6.26	7.21
Supranolechtscharlach FGN	6.77	1.70	6.37	7.43
Acilanscarlach V3R	7.66	1.95	6.49	7.60
Supracenrot B	8.80	3.45	6.00	7.56
Acilanfuchsin 6B	10.28	3.82	6.10	7.72
Supracenviolett 3R	11.71	4.37	4.54	7.03
Victoriaechtviolett RR	12.88	5.80	3.50	7.33
Diamantblau BHG	16.65	5.41	4.65	7.55
Alizarinreinblau FFG	16.52	4.13	5.76	7.61
Alizarincyaningrün GWA	19.32	5.91	4.45	7.70
Alizarincyaningrün 3G	20.32	5.55	5.30	7.85
Naphtolgrün B	22.89	5.43	5.27	7.80
Diamantchromoliv BL	21.53	6.75	1.35	7.44
Diamantchromoliv GG	1.36	6.22	2.57	7.32
Metachrombraun 6G	2.38	6.15	3.12	7.43

续表

染　　料	DIN			θ
	T	D	S	
Supraminbraun R	5.58	6.81	1.00	7.42
Säurealizaringrau G neu	17.60	6.45	1.73	7.27
				平均7.47

注　表中 T 为色相，D 为暗度，S 为饱和度。

第二节　常见的表面色深计算公式

标准深度卡实际上也是一种知觉色，也和孟塞尔色卡一样，主要是在特定背景下，由人的眼睛直接观察确定的，而由计算公式计算得到的结果，则仅仅起一种辅助作用。标准深度卡在染料和纺织印染等行业中有一定的用途。例如，染料染色牢度的评价和某些染料相容性的评价等方面，都经常用到标准深度。而现在应用最多的是利用深度计算来研究染料的染色性能。用于深度计算的公式很多，它也和色差和白度的计算一样，每个公式都有其固有的优点和不足之处，但就目前的深度公式来看，还没有一个比较完美、大家都能接受的。因此，深度公式也在不断改进和完善的过程中。

一、库贝尔卡—蒙克函数

库贝尔卡—蒙克函数是通过研究涂布了颜料后，基质的表面色深与颜料浓度之间关系推导出来的，原函数本来有着相当复杂的关系，因为颜料层的厚度、颜料的浓度都与表面色深有关。然而太复杂的关系，显然并没有太大的实际意义。因此，在实际表面色深测量工作中使用的公式，仅仅是当颜料涂层为无限厚，在照射于涂料层的光完全没有透过条件下的简式。

$$\frac{K}{S}=\frac{(1-\rho_{\infty})^2}{2\rho_{\infty}} \tag{7-1}$$

式中：K——被测物体的吸收系数；

S——被测物体的散射系数；

ρ_{∞}——被测物体为无限厚时的反射率因数。

一般情况下，不单独进行 K 值和 S 值的计算，而是计算 K/S 的比值，因此也称为 K/S 值。

库贝尔卡—蒙克函数与固体试样中有色物质浓度之间有如下关系：

$$\frac{K}{S}=\frac{(1-\rho_{\infty})^2}{2\rho_{\infty}}-\frac{(1-\rho_0)^2}{2\rho_0}=kC \tag{7-2}$$

式中：ρ_0——不含有色物质的试样反射率因数；

k——比例常数;

C——固体试样中有色物质的浓度。其值等于固体试样中,有色物质为单位浓度时的 K/S 值,对于染色纺织品来说,单位浓度可以是1%(owf),也可以是1g/L。

式(7-2)中的第二项,即 ρ_0 对应的 K/S 值,有时候是可以省略的。例如,当 ρ_∞ 的值较小时,所计算出的 K/S 值很大,而试样的 ρ_0 通常较大,计算所得到的 K/S 值则比较小。因此,常常是可以忽略的。另外,有时对两样品相对表面色深进行比较时,为简单起见,也是可以省略的。

计算式(7-2)时,ρ_∞ 常常取最大吸收波长的值,即具有最低反射率波长下的值。但是由于有些染料吸收峰比较平坦,或由于染料用量很高,造成分光反射率很小,此时由于测量等方面的原因,可能出现不同表面色深样品间的最大吸收波长的变动,甚至可能出现分光反射率曲线在吸收峰附近交叉的现象,即染料用量高的样品的反射率比染料用量低的样品的分光反射率值还要高一些。此时,如果还用前面介绍的方法计算 K/S 值,结果肯定是错误的。在染料力份的评价等方面,就可能出现与其他方法相矛盾的结果。此时,可以在最大吸收波长附近,选定一个波长范围,取其平均值,也可以使用整个可见光范围(400~700nm)的分光反射率的平均值。这样计算虽然麻烦一些,但是,所得结果与视觉的相关性往往会更好一些。计算出的 K/S 值越大,颜色越深,即有色物质浓度越高。K/S 值越小,颜色越浅,有色物质的浓度越低。

使用 K/S 函数对纺织品表面色深进行计算时,纤维材料上有色物质物理状态不同、染料在纤维材料上分布状态不同以及测量仪器结构不同,都会影响测量的结果。应当注意的是,式(7-2)中显示的 K/S 函数值与被测样品中有色物质浓度之间的线性关系远不如比尔定律描述的溶液浓度与吸光度之间的线性关系那么好,特别是对于颜色比较深的纺织品,线性关系更差一些。为了改善其线性关系,曾相继提出过一些修正式,如:

Pineo 式:

$$\frac{K}{S}=\frac{(1-\rho)^2}{2(1-r)(\rho-r)}$$

Fink-Jensen 式:

$$\frac{K}{S}=\frac{(1-\rho)^2}{(\rho-r)(1+k\rho)}$$

式中:ρ——被测试样的最低反射率;

r——由纤维表面反射决定的常数;

k——由纤维内部反射决定的常数。

由此可以看出,当 $r=0$ 时,Pineo 式与库贝尔卡—蒙克函数相同,也就是说 Pineo 式是考虑了纤维表面反射而对其改进的,而 Fink-Jensen 式则是既考虑纤维表面反射又考虑纤维的内部反射而对其进行改进的。

从结果看，线性关系虽然有所改善，但测量和计算比原来复杂了很多，使用不太方便，特别是用于计算机配色中，使配方预测计算比直接使用库贝尔卡—蒙克函数要复杂得多，而结果改进并不大。另一个需要注意的是，以 K/S 值比较不同样品的表面色深时，各试样应有相同色相，否则将不能使用 K/S 函数。

举例：

图 7-1 为由分光光度计测得的两个纯涤纶织物染色样品的分光反射率曲线，从曲线中可以知道该染色样品的最大吸收波长为 630nm，两样品的分光反射率 ρ_∞ 分别为 5.5% 和 7.0%。

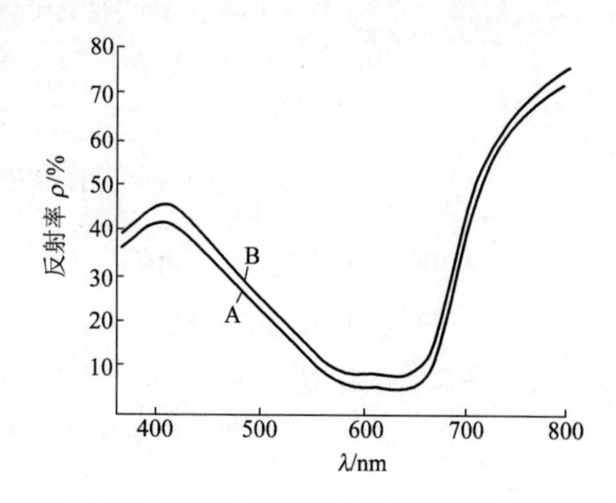

图 7-1　样品 A 和样品 B 的分光反射率曲线

将这两个值分别代入式(7-1)，得，

$$\left(\frac{K}{S}\right)_B=\frac{(1-\rho_\infty)}{2\rho_\infty}=\frac{(1-0.055)^2}{2\times0.055}=8.118$$

$$\left(\frac{K}{S}\right)_A=\frac{(1-\rho)^2}{2\rho_\infty}=\frac{(1-0.070)^2}{2\times0.070}=6.178$$

从结果可知，$(K/S)_B>(K/S)_A$，所以样品 B 的颜色比样品 A 深。

K/S 函数是物体表面色深测量常用的计算公式，由于 K/S 函数值与物体中有色物质浓度之间存在一定的线性关系，所以，它是计算机配色的理论基础，是配方预测的基本计算公式。

把 K/S 函数应用于染料力份的评价中，应该是一个比较简单易行的方法。其方法如下：

(1)用标准染料按设定的浓度染色，染色浓度可设定为三档或五档。浓度间隔不要过大，染料用量不要太高，因为浓度越高，K/S 函数与浓度之间的线性关系越差，直线的斜率也越小，结果的准确性越低。

(2)用分光测色仪测得试样的 K/S 函数值，并储存。

(3)用生产的批次样染料按选定的浓度染色，所得染色试样的深度应该在标准染料染得的试样的深度范围之中。否则，应重新设定批次样染料的染色浓度。

(4)确定批次样染料染色试样的深度，处于步骤(1)中的哪两档深度之间。

(5)此时，相邻两档深度之间，K/S 函数与染料浓度之间的关系可以近似看成为直线。再用线性内差法计算出假如用标准染料染得与批次样染料所染试样深度相同时，标准染料的染色浓度。

(6)以计算出的标准样染色的染料浓度除以批次样的染料浓度，所得结果的百分数就是批次样染料的力份。

二、雷布—科奇(Rabe—Koch)公式

这一公式是建立在德国 DIN 表色系统基础上的固体样品表面色深计算公式，它曾被广泛

应用于标准深度的计算上,由于这一公式是建立在DIN表色系统基础之上的,而我国广大染色工作者,对这一系统比较生疏,因而,使用起来不是很方便。其表达式为:

$$\theta = \frac{10 - 1.2D}{9}S - 1.06D \tag{7-3}$$

式中:θ——固体样品的表面色深指数;

D——DIN表色系统的暗度值;

S——DIN表色系统的彩度。

暗度是与明度相对应的量,其值可由式(7-4)求得:

$$D = 10 - 6.1723 \times \lg(40.7h + 1) \tag{7-4}$$

其中 $$h = Y/Y_0$$

式中:Y——CIEXYZ表色系统中的明度,有时也称其为视感反射率;

Y_0——具有相同色度坐标的最亮颜色的明度;

h——相对反射率。

D可以用式(7-4)计算得到,也可从图7-2及表7-3中查得。

DIN表色系统的饱和度S,可以从图7-3求得。当θ值为7.5时,其深度相当于1/1标准深度,θ值为5.0时,其深度相当于1/6标准深度,θ值等于3.7时,其深度为1/25标准深度。

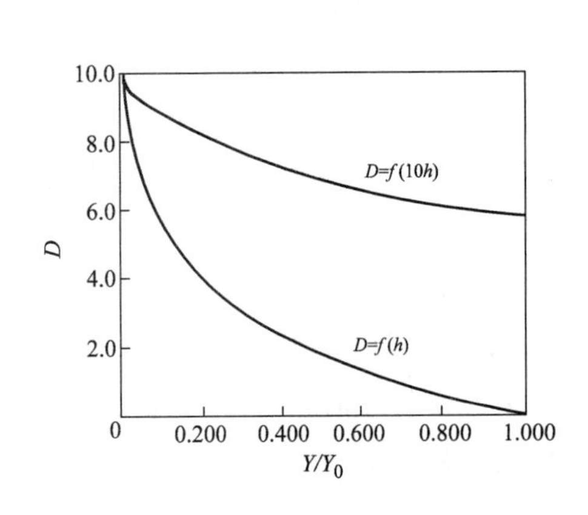

图7-2 DIN表色系统的暗度与Y/Y_0的关系

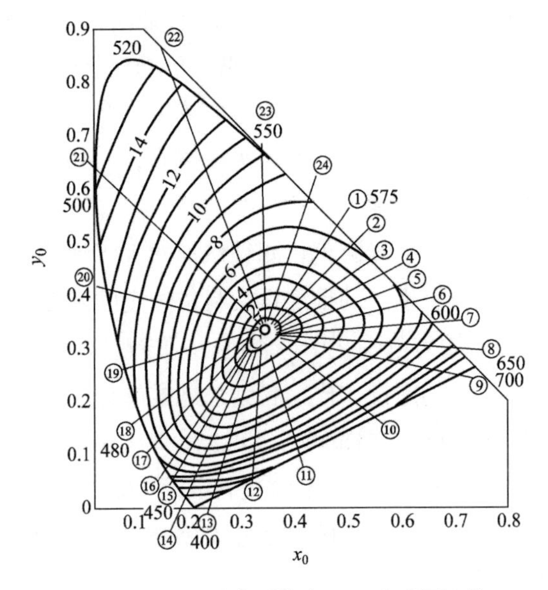

图7-3 DIN表色系统在x—y色度图上的等色相线和等饱和度线

表 7-3　DIN 表色系统的暗度与 Y/Y_0 的关系

D	Y/Y_0	D	Y/Y_0
0.0	1.0000	5.5	0.1071
0.5	0.8256	6.0	0.0874
1.0	0.6808	6.5	0.0661
1.5	0.5609	7.0	0.0507
2.0	0.4612	7.5	0.0379
2.5	0.3786	8.0	0.0272
3.0	0.3101	8.5	0.0184
3.5	0.2531	9.0	0.0111
4.0	0.2058	9.5	0.0050
4.5	0.1666	10.0	0.0000
5.0	0.1341		

据资料介绍，该公式用于 1/1 标准深度的计算，与视觉之间的相关性比较好。用于其余各个深度的计算，其结果与人的视觉之间的相关性，一般没有 1/1 标准深度的好。

三、寺主一成式

这一公式是寺主一成先生于 20 世纪 80 年代初提出来的，其表达式为：

$$C^* = 21.72 \times 10^{C\tan H^\circ} / 2^{V/2}$$

$$\tan H^\circ = 0.01 + 0.001 \Delta H_{5P}$$

式中：C——孟塞尔彩度；

V——孟塞尔明度；

$\tan H^\circ$——色相常数；

ΔH_{5P}——从孟塞尔色相 5P 开始，色相级差的最小值（孟塞尔色相环，共分为 100 个分度，所以 $\Delta H_{5Pmax} = 50$）。

在计算无彩色的颜色深度时，可用下面的简式。

$$C_{ach}^* = 0.32 \times 2^{\frac{19-V}{2}}$$

式中：C_{ach}^*——无彩色的颜色深度；

V——孟塞尔明度。

四、高尔（Gall）式

高尔式的表达式：

$$B = K + S\alpha(\phi) Y^{1/2} - 10Y^{1/2}$$

式中:B——固体试样颜色的表面深度;

K——常数;

S——颜色点和消色点之间的距离,是与颜色的饱和度成比例的数值;

Y——CIE1931—XYZ表色系统明度值;

$\alpha(\phi)$——与色相相关的实验数值。

在标准C光源,2°视场条件下,S可用下式求得:

$$S=10\left[(x-0.3101)^2+(y-0.3162)^2\right]^{1/2}$$

颜色深度水平不同,K值也不相同。各个深度水平的具体数值如下:

$$K_{1/1}=19 \qquad K_{1/3}=29 \qquad K_{1/9}=41 \qquad K_{1/25}=56 \qquad K_{1/200}=73$$

根据资料介绍,高尔式的计算结果与视觉之间有较好的视觉相关性,很多国家都选择高尔式作为颜色标准深度卡制作的辅助计算公式,用以确定颜色的标准深度。但是这一公式计算比较繁琐,通常要在计算机上完成。高尔式是以不同标准深度为中心进行相应深度计算的,其表现的深度水平连续性并不好,所以,一般不用于染色纺织品的深度评价。通过实际应用发现,高尔公式各个深度水平之间的间隔会随着计算试样的颜色在色度图中所处颜色区域的不同而有很大的变化,也就是说,各个不同深度水平的颜色,并不处于同一个平面上,而是处于一个不规则的曲面上。这就给深度计算和公式的应用带来很大的不便。所以,高尔公式常常被应用于标准深度的计算上,以作为标准深度卡制作的辅助工具。其计算方法如下:

(1)由测色仪测得Y、x、y,然后按如下过程计算。

(2)求S值。

$$S=10\left[(x-x_0)^2+(y-y_0)^2\right]^{1/2}$$

式中:x、y——由分光测色仪测得的样品的CIE1931—XYZ表色系统的色度坐标;

x_0、y_0——标准照明体的色度坐标。

当标准照明体为C光源,2°视场时:

$$x_0=0.3101 \qquad y_0=0.3162$$

(3)求$\alpha(\phi)$值。

①先求色相角ϕ。

若$x-x_0>0$,$y-y_0>0$,则色相角ϕ在第一象限:

$$\phi=\arctan\frac{y-y_0}{x-x_0}$$

若$y-y_0<0$,$x-x_0>0$,则色相角在第四象限:

$$\phi = 360 + \arctan\frac{y - y_0}{x - x_0}$$

若 $x - x_0 < 0$,则色相角在第二、第三象限:

$$\phi = 180 + \arctan\frac{y - y_0}{x - x_0}$$

②求得 ϕ 角后,根据 ϕ 角的大小查本书附录四,求得 ϕ_0(ϕ_0 应接近 ϕ,并且满足 $\phi \geqslant \phi_0$),同时由 ϕ_0 查得 $\alpha(\phi_0)$、K_1、K_2、K_3 各值,而:

$$W = \frac{\phi - \phi_0}{100}$$

③将 $\alpha(\phi_0)$、K_1、K_2、K_3 及 W 代入下面的多项式,求得 $\alpha(\phi)$值。

$$\alpha(\phi) = \alpha(\phi_0) + K_1 W + K_2 W^2 + K_3 W^3$$

(4)将 S 和 $\alpha(\phi)$值代入高尔式中,计算 B 值。

若 $B_{1/1} = 0$,则表示样品的深度刚好是 1/1,若 $B_{1/3} = 0$,则表示样品的深度恰好是 1/3 等。若 $B \neq 0$,为正值时,表示样品的深度比相应的标准深度深;为负值时,表示样品的深度比相应的标准深度浅。无论哪一档深度,计算出的 B 值都不能是太大的正值或负值,否则即是公式选择不恰当,B 值为过大正值时,应重新选上一档的深度公式计算,若 B 值为较大的负值,应重新选下一档的深度公式计算。直到计算结果是一个小的正值或小的负值为止。

五、加莱兰特(Garland)式

加莱兰特式的表达式:

$$A_{vis} = X' + Y' + Z'$$

$$X' = \sum_{i=1}^{n} F(\lambda)S(\lambda)\bar{x}(\lambda)\Delta\lambda$$

$$Y' = \sum_{i=1}^{n} F(\lambda)S(\lambda)\bar{y}(\lambda)\Delta\lambda$$

$$Z' = \sum_{i=1}^{n} F(\lambda)S(\lambda)\bar{z}(\lambda)\Delta\lambda$$

$$F(\lambda) = \frac{[1 - (\rho_\lambda - \rho_0)]^2}{2(\rho_\lambda - \rho_0)} - \frac{[1 - (\rho_S - \rho_0)]^2}{2(\rho_S - \rho_0)}$$

式中:$F(\lambda)$——在波长 λ 下的吸收函数值;

$\bar{x}(\lambda)$、$\bar{y}(\lambda)$、$\bar{z}(\lambda)$——标准色度观察者光谱三刺激值;

$S(\lambda)$——标准照明体的光谱能量分布;

ρ_λ——染色样品在波长 λ 下的反射率；

ρ_S——未染色前织物在波长 λ 下的反射率；

ρ_0——小数值常数。

用不同染料染不同的纤维材料，ρ_0 值略有不同，见表7－4。

表7－4　不同染料染不同纤维材料对应的 ρ_0 值和不同标准深度下的深度值

染料及所染纤维	ρ_0	不同标准深度下的深度值		
		1/2	1/1	2/1
活性染料或还原染料染棉	0.010	14	28	56
分散染料染涤纶	0.005	12	24	48
酸性染料染锦纶	0.005	12	24	48
阳离子染料染腈纶	0.005	12	24	48

利用加莱兰特式计算表面色深，与前面几个式相比，要复杂很多。例如计算一个深度值，若波长间隔为10nm，则在400～700nm的可见光范围，每计算一个表面色深值，就要进行近200次的运算，没有计算机是很难完成的。该深度计算式与库贝尔卡—蒙克函数一样，计算出的深度值有很好的连续性，而且，深度值与浓度之间的线性关系比 *K/S* 函数更好一些。计算虽然复杂，但是在计算机技术高度发达的今天，对其在实际中的应用应该不会有太大的影响。它可以应用于各种颜色的深度计算。

加莱兰特深度计算公式，也可以参照 *K/S* 函数中所介绍的方法，用于染料力份的计算。

六、戈德拉夫(Godlove)公式

戈德拉夫公式的表达式：

$$A = S + 0.025C\ \Delta H_{10PB}$$

$$S = (16v^2 + C^2)^{1/2}$$

$$v = 10 - V$$

式中：C——孟塞尔彩度；

V——孟塞尔明度；

ΔH_{10PB}——当把孟塞尔色相分割为100等份时，与色相10PB之间的最小级差，其数值应在0～50。即 ΔH_{10PB} 的最小值为0，最大值为50。

这个公式是I. K. Godlove于1951年提出来的，但是，这个公式并不像Rabe－Koch式、Gall式、Garland式应用得那么普遍，所以对其计算结果与视觉之间的相关性的讨论也比较少。

以上我们讨论了标准深度的规定及表面色深的测定与计算方法。表面色深的测定可以用于染料提深率的评价，也可以用于染料力份的测定，在染整工艺研究中，也常应用于染色牢度的

评价,但正如本章开始提到的,这些计算方法所得的结果与视觉之间的相关性还不是很好,还有待进一步研究和完善。

复习指导

1. 标准深度是以人的视觉为基准建立起来的,是伴随着实际需要而出现的。1/1、1/3、1/9、1/25 等分别代表着不同的深度水平。标准深度在染料染色性能的评价中有重要作用。通过研究发现,Gall 式计算结果对于各个标准深度之间的深度变化的连续性并不太好。所以在应用上有一定的局限性。

2. *K/S* 函数固体物质表面色深计算常用的公式是计算机配色时配方计算的基本公式,由于计算简单,计算出的深度值与视觉之间的相关性基本可以接受,所以 *K/S* 函数也常用于染料染色性能的评价。

3. 在深度计算公式中,高尔式等由于计算结果的连续性不好,通常多用来作为标准深度卡制作的辅助手段。加莱兰特式计算虽然复杂,但是结果与视觉相关性比较好。

习题

1. 样品 A 在最大吸收波长 540nm 处的分光反射率为 20.2%,样品 B 在最大吸收波长 540nm 处的分光反射率为 18.2%,样品 C 在最大吸收波长 720nm 处的分光反射率为 13.2%,请计算样品 A、B、C 的 *K/S* 值,能否据此比较 A 与 B、B 与 C、A 与 C 之间表面色深的深浅关系?如果能,请比较其深浅关系,如果不能,请说明理由。

2. 举例说明表面色深测定在印染行业中的实际应用。

第八章　条件等色及其评价方法

人的耳朵可以准确地分辨出音频的高低，特别是音乐家的耳朵，在一个大型音乐会上，不需用眼睛看，只靠耳朵听，就可以分辨出大提琴浑厚的低音和小提琴高亢宛转的音调。而人的眼睛对颜色却没有这种分辨能力。例如：我们看到一束白光，这仅仅是一种表观的总体感觉，我们并不知道它的光谱组成如何。从第一章的知识可以知道，以加法混色的方法，应当有无数种组合可以得到具有相同外貌的白光，如以 660nm 的红光和 493nm 的绿光混合或以 572nm 的黄光和 470nm 的蓝绿光混合等可以得到与 D_{65}照明体具有相同色度值的白光，而这些白光对于人的眼睛来说都是等效的，有着相同的颜色感觉。像这样分光组成不同的两个颜色刺激，被判断为等色的现象，就是所谓的条件等色现象，也常称之为同色异谱。

条件等色现象很早以前就被人们认识了，但是它在理论和实际上的重要意义，直到近些年才被人们所认识。在纺织品染整加工中，条件等色（生产厂常常称其为“跳灯”）已经成了颜色评价中不可或缺的重要指标。

第一节　条件等色的分类

条件等色有光源条件等色和物体表面色条件等色之分。

光源条件等色是指两个光谱能量分布不同的光源，在某些特定条件下的等色现象。图 8 – 1 所示为 CIE1931—XYZ 标准色度观察者条件下，荧光灯与标准 C 光源的等色现象。

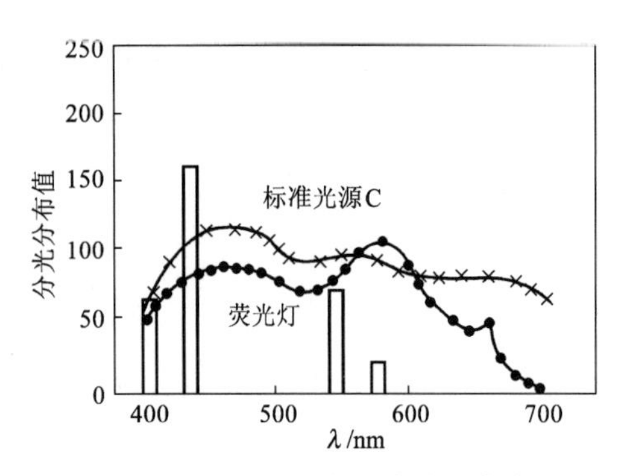

图 8 – 1　CIE1931—XYZ 标准色度观察者下具有相同色度的两光源的分光分布

由于种种原因，物体表面色的分光反射率曲线可能是不同的，例如印染厂生产的印染布的分光反射率曲线与标样的分光反射率曲线可能是不同的，而这些生产样在约定条件下与标准样的分光反射率曲线应该是等色的，但是，当条件发生变化时，这种等色现象就可能消失，这就是物体表面色的条件等色现象。本书重点介绍物体表面色的条件等色。

物体表面色的条件等色通常又分为照明体条件等色和观察者条件等色。

一、照明体条件等色

所谓照明体条件等色，是指两个具有不同分光反射率曲线的试样，在某特定照明体下出现的等色现象。设照明体的光谱功率分布为 $S_1(\lambda)$，两样品的分光反射率为 ρ_1 和 ρ_2，若此时的观察者是 CIE1931—XYZ 标准色度观察者，则两样品的三刺激值为：

$$\left.\begin{aligned} X_1 &= k\int_{400}^{700}\rho_1(\lambda)S_1(\lambda)\bar{x}(\lambda)\mathrm{d}\lambda \\ Y_1 &= k\int_{400}^{700}\rho_1(\lambda)S_1(\lambda)\bar{y}(\lambda)\mathrm{d}\lambda \\ Z_1 &= k\int_{400}^{700}\rho_1(\lambda)S_1(\lambda)\bar{z}(\lambda)\mathrm{d}\lambda \end{aligned}\right\} \tag{8-1}$$

$$\left.\begin{aligned} X_2 &= k\int_{400}^{700}\rho_2(\lambda)S_1(\lambda)\bar{x}(\lambda)\mathrm{d}\lambda \\ Y_2 &= k\int_{400}^{700}\rho_2(\lambda)S_1(\lambda)\bar{y}(\lambda)\mathrm{d}\lambda \\ Z_2 &= k\int_{400}^{700}\rho_2(\lambda)S_1(\lambda)\bar{z}(\lambda)\mathrm{d}\lambda \end{aligned}\right\} \tag{8-2}$$

若此时出现条件等色现象，则：

$$\mathrm{X}_1 = \mathrm{X}_2 \quad \mathrm{Y}_1 = \mathrm{Y}_2 \quad \mathrm{Z}_1 = \mathrm{Z}_2 \tag{8-3}$$

即：

$$\left.\begin{aligned} \int_{400}^{700}S_1(\lambda)\Delta\rho(\lambda)\bar{x}(\lambda)\mathrm{d}\lambda &= 0 \\ \int_{400}^{700}S_1(\lambda)\Delta\rho(\lambda)\bar{y}(\lambda)\mathrm{d}\lambda &= 0 \\ \int_{400}^{700}S_1(\lambda)\Delta\rho(\lambda)\bar{z}(\lambda)\mathrm{d}\lambda &= 0 \end{aligned}\right\} \tag{8-4}$$

$$\Delta\rho(\lambda) = \rho_1(\lambda) - \rho_2(\lambda)$$

式(8－4)在 $\Delta\rho(\lambda)=0$ 或 $\rho_1(\lambda)=\rho_2(\lambda)$ 时也成立，而且，不管在任何条件下，两样品始终保持等色，因为此时两样品的分光反射率曲线完全相同，这实际上就是所谓的同色同谱现象。在这里要讨论的仅仅是 $\Delta\rho(\lambda)\neq 0$ 或 $\rho_1(\lambda)\neq\rho_2(\lambda)$ 时式(8－4)成立的情况。

图 8－2 为在 CIE1964—XYZ 补充标准色度观察者(10°视场) D_{65} 照明体条件下，等色的两个样品的分光反射率曲线，表 8－1 为这两个样品在波长 400～700nm，波长间隔 10nm 的分光反射

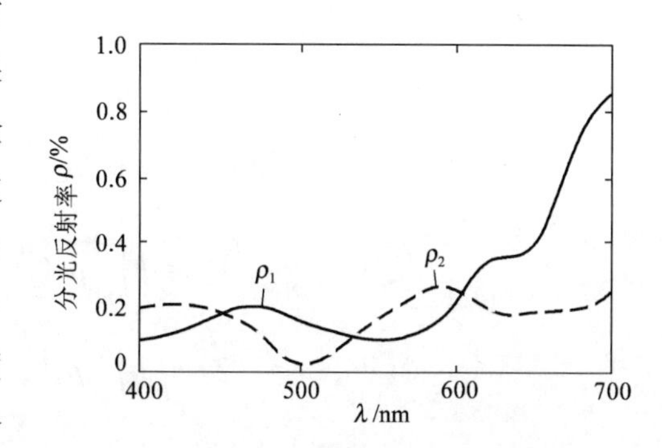

图 8－2　标准 D_{65} 照明体、10°视场条件下，条件等色样品的分光反射率曲线

率。通过计算,在这种条件下,这两个染色样品的三刺激值为:

$$X_1 = X_2 = 18.84 \quad Y_1 = Y_2 = 15.67 \quad Z_1 = Z_2 = 17.89$$

表8-1 图8-2所示两样品的分光反射率

λ/nm	$\rho_1(\lambda)$	$\rho_2(\lambda)$	λ/nm	$\rho_1(\lambda)$	$\rho_2(\lambda)$
400	0.106	0.211	560	0.105	0.191
410	0.109	0.209	570	0.107	0.217
420	0.120	0.210	580	0.120	0.241
430	0.136	0.205	590	0.156	0.257
440	0.156	0.197	600	0.214	0.248
450	0.176	0.181	610	0.285	0.212
460	0.191	0.168	620	0.333	0.183
470	0.197	0.143	630	0.342	0.169
480	0.191	0.100	640	0.345	0.178
490	0.174	0.049	650	0.391	0.182
500	0.155	0.020	660	0.487	0.183
510	0.137	0.034	670	0.609	0.187
520	0.122	0.071	680	0.721	0.192
530	0.110	0.104	690	0.803	0.207
540	0.105	0.137	700	0.849	0.230
550	0.105	0.165			

此时照明体发生变化,由 $S_1(\lambda)$ 转换成了 $S_2(\lambda)$,则三刺激值为:

$$\left.\begin{aligned} X_1 &= k\int_{400}^{700}\rho_1(\lambda)S_2(\lambda)\bar{x}(\lambda)\,d\lambda \\ Y_1 &= k\int_{400}^{700}\rho_1(\lambda)S_2(\lambda)\bar{y}(\lambda)\,d\lambda \\ Z_1 &= k\int_{400}^{700}\rho_1(\lambda)S_2(\lambda)\bar{z}(\lambda)\,d\lambda \end{aligned}\right\} \tag{8-5}$$

$$\left.\begin{aligned} X_2 &= k\int_{400}^{700}\rho_2(\lambda)S_2(\lambda)\bar{x}(\lambda)\,d\lambda \\ Y_2 &= k\int_{400}^{700}\rho_2(\lambda)S_2(\lambda)\bar{y}(\lambda)\,d\lambda \\ Z_2 &= k\int_{400}^{700}\rho_2(\lambda)S_2(\lambda)\bar{z}(\lambda)\,d\lambda \end{aligned}\right\} \tag{8-6}$$

此时

$$X_1 \neq X_2 \qquad Y_1 \neq Y_2 \qquad Z_1 \neq Z_2 \tag{8-7}$$

两样品出现色差,等色消失。

下面是将上述标准 D_{65} 照明体改换成标准 A 照明体后，三刺激值的计算结果：

$$X_1 = 25.78 \qquad Y_1 = 17.69 \qquad Z_1 = 5.96$$

$$X_2 = 22.69 \qquad Y_2 = 17.65 \qquad Z_2 = 5.47$$

二、标准色度观察者条件等色

与标准照明体相同，标准色度观察者也会出现条件等色现象，如前面两个染色样品，其分光反射率分别为 $\rho_1(\lambda)$ 和 $\rho_2(\lambda)$，标准照明体为 $S_1(\lambda)$，若此时的标准色度观察者为 CIE1964—XYZ 补充标准色度观察者（10°视场），则其三刺激值为：

$$\left.\begin{aligned} X_1 &= k\int_{400}^{700}\rho_1(\lambda)S(\lambda)\,\bar{x}_{10}(\lambda)\,\mathrm{d}\lambda \\ Y_1 &= k\int_{400}^{700}\rho_1(\lambda)S(\lambda)\,\bar{y}_{10}(\lambda)\,\mathrm{d}\lambda \\ Z_1 &= k\int_{400}^{700}\rho_1(\lambda)S(\lambda)\,\bar{z}_{10}(\lambda)\,\mathrm{d}\lambda \end{aligned}\right\} \tag{8-8}$$

$$\left.\begin{aligned} X_2 &= k\int_{400}^{700}\rho_2(\lambda)S(\lambda)\,\bar{x}_{10}(\lambda)\,\mathrm{d}\lambda \\ Y_2 &= k\int_{400}^{700}\rho_2(\lambda)S(\lambda)\,\bar{y}_{10}(\lambda)\,\mathrm{d}\lambda \\ Z_2 &= k\int_{400}^{700}\rho_2(\lambda)S(\lambda)\,\bar{z}_{10}(\lambda)\,\mathrm{d}\lambda \end{aligned}\right\} \tag{8-9}$$

由于与式（8－1）、式（8－2）的标准色度观察者不同：

$$X_1 \neq X_2 \qquad Y_1 \neq Y_2 \qquad Z_1 \neq Z_2 \tag{8-10}$$

两样品同样会出现色差。

图 8－3 所示为四个中性灰的分光反射率曲线，该图中的四个样品在 D_{65} 照明体和 CIE1931—XYZ 标准色度观察者条件下等色，这四个样品在 CIE1931 x—y 色度图上的色度坐标是相同的。而将 CIE1931—XYZ 标准色度观察者转换为 CIE1964—XYZ 补充标准色度观察者时，得到四个并不重合的色度点，如图 8－4 所示。

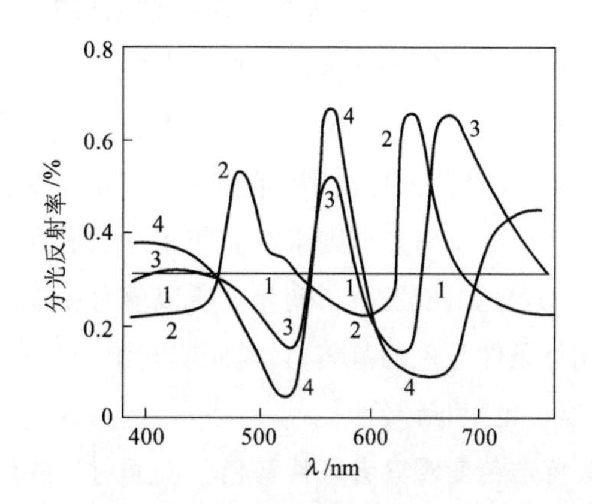

图 8－3　四种中性灰色条件等色样品的分光反射率曲线

1、2、3、4——分别为四个中性灰样品的分光反射率曲线

若将图 8－3 中的四个样品的标准照明体由 D_{65} 照明体换成 A 照明体，其

在 CIE1931 x—y 色度图中的位置如图 8-5 所示。

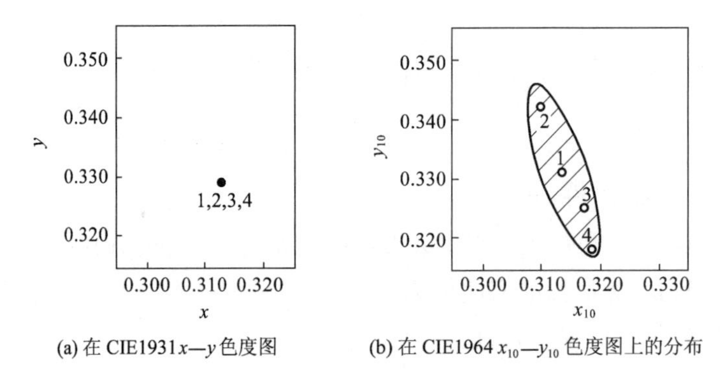

(a) 在 CIE1931 x—y 色度图　(b) 在 CIE1964 x_{10}—y_{10} 色度图上的分布

图 8-4　图 8-3 四个样品的色度点

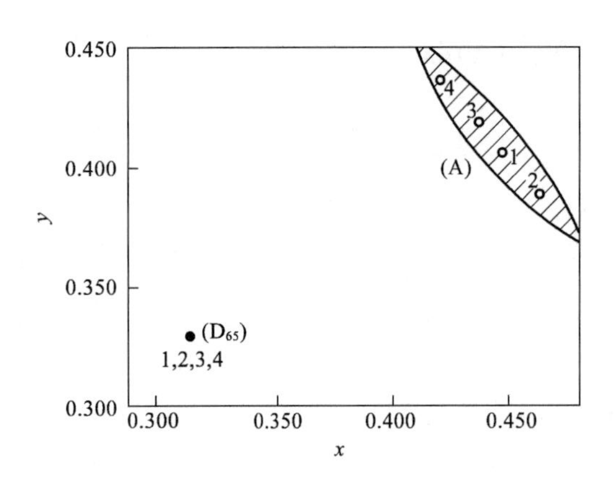

图 8-5　图 8-3 所示四个样品由原来的 D_{65} 照明体换成 A 照明体后色度点的分布

从三刺激值的计算公式中可以清楚地看出,产生条件等色现象的这两个基本条件,完全是在理想状态下得出的结论。也就是说,判断条件等色时的标准照明体、标准色度观察者以及给定的分光反射率曲线都是确定的,不受其他因素的影响。但是,在实际生活中,情况要复杂得多。因为很多情况都可能导致物体分光反射率曲线走向的改变,也就是说都可能导致条件等色现象的出现。例如:测色仪器差异造成的条件等色、基质材料差异造成的条件等色,观察个体的改变也可能会造成条件等色。不过,对于这些因素又都可以从标准色度观察者或标准照明体中,找到相应的理论根据。

1. 标准照明体条件等色　在日常生活中,我们观察颜色的照明情况是相当复杂的,如荧光灯是日常用的照明光源,但是,各个不同品牌的荧光灯,其光谱能量分布都或多或少地有某种差异。另外,随着荧光灯使用时间的延长,其亮度会降低,其能量分布也会稍有差异。再有,观察颜色时环境的反射光等因素都会使实际照射到物体上的光源能量分布发生改变,也可以理解为试样的反射光组成发生了变化。所以就有可能造成条件等色现象的发生。这在理论上也应属于照明体条件等色的范畴,只是照明光源的改变有很大的随机性,而不是在标准照明体之间的变化,所以也很难评价。

2. 标准色度观察者条件等色　前面讨论的仅仅是2°和10°视场标准色度观察者,而在实际中则不仅仅是这两种观察条件,因为,视场的大小与试样的大小和颜色观察者眼睛与物体之间的距离有直接关系。即使是在2°或10°视场标准色度观察者条件下,在文献中见到的数据,实际上都是若干所谓视力正常的观察者观察结果的平均值。而对于观察者个体来说,必然存在某种差异。所以说标准色度观察者条件等色,实际上也是相当复杂的。

3. 不同观察个体产生的条件等色　不同的人,对同一波长的光有不同的感受性。也就是说,对相同的物体反射光,不同的人会有不同的感受。这与改变照明体的光谱能量分布或物体的分光反射率发生改变的效果是等同的。所以,有些人在某些条件下看起来不存在条件等色现象的试样,而另外一些人则可能就存在条件等色。

4. 分光测色仪条件等色　由于生产分光测色仪的公司不同,仪器结构和技术水平会有很大不同,致使不同的分光仪对同一物体进行测量时,所测得的分光反射率曲线会产生差异。从而对同一组试样的条件等色现象,由于测量仪器的不同,可能会出现测量结果的不同,从而产生判断上的差异。

第二节　条件等色的评价方法

条件等色指的是分光反射率不同的样品,在特定的标准照明体和标准色度观察者条件下,出现的等色现象。一旦其中的某一个条件发生改变,等色现象将会消失,也就是在特定条件下原本匹配的两个样品,由于某一条件发生变化而使样品之间产生色差。条件等色常常用 CIE 推荐的条件等色指数来评价。

一、条件等色指数的应用

条件等色指数以 M 表示,它是指当某一条件发生变化以后,两个原本匹配的样品之间色差的大小。通常色差较大的,条件等色性大;色差较小的,条件等色性小。

按照 CIE1971 年推荐的特殊同色异谱指数的评价方法(改变照明体),首先选定参比照明体,一般常选 CIE 标准照明体 D_{65},在某些特殊情况下,选择其他照明体作为参比照明体也是允许的,但需要注明。其次,通常选择 CIE 标准照明体 A 为待测照明体,因为,标准照明体 A 在自然界中很容易准确重现。这对于条件等色的评价是很重要的。也可以选择表 8－2 中推荐的照明体,表 8－2 中所列的 F_1、F_2、F_3 分别代表色温为 3000K、4000K 和 6500K 三种典型荧光灯。目前,在纺织品的条件等色评价中,常常选择标准 D_{65} 照明体作为参比照明体,而以冷白荧光灯(色温为 4150K)作为待测光源。当选定待测照明体进行条件等色指数计算时,应当在条件等色指数中以下标的形式注明所选的照明体,如 M_A、M_{F_1} 等。M_A 指的是以 D_{65} 照明体为参比照明体,以 A 照明体为待测照明体时的条件等色指数。M_{F_1} 为以 D_{65} 照明体为参比照明体,以色温为 3000K 的荧光灯为待测照明体时的条件等色指数。

表8-2　CIE特殊条件等色评价用光的条件等色指数

λ/nm ＼ 照明体	A	F_1	F_2	F_3
380	9.8	5.4	10.7	23.0
390	12.1	5.6	12.0	27.5
400	14.7	5.8	13.9	33.4
410	17.7	6.1	16.8	43.6
420	21.0	7.4	20.8	55.0
430	24.7	10.6	28.0	67.7
440	28.7	17.2	37.9	81.0
450	33.1	26.5	48.8	94.2
460	37.8	33.6	58.5	104.6
470	42.9	38.3	64.4	111.1
480	48.2	39.7	66.5	114.3
490	53.9	39.8	67.0	115.5
500	59.9	40.7	66.6	114.2
510	66.1	43.6	67.7	111.4
520	72.5	49.9	69.9	107.6
530	79.1	57.4	73.2	103.6
540	86.9	67.8	78.7	101.0
550	92.9	82.3	88.4	99.8
560	100.0	100.0	100.0	100.0
570	107.2	113.2	110.4	101.1
580	114.4	125.7	116.0	102.7
590	121.7	112.9	115.3	102.7
600	129.0	103.2	111.2	101.2
610	136.3	93.3	104.6	99.5
620	143.6	109.8	104.0	98.9
630	150.8	145.7	104.9	97.4
640	158.0	143.6	103.6	92.7
650	165.0	272.2	116.9	96.5
660	172.0	296.5	147.7	96.0
670	178.8	86.9	62.3	63.6
680	185.4	35.6	40.5	47.2
690	191.9	21.2	30.2	38.1
700	198.3	12.4	23.6	31.4
710	204.4	8.0	18.0	25.3
720	210.4	5.2	14.0	20.5

续表

照明体 λ/nm	A	F_1	F_2	F_3
730	216.1	3.5	10.8	16.7
740	221.7	2.0	9.3	13.5
750	227.0	1.0	6.6	11.0
760	232.1	0.2	5.2	9.0
770	237.0	0.0	4.0	7.3
780	241.7	0.0	3.1	6.0
404.7		27.2	42.3	77.7
435.8		84.0	112.1	182.4
546.1		77.7	77.7	100.8
577.8		23.7	23.0	29.1

计算条件等色色差时,可用 CIE1976L*u*v* 色差式或 CIE1976L*a*b* 色差式,也可以用其他色差式,但所使用的色差公式必须在结果中注明。

标准色度观察者,是选 10°视场还是 2°视场要根据具体情况确定。从计算所得到的结果看,无论选择哪一个标准色度观察者,对条件等色指数影响的程度通常都没有像改变标准照明体那样对条件等色指数产生较大的影响。但在计算条件等色指数时,对选定的标准色度观察者,也必须注明。因为标准色度观察者也是产生条件等色的一个重要条件。

条件等色指数的计算结果是两个绝对色之间的差异,是一种颜色感觉上的差异,它没有颜色适应等相关因素的干扰。因此,为了反映颜色鉴定人员的眼睛在各种不同光源下的实际观察结果,如果参照光源与试验光源颜色温度相差较大时,还必须考虑颜色适应的校正。如把颜色温度为 6504K 的标准 D_{65} 照明体作为参比照明体和以颜色温度为 2856K 的标准 A 照明体为试验照明体时,必须进行颜色适应校正,才能得到与人的视觉有比较好相关性的条件等色评价结果。但颜色适应校正是一个比较复杂的问题,有些光源的颜色适应校正实际做起来还是比较困难的。

二、条件等色指数的校正

前面介绍的两个条件等色样品,是以两个样品在某一标准照明体和标准色度观察者条件下的等色为前提的。然而在实际操作中,两个条件等色样品之间,特别是两个纺织品试样之间要想做到完全等色是极其困难的。也就是说,两个条件等色试样之间,仍然是 $X_1 \neq X_2$、$Y_1 \neq Y_2$、$Z_1 \neq Z_2$,即存在着一个在实际生产中允许的小的色差。例如,印染厂生产的染色或印花产品,具体的颜色都是按客户提供的标准样确定的,尽管不断调整配方,但绝大多数情况下,始终不能做到使生产样与标准样的颜色完全一致,只是 X_1、Y_1、Z_1 与 X_2、Y_2、Z_2 充分接近,它们之间的色差在客户可以接受的范围之内。因此,在进行条件等色指数计算时,必须进行校正。通常进行校正的方法有两种,即加法校正和乘法校正。布鲁克斯(Brockes)的研究认为,乘法校正的结果比加法校正的结果要好。下面我们就以乘法校正为例,介绍一下校正的基本过程。

有两个在参照标准光源和选定的标准色度观察者条件下,希望能完全匹配的试样1和试样2,其三刺激值为 X_{1r}、Y_{1r}、Z_{1r}、X_{2r}、Y_{2r}、Z_{2r}。但在实际操作中,它们之间通常会存在一定的色差,即 $X_{1r} \neq X_{2r}$、$Y_{1r} \neq Y_{2r}$、$Z_{1r} \neq Z_{2r}$。而在试验光下的三刺激值分别为 X_{1t}、Y_{1t}、Z_{1t};X_{2t}、Y_{2t};Z_{2t}。

1. 校正步骤 按乘法校正方法,其校正过程分为三步。

第一步,计算相关三刺激值的比:

$$f_X = \frac{X_{1r}}{X_{2r}} \qquad f_Y = \frac{Y_{1r}}{Y_{2r}} \qquad f_Z = \frac{Z_{1r}}{Z_{2r}}$$

第二步,以系数 f_X、f_Y、f_Z 分别乘以 X_{2t}、Y_{2t}、Z_{2t},即:

$$X'_{2t} = f_X X_{2t} \qquad Y'_{2t} = f_Y Y_{2t} \qquad Z'_{2t} = f_Z Z_{2t}$$

第三步,以选定的色差公式,计算 X_{1t}、Y_{1t}、Z_{1t} 和 X'_{2t}、Y'_{2t}、Z'_{2t} 之间的色差,则该色差就是我们所要计算的两个试样之间条件等色指数 M。

2. 计算举例 表8-3和图8-6所示为三个染色试样的分光反射率数值和反射率曲线图。从表8-4可以知道,在标准照明体 D_{65} 和CIE1931—XYZ标准色度观察者(2°,视场)条件下,试样1和试样2具有完全相同的三刺激值,即是一组完全匹配的条件等色试样,而它们与试样0之间都有一定的色差。选用CIE1976L*a*b*色差式计算其色差,$\Delta E_{CIELAB} = 2.66$。当标准A照明体为试验光源时,CIE1931—XYZ仍为标准色度观察者,其三刺激值见表8-4。

表8-3 图8-6所示三个样品的分光反射率

λ/nm	$\rho_0(\lambda)$	$\rho_1(\lambda)$	$\rho_2(\lambda)$	λ/nm	$\rho_0(\lambda)$	$\rho_1(\lambda)$	$\rho_2(\lambda)$
400	12.70	15.50	11.69	580	12.50	14.70	18.79
410	11.60	14.00	5.63	590	10.60	12.50	16.15
420	10.80	12.80	3.94	600	9.60	10.80	12.08
430	10.40	12.19	4.93	610	9.00	10.00	9.96
440	10.50	12.00	7.38	620	8.50	7.79	9.52
450	11.00	12.50	11.03	630	8.00	10.00	10.08
460	12.30	13.80	15.60	640	7.80	10.20	10.71
470	14.80	16.00	21.38	650	7.80	10.30	11.26
480	19.20	20.00	28.33	660	8.10	10.50	11.90
490	25.20	27.49	36.90	670	8.80	11.19	13.18
500	32.50	35.00	43.30	680	10.20	12.70	14.96
510	35.60	39.00	44.48	690	12.50	15.50	17.64
520	34.60	37.50	39.11	700	16.10	18.89	21.34
530	31.40	33.50	30.82	404.7	12.10	14.30	8.35
540	27.10	28.70	22.48	435.8	10.40	12.00	6.27
550	22.70	24.00	17.60	546.1	24.40	25.60	19.28
560	18.80	20.69	17.38	577.8	13.00	15.20	18.57
570	15.30	17.29	18.10				

表 8-4　图 8-6 和表 8-3 所示样品的三刺激值

三刺激值 \ 照明体		D_{65}	A
ρ_0	X_0	12.13	12.76
	Y_0	20.38	17.59
	Z_0	15.32	5.56
ρ_1	X_1	13.74	14.66
	Y_1	22.32	19.46
	Z_1	17.04	6.13
ρ_2	X_2	13.74	15.25
	Y_2	22.32	19.45
	Z_2	17.04	6.53

试样 0 与试样 1 以及试样 0 与试样 2 之间的条件等色指数，按乘法校正法，其计算过程为：

(1)相关三刺激值的比：

$$f_X=\frac{X_{0D_{65}}}{X_{1D_{65}}}=\frac{12.13}{13.74}=0.8828$$

$$f_Y=\frac{Y_{0D_{65}}}{Y_{1D_{65}}}=\frac{20.38}{22.32}=0.9131$$

$$f_Z=\frac{Z_{0D_{65}}}{Z_{1D_{65}}}=\frac{15.32}{17.04}=0.8991$$

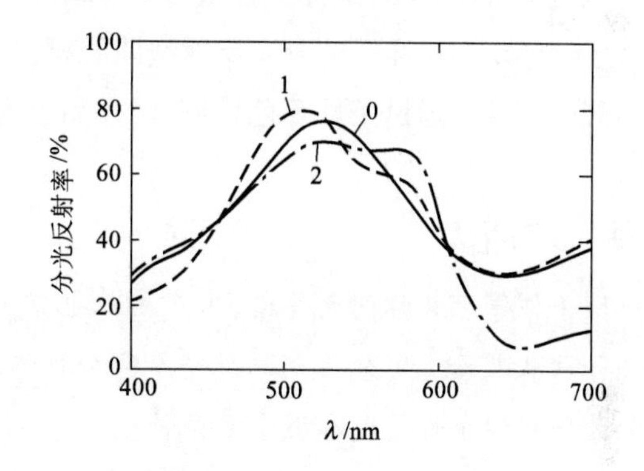

图 8-6　基准样品 0 及与其不完全等色样品 1 和样品 2 的分光反射率

(2)校正三刺激值及条件等色指数 M 的计算：

①样品 0 与样品 1 的条件等色指数：

$$X_{1A'}=f_X X_{1A}=0.8828\times14.66=12.94$$

$$Y_{1A'}=f_Y Y_{1A}=0.9131\times19.46=17.77$$

$$Z_{1A'}=f_Z Z_{1A}=0.8991\times6.13=5.51$$

条件等色指数 M_A，由 CIE1976L*a*b*色差式计算。将 $X_{0A}=12.76$、$Y_{0A}=17.59$、$Z_{0A}=5.56$ 与 $X_{1A'}=12.94$、$Y_{1A'}=17.77$、$Z_{1A'}=5.51$ 代入计算公式得：

$$L_{0A}^*=49.00 \qquad L_{1A'}^*=49.22$$

$$a_{0A}^*=-36.18 \qquad a_{1A'}^*=-35.99$$

$$b_{0A}^*=4.30 \qquad b_{1A'}^*=4.99$$

则
$$
\begin{aligned}
M_A &= \Delta E = (\Delta L^{*2} + \Delta a^{*2} + \Delta b^{*2})^{1/2} \\
&= [(49.22 - 49.00)^2 + (-35.99 + 36.18)^2 + (4.99 - 4.30)^2]^{1/2} \\
&= (0.0484 + 0.0361 + 0.4761)^{1/2} = 0.75
\end{aligned}
$$

②样品 0 与样品 2 的条件等色指数:

$$X_{2A'} = 13.46 \qquad Y_{2A'} = 17.76 \qquad Z_{2A'} = 5.87$$

$$L^*_{2A'} = 49.20 \qquad a^*_{2A'} = -32.69 \qquad b^*_{2A'} = 2.69$$

$$
\begin{aligned}
M_{2A} = \Delta E_{CIELab} &= (\Delta L^{*2} + \Delta a^{*2} + \Delta b^{*2})^{1/2} \\
&= [(49.20 - 49.00)^2 + (-32.69 + 36.18)^2 + (2.69 - 4.30)^2]^{1/2} \\
&= 3.85
\end{aligned}
$$

从这里可以看出,试样 0 与试样 1 和试样 0 与试样 2,虽然在 D_{65} 照明体下具有相同的色差,但由于试样 0 与试样 2 的分光反射率曲线相差很大,而试样 0 与试样 1 的分光反射率曲线走向是相似的,所以,通过条件等色计算,两样品出现了完全不同的结果。

复习指导

1. 条件等色又称同色异谱,生产单位也常常称为"跳灯",是染整加工过程中常见的现象。条件等色从理论上可分为光源条件等色和物体表面色条件等色,其中,物体表面色条件等色又可分为照明体条件等色和观察者条件等色。

2. 在实际生产中,可能出现条件等色的条件大致有:

(1)照明体的改变造成的条件等色。

(2)标准色度观察者不同造成的条件等色。

(3)测试仪器不同造成的条件等色。

(4)观察颜色的个体不同造成的条件等色等。

3. 条件等色不能简单地用在两种不同条件下测得的色差来表示,而必须遵从专门的计算方法。因为在不同条件下人的视觉特性会产生一定的变化。例如照明体条件等色,由于照明光源的改变,人的视觉可能会受到颜色适应的影响,从而影响条件等色评价的结果。

习题

1. 什么是条件等色?

2. 三个染色样品的三刺激值见下表。

样品及三刺激值 \ 照明体		D_{65}，10°视场	A
A	X_0	41.70	59.23
	Y_0	33.79	40.25
	Z_0	16.08	4.95
B	X_1	42.73	60.02
	Y_1	33.19	40.23
	Z_1	15.18	5.35
C	X_2	42.73	57.27
	Y_2	33.19	40.86
	Z_2	15.18	4.78

用乘法校正方法分别计算样品B和样品C与标准样品A之间的条件等色指数，并对结果进行分析。

3. 某染整车间工人夜班生产染色布，下机后在车间内经与标准来样对比，色差4－5级，但是第二天白天在室外发现生产样与标准样的色差为3级，请解释这是什么原因造成的。

第九章　计算机配色

第九章　计算机配色

计算机配色已普遍受到重视，现已成为世界各国染整、塑料、油漆油墨、印刷、染料等工业生产的辅助设备，目前国内已有上千家企业从国外引进测配色系统，而且引进测配色系统的企业在不断增加。不久将成为一种潮流。计算机配色系统具有下列特性与功能。

（1）可迅速提供合理的配方，降低成本。提高打样效率，减少不必要的人力浪费，能在极短时间内寻找到最经济，且在不同光源下色差值最小的准确配方。一般可降低10%～30%的色料成本，而且给出的配方选择性大，并可以减少染料的库存量，节约大量的资金。

（2）可对色变现象进行预测。配色系统可以列出产品在不同光源下颜色的变化程度，预先得知配方颜色的品质，减少对色的困扰。

（3）具有精确迅速的修色功能。能在极短的时间内计算出修正配方，并可累积大生产颜色，统计出实验室小样与生产大样之间的差异系数，或大生产机台之间的差异系数，进而直接提供现场配方，提高对色率及产量。

（4）可进行科学化的配方存档管理。将以往所有配过的颜色存入计算机硬盘中，不因人、事、地、物的变化而将资料完全保留，当再度接订单时，可立刻取出使用。

（5）可进行色料、助剂的检验分析。配色系统还可对色料、助剂进行检验分析，包括上染率和半染时间的测定、染料力份和色相的分析、助剂效果判定等。

（6）可提高印花残浆的再利用率。印花工序往往留下大量残浆，计算机可将其视为另一种染料参与配色，使其再利用，减少生产损失。

（7）可进行数值化的品质管理，可进行各项牢度分析，漂白精练程度的评估，染料相容性、染缸残液检测等，并可将其数值化，供研究者进一步参考。

（8）可连接其他设备形成网络系统。把测配色系统直接与自动称量系统连接，将称量误差减至最小，如再与小样染色仪相连，可提高打样的准确性，还可进行在线监测，这样的网络系统可大大提高产品质量。

第一节　计算机配色方式

计算机配色大致可分为色号归档检索、反射光谱匹配和三刺激值匹配三种方式。

一、色号归档检索

色号归档检索就是把以往生产的品种按色度值分类编号，并将染料配方工艺条件等汇编成文件后存入计算机内，需要时凭借输入标样的测色结果或直接输入代码而将色差小于某值的所有配方全部输出，具有可避免实样保存时变褪色问题及检索更全面等优点，但对许多新的色泽往往只能提供近似的配方，遇到此种情况仍需凭经验调整。

二、反射光谱匹配

对染色的纺织品最终决定其颜色的乃是反射光谱，因此使产品的反射光谱匹配标样的反射光谱是最完善的配色，它又称无条件匹配。这种配色只有在染样与标样的颜色相同，纺织材料亦相同时才能办到，但这在实际生产中却不多。反射光谱波长一般在400～700nm，每隔10nm或20nm取一个数据点。

三、三刺激匹配

计算机配色第三种方式所得配色结果在反射光谱上和标样并不相同，但因三刺激值相等，也仍然可以得到等色。由于三刺激值须由一定的施照态和观察者色觉特点决定，因此所谓的三刺激值相等，事实上是有条件的。反之，如施照态和观察者两个条件中有一个与达到等色时的前提不符，等色即被破坏，从而出现色差，这正是此种配色方式被称为条件等色配色的由来。计算机配色运算时大多数以CIE标准施照态D_{65}和CIE标准观察者为基础，所输出的配方是能在这两个条件下染得与标样相同色泽的配方。但为了把各配方在施照态改变后可能出现的色差预告出来，还同时提供CIE标准施照态A、冷白荧光灯F或三基色荧光灯TL—84等条件下的色差数据，染色工作者可据此衡量每个配方的条件等色程度。

第二节　计算机配色理论

一、计算机配色的理论基础

一束光投于不透明纺织品时，除少数表面反射外，大部分光线进入纤维内部，发生吸收和散射，光的吸收主要是染料所致，不同染料选择吸收的光谱不同，导致纺织品形成各种颜色。同时染料数量越多，吸收得越强烈，反射出来的光越少，可见在染料浓度和该纺织品反射率之间必存在某种关系。实验发现，反射率和浓度的关系比较复杂，不成简单的比例。欲通过计算预测某深度染色物所需的染料浓度，最好能在反射率和浓度之间建立一个过渡函数，它既与反射率成简单关系，又与染料浓度呈线性关系。

1939年，库贝尔卡和蒙克从完整辐射理论诱导出相对简单的理论。此理论导出的过程可参看图9－1。

厚度为Δx的物体对入射光I部分散射($IS\Delta x$)、部分被吸收($IK\Delta x$)、部分被透射[$I(1-S-K)\Delta x$]，厚度为x的薄层置于底层(其反射率ρ_g)上的分光反射率ρ可以用下式表示：

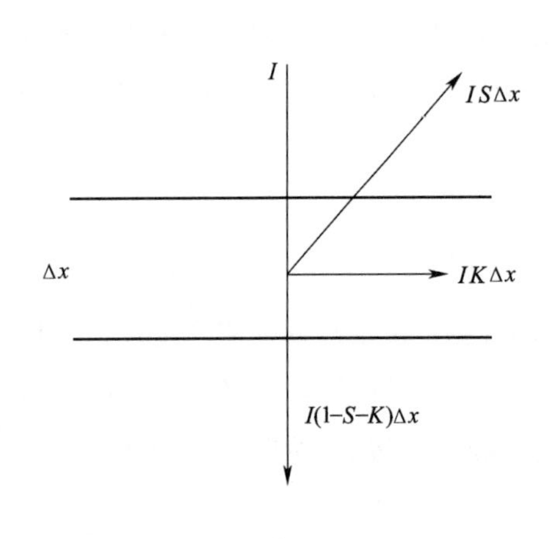

图9-1 KUBELKA—MUNK理论示意图

$$\rho=\frac{1-\rho_g[a-b\coth(bSx)]}{a-\rho_g+b\coth(bSx)} \tag{9-1}$$

$$a=\frac{K+S}{S}$$

式中：ρ_g——底层的分光反射率值；

b——$(a^2-1)^{1/2}$；

K——吸收系数；

S——散射系数；

x——物体厚度；

$\coth(bSx)$——bSx的双曲余切函数。

设$bSx=u$，则：

$$\coth u=\frac{\cosh u}{\sinh u}=\frac{\frac{e^u+e^{-u}}{2}}{\frac{e^u-e^{-u}}{2}}=\frac{e^u+e^{-u}}{e^u-e^{-u}}\cosh u+\sinh u=e^u$$

当x渐渐增加至无限大时，式(9-1)可简化为：

$$\rho_\infty=1+\frac{K}{S}-\left[\left(\frac{K}{S}\right)^2+2\times\frac{K}{S}\right]^{1/2}$$

解$\frac{K}{S}$得KUBELKA—MUNK方程式如下：

$$\frac{K}{S}=\frac{(1-\rho_\infty)^2}{2\times\rho_\infty} \tag{9-2}$$

式中：ρ_∞——物体无限远时的反射率；

K——不透明体的吸收系数；

S——不透明体的散射系数。

KUBELKA—MUNK进行理论推导时所做的假定包括：

(1)样品界面上的折射率须无变化。

(2)光线在介质内须被足够地散射，以致呈完全扩散的状态。

(3)光线在介质内的运动方向或所谓通道只考虑两个，一个朝上，一个朝下，并且垂直于界面。

由于纺织品的实际情况未必都能遵守这些假定，致使在许多实验中发现的K/S值与浓度c的关系不符合直线关系，特别是对染料浓度高的深色织物，K/S值常常发生负的偏离，例如纺织品对光的折射率不等于1，因此存在着FRESNEL镜面反射。对此SAUNDERSON提出了如下校正公式。

$$\rho=\frac{\rho'-r_0}{1-r_0-r_1(1-\rho')} \tag{9-3}$$

或
$$\frac{K}{S}=\frac{(1-\rho')^2}{(\rho'-r_0)(1+r_1\rho')}$$

式中：ρ'——实测反射率；

r_1——内表面扩散光的 FRESNEL 扩散反射系数；

r_0——内表面入射光的 FRESNEL 镜反射系数；

ρ——校正后的反射率。

也有不少测表面色的分光光度计，在其积分球适当部位上装有镜面光吸收装置备用，以从仪器角度校正。但对于纺织品这类镜面光不太明显、方向又不太集中的样品，用这种办法可能反而造成更大的误差，因此，国际标准化组织建议对纺织品测色还是以不利用吸收装置为宜。有不少研究人员把光线在介质内的运动方向或通道扩大至四个或六个，甚至借助了各向同性辐射传递的理论，研究出多通道和辐射传递理论，得出所谓严格的反射率。但它们需要引进更多的系数并使计算复杂化，不像 KUBELKA—MUNK 理论只需 K 和 S 两个系数，可对染色纺织品进行简单的表示，把它们合并为单一的数值处理。多通道理论和辐射传递理论之所以未在仪器配色中取得实际效果，更主要的原因在于对配色精度的改善并不显著。

总之，目前的仪器配色仍以使用 K/S 函数为主流。对于染料浓度较高，且浓度分档较多的染色物，按式(9－2)计算的 K/S 值偏离与浓度的线性关系的问题，可在相邻的两个间隔较小的浓度范围内运用各种内插方法解决。

二、计算机配色的基本原理

如前所述，对不透明体 KUBELKA—MUNK 方程式见式(9－2)。

不透明体的吸收系数 K 和散射系数 S 具有加和性，对于染色纺织品，K/S 值可表示如下：

$$\frac{K}{S}=\frac{K_0+\sum_{i=1}^{n}K_i}{S_0+\sum_{i=1}^{n}S_i} \qquad (9-4)$$

式中：K_0、S_0——分别为纤维的吸收系数和散射系数；

K_i、S_i——分别为各染料的吸收系数和散射系数。

由于染着于纤维的染料粒子太微小，其散射系数 S_i 与纤维散射系数 S_0 相比很小，可以忽略不计，即 $S=S_0$，则式(9－4)变为：

$$\frac{K}{S}=\frac{K_0+\sum_{i=1}^{n}K_i}{S_0+\sum_{i=1}^{n}S_i}=\frac{K_0+\sum_{i=1}^{n}K_i}{S_0} \qquad (9-5)$$

若只有一种染料，则式(9－5)变为：

$$\frac{K}{S}=\frac{K_0+K_1}{S_0}=\frac{K_0}{S}+\frac{K_1}{S} \tag{9-6}$$

在一定染色浓度范围内,纤维上染料上染量与染浴中使用的染料浓度 c 成正比,即染料浓度越高上染量越高,经分光仪所测得分光反射率值就越低,而且与染料浓度呈一定的线性关系。

$$\frac{K}{S}=kc \tag{9-7}$$

式中:k——单位浓度的 K/S 值。

同理,对于多个染料配色 $(K/S)_m$ 关系式为:

$$\left(\frac{K}{S}\right)_m=\left(\frac{K}{S}\right)_0+\sum_{i=1}^{n}k_ic_i \tag{9-8}$$

式(9-8)在可见光范围内(400~700nm)每间隔20nm测量一个点,共16点。以通式表示为:

$$\left(\frac{K}{S}\right)_{m,\lambda}=\left(\frac{K}{S}\right)_{0,\lambda}+\sum_{i=1}^{n}(k_i)_\lambda c_i \tag{9-9}$$

其中,$\lambda=400,420,\cdots,700\text{nm}$。此式为一个变量的计算机配色方程。

由式(9-9)可得由16个方程组成的方程组,染料浓度是未知数,在这个方程组中,由于方程数远多于变量数,所以应有无数组解,即可得无数组配方。一般可用最小二乘法解决,即在标准样与配方样间的反射率差最小时求得配方染料浓度,或以向量加成方法获得配方染料浓度。最初所获得的配方浓度,只是近似值,一般均需要用重复法改善获得最佳三刺激值配对的配方浓度。

1. 修色理论 由式(9-2)推导出:

$$\rho(\lambda)=1+\left(\frac{K}{S}\right)_\lambda-\left\{\left[1+\left(\frac{K}{S}\right)_\lambda\right]^2-1\right\}^{1/2} \tag{9-10}$$

再根据式(9-9)、式(9-10)由最初获得的配方浓度计算出理论上的反射率值,计算出三刺激值 X、Y、Z。

$$\left.\begin{aligned}X&=k\sum_{400}^{700}S(\lambda)\bar{x}(\lambda)\rho(\lambda)\Delta\lambda\\Y&=k\sum_{400}^{700}S(\lambda)\bar{y}(\lambda)\rho(\lambda)\Delta\lambda\\Z&=k\sum_{400}^{700}S(\lambda)\bar{z}(\lambda)\rho(\lambda)\Delta\lambda\end{aligned}\right\} \tag{9-11}$$

$$k=100/\sum_{400}^{700}\rho(\lambda)\bar{y}(\lambda)\Delta\lambda$$

2. 修正方法 应用三刺激值可算出理论色样与标准样之间的色差是否在设定允许范围内,若在设定允许范围内,则计算在不同光源下的色变指数和成本,打印出结果。若色差不在允许范围内，则先计算三刺激值差 ΔX、ΔY、ΔZ，再由下列方程式修正染料浓度。

$$\left.\begin{aligned} \Delta X &= \frac{\partial X}{\partial c_1} \cdot \Delta c_1 + \frac{\partial X}{\partial c_2} \cdot \Delta c_2 + \frac{\partial X}{\partial c_3} \cdot \Delta c_3 \\ \Delta Y &= \frac{\partial Y}{\partial c_1} \cdot \Delta c_1 + \frac{\partial Y}{\partial c_2} \cdot \Delta c_2 + \frac{\partial Y}{\partial c_3} \cdot \Delta c_3 \\ \Delta Z &= \frac{\partial Z}{\partial c_1} \cdot \Delta c_1 + \frac{\partial Z}{\partial c_2} \cdot \Delta c_2 + \frac{\partial Z}{\partial c_3} \cdot \Delta c_3 \end{aligned}\right\} \tag{9-12}$$

如果设：

$$B = \begin{bmatrix} \frac{\partial X}{\partial c_1} & \frac{\partial X}{\partial c_2} & \frac{\partial X}{\partial c_3} \\ \frac{\partial Y}{\partial c_1} & \frac{\partial Y}{\partial c_2} & \frac{\partial Y}{\partial c_3} \\ \frac{\partial Z}{\partial c_1} & \frac{\partial Z}{\partial c_2} & \frac{\partial Z}{\partial c_3} \end{bmatrix} \qquad t = \begin{bmatrix} \Delta X \\ \Delta Y \\ \Delta Z \end{bmatrix} \qquad \Delta c = \begin{bmatrix} \Delta c_1 \\ \Delta c_2 \\ \Delta c_3 \end{bmatrix}$$

则：

$$t = B\Delta c$$

则：

$$\Delta c = B^{-1} t \tag{9-13}$$

由方程式(9－13)可得知染料浓度差，c_1、c_2 及 c_3 是最初配方染料浓度，c_1^A、c_2^A 及 c_3^A 是调整后的配方染料浓度，即：

$$c_1^A = c_1 + \Delta c_1$$

$$c_2^A = c_2 + \Delta c_2$$

$$c_3^A = c_3 + \Delta c_3$$

将调整后的配方浓度，再由式(9－9)、式(9－10)、式(9－11)及色差公式进行计算，若色差在允许范围内，则打印出结果；若色差仍不在允许范围内，再经式(9－12)、式(9－13)修正，然后再回到式(9－9)、式(9－10)、式(9－11)及色差公式，如此重复，直到色差符合要求为止。

第三节　计算机配色的实施步骤

一、测色与配色软件数据库中已存的资料

(1)标准施照态 A、B、C、D_{65}、TL—84、CWF、U300 等的光谱功率分布值。

(2)标准观察者光谱三刺激值 $\bar{x}(\lambda)$、$\bar{y}(\lambda)$、$\bar{z}(\lambda)$，有 2°视场和 10°视场两种数据。

(3)各种计算式，如配方计算式、色差式、配方修正式、染色常数计算式、三刺激值计算式、成本计算式、色变指数计算式、反射率计算式、组织转换式、白度及深度比较式等。

二、需要输入计算机内的资料

1. 预选染料并给予编号 将所要用的各种类及不同染料给予编号。一般应考虑染料的价格、相对力份、染料的各种牢度、染料的相容性,同时还要考虑选用染料配出的色域范围要大等因素。

2. 染料的力份与价格 染料编完号后将其力份和单价输入计算机。

3. 选择参与配方的染料及配方的染料数目 要想对任意标准样用计算机计算配方,首先要选择用哪种染料及哪些颜色较为适当,然后再考虑有多少只染料参与配方,每个配方的染料数目是多少,每次配色的染料数目是多少,一般配方染料数目多为3个,也可选4个或5个染料的配方。配色的染料数目最多不要超过20个。参与制作配方的染料越多或每个配方的染料数目越多,计算机计算配方的时间就会增加。这是由于染料组合数目增加的结果。表9-1给出它们之间的关系。

表9-1 配方的染料数目与染料组合数目的关系

染料数目	组合数目		
	3个染料	4个染料	5个染料
6	20	15	6
8	56	70	56
10	120	210	252
12	220	495	792
15	455	1365	3003

在染料的选用上采用下列11种色光染料为宜:大红、蓝光红、黄光红、橙、绿光黄、红光黄、紫、红光蓝、绿光蓝、绿、黑。

4. 计算机配方色差容许范围 色差值能确定计算机所用的配方浓度是否符合要求,符合要求此配方才能够打印出来,否则继续修正配方浓度至符合要求为止。也就是计算的配方色与标准色样是否在规定色差容许范围内。

5. 空白染色织物的反射率值 将所要染色的织物经空白染色(不加染料,只用助剂溶液,用同样的染色条件进行染色),将分光仪测定的反射率值输入计算机,再由计算机程序将反射率值换算成 K/S 值。

6. 标准色样的分光反射率值 标准色样经分光仪测定反射率值,输入计算机,再由计算机程序换算成 K/S 值。

7. 基础色样的染料浓度和分光反射率值 基础色样的制作应注意下列问题。

(1)要由专人负责制作,以减少人为误差。

(2)所用染色浓度的档次视各染料情况而定,一般在实际使用范围内选定若干不同浓度(一般6~12个),浓度在0.01%~5%。

(3)所用纤维材质组织一般选用产量大且具有代表性的。

(4)实验室小样与大生产的染色方法条件应尽可能一致。

(5)被染的基础数据样要在同一台小样机上制作。

(6)小样制作要在连续的一段时间内完成,可重复制作两三次,以求结果正确。

(7)做好的基础色样在不同时间用同一台分光仪测定多点反射率,求取平均值,使其值有良好的重复性,如图 9-2 所示。

将基础色样所求得的分光反射率输入计算机,换算成 K/S 值,再与空白染色织物的 K/S 值一起利用 $K/S=kc$ 求得各染料单位浓度下的 K/S 值,即 k 值。若基础小样制作不正确,其分光反射率及所求得的值也不正确,结果影响计算机配方的正确性。因此,基础色样制作后需要由下列各方法分析其正确性,对异常色样需修正或重新制作。

分析基础色样的方法是:

①分光反射率 $\rho(\%)$ 对波长 λ 作曲线图。首先察看各染料在不同浓度下分光反射率曲线,一般各浓度的分光反射率曲线应呈有规则平行分布,若某曲线有部分不规则现象,如低浓度与高浓度的分光反射率相互交错,应将其修正后的反射率输入计算机,若分光反射率曲线异常严重,应将该浓度的色样重新制作。基础色样分光反射率曲线如图 9-3 所示。

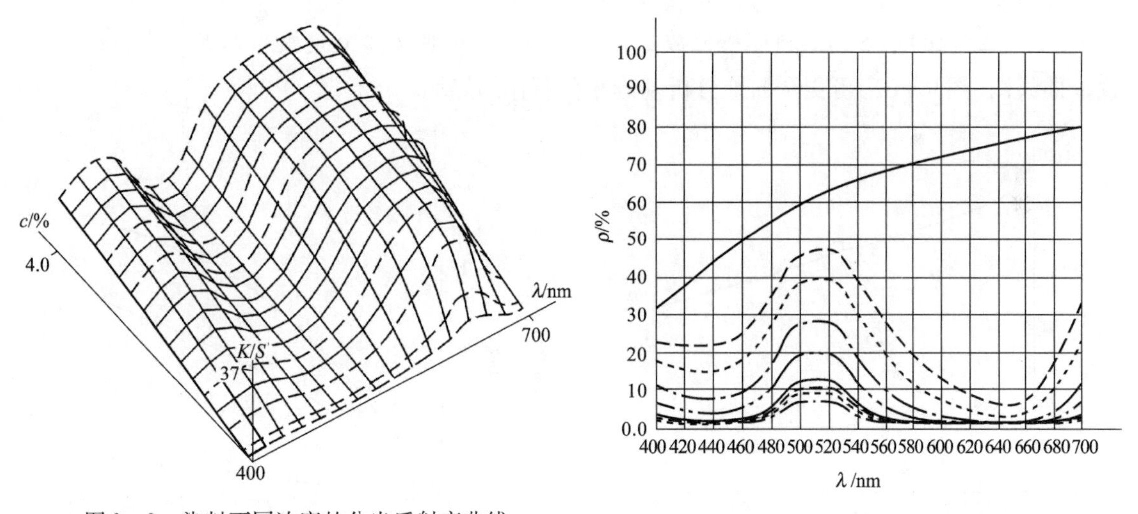

图 9-2 染料不同浓度的分光反射率曲线

图 9-3 基础色样分光反射率曲线

②$\lg(K/S)$ 对 $\lg c$ 作曲线图。依据公式 $K/S=kc$,在低浓度时,k 值固定,$\lg(K/S)$ 与 $\lg c$ 为直线关系,浓度高时直线会慢慢下垂,直到染料对纤维达到饱和上染率时,K/S 不再因 c 而变化。因此,$\lg(K/S)$ 对 $\lg c$ 曲线上很容易发现异常色样,将异常色样加以修正,再将修正后的浓度输入计算机,如图 9-4 所示。

一般所选的 K/S 值是在最大吸收波长处,因吸收率最大处,其反射率最小,经换算成 K/S 值就最大,其相对误差就可减小。若选择反射率最大处,其 K/S 值较小,相对值较小,相对误差率就会增大,尤其对鲜明颜色或有色变现象时更明显。

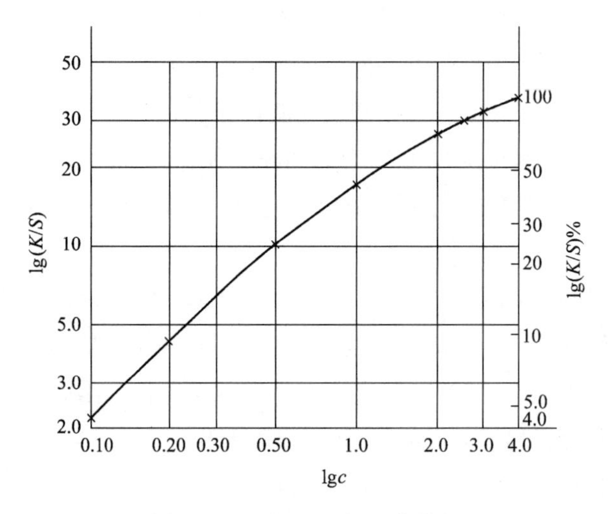

图9－4　lg(K/S)对 lg$c$ 曲线图

③染料相对色强度 FST 与染料体积分数 φ 作曲线图。染料相对色强度 FST 随染料体积分数 φ 的增加呈有规则的变化，如图9－5所示。如出现大的上下跳动，说明跳动点那只浓度的基础样有问题。

④多个波长的 K/S 与染料体积分数 φ 作曲线图。通过观察多个波长的 K/S 与染料体积分数 φ 曲线图(图9－6)，可更全面地分析基础小样制作的好坏。

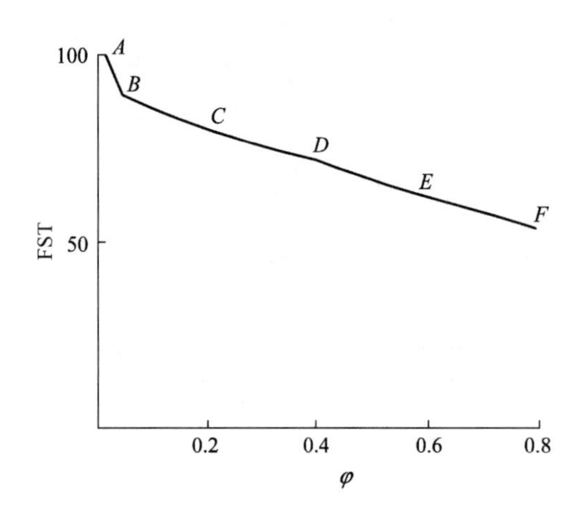

图9－5　染料相对色强度 FST 与染料体积分数 φ 曲线图

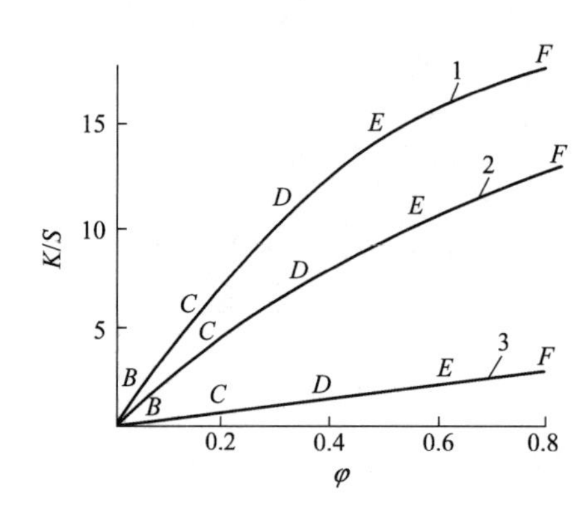

图9－6　多个波长的 K/S 与染料体积分数 φ 曲线图

1—波长为460nm 的 K/S—φ 曲线

2—波长为480nm 的 K/S—φ 曲线

3—波长为500nm 的 K/S—φ 曲线

⑤有些染料带荧光(如 BR. PINK 3G)，其在不同浓度下的分光反射率曲线的某些波段比空白样反射率还高，如图9－7所示。这种图形是荧光激发所致，并不是染色不均匀造成的，这是

正常的图形，应正常存入计算机，不需做任何修改。

⑥各基础色样反配：利用各浓度基础色样原反射率值，由计算机反算其浓度分配，计算机算出的浓度配方应与建立基础资料时存入计算机的浓度相同。误差在2%～3%时，其基础资料算正确，超出此限值，原则上以重新建立此基础色样为宜。

如符合上述要求，完全可以认为你制作的基础小样是正确的。

三、计算机配方的计算

运用计算机中已存的资料和需输入的资料可以计算配方浓度。

1. 染料单位浓度 K/S 值的计算　基础色样及空白染色织物制好后，用分光仪分别测定其反射率值，根据式(9－2)计算出 K/S 值，然后将基础色样 K/S 值减去空白染色织物 K_0/S 值，即为不同浓度的 K/S 值。K_1/S 值除以该浓度即为染料的单位浓度 K/S 值；K_1/S 值与浓度呈线性关系时，染料单位浓度 K/S 值是不随浓度改变的。然而有些染料的单位浓度 K/S 值会随浓度改变，如图9－8所示。

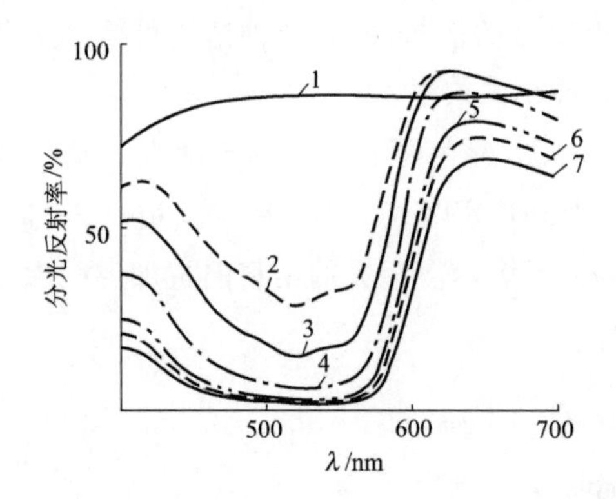

图9－7　带荧光 BR. PINK 3G 染料分光反射率曲线

1—未染色织物　2—染料浓度为0.03%（按织物重量计，下同）
3—染料浓度为0.10%　4—染料浓度为0.30%
5—染料浓度为1.00%　6—染料浓度为2.00%
7—染料浓度为3.00%

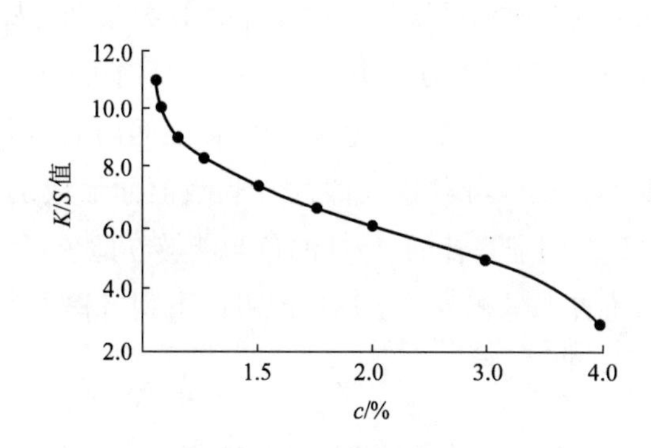

图9－8　染料的单位浓度 K/S 值与浓度之间关系

单位浓度 K/S 值与浓度未呈线性关系，尤其在高浓度时，有下垂现象，这是由于高浓度时，染料的吸收比例发生偏差，因此，要在不同染料浓度求其 K/S 值。尤其在高浓度时，可采用密集色样以提高正确性。一般采用线性内插法和多项式插值法求得两浓度间的单位浓度 K/S 值。

2. 标准色样与空白染色织物 K/S 值的计算　用分光仪分别测定标准色样和空白色样的反射率值，根据式(9－2)计算 K/S 值。

3. 一个常数的计算机配方计算　依据计算机配色基本程序，取16个波长点，共有16个方程式，可分两步计算而获得染料配方。首先计算染料配方近似值，可称为最初解决法，第二步是以重复法改善最初的染料配方，以获得最佳的三刺激值的匹配。

这16个方程式是:

$$\left.\begin{aligned}(K/S)_{m,400} &= (K/S)_{0,400} + \sum_{i=1}^{n}(k_i)_{400}c_i \\ (K/S)_{m,420} &= (K/S)_{0,420} + \sum_{i=1}^{n}(k_i)_{420}c_i \\ &\vdots \\ (K/S)_{m,700} &= (K/S)_{0,700} + \sum_{i=1}^{n}(k_i)_{700}c_i\end{aligned}\right\} \tag{9-14}$$

式(9-10)也可以表示如下:

$$\rho(\lambda) = 1 + (K/S)_{m,\lambda} - \{[1 + (K/S)_{m,\lambda}]^2 - 1\}^{1/2} \tag{9-15}$$

(1)最初解决方法:最初解决方法有好几种,最简单的方法是假定染料的浓度,根据式(9-14)及式(9-15)转换成配方的反射率值,与标准色样的反射率值比较,最后以重复法改善解决。基于标准色样的Y值而设定染料浓度,亦可获得最初配方浓度的近似值。以上两种方法虽然在最初解决方法中减少了计算数量,但是增加重复法的次数,而且此种情况可能无法获得配方,最初解决方法中更有效率的是向量加成方法和最小二乘法。

向量加成方法系依赖于色彩空间内向量程式的解决,此色彩空间是基于由K/S值不是反射率ρ积分所获得的假性三刺激值而形成的,也就是KUBELKA-MUNK空间被认为与正常CIE空间是互补的,标准的色彩能够在此色彩空间以向量表示。相关的染料向量加成结果可与标准样向量相等。上述情况可由下列方程式表示。

$$Q_S = c_A Q_A + c_B Q_B + c_C Q_C + Q_{SUB}$$

式中:Q_S——在KUBELKA-MUNK空间的标准样向量;

Q_A、Q_B、Q_C、Q_{SUB}——分别为KUBELKA-MUNK空间中染料A、B、C及基质的向量;

c_A、c_B、c_C——分别为染料A、B、C的浓度。

首先建立下列假性三刺激值计算方程:

$$\left.\begin{aligned}X_{Q,S} &= \sum_{400}^{700}\{[\bar{x}(\lambda)S(\lambda)][(K/S)_{SUB,\lambda} + \sum_{i=1}^{3}(k_i)_\lambda c_i]\} \\ Y_{Q,S} &= \sum_{400}^{700}\{[\bar{y}(\lambda)S(\lambda)][(K/S)_{SUB,\lambda} + \sum_{i=1}^{3}(k_i)_\lambda c_i]\} \\ Z_{Q,S} &= \sum_{400}^{700}\{[\bar{z}(\lambda)S(\lambda)][(K/S)_{SUB,\lambda} + \sum_{i=1}^{3}(k_i)_\lambda c_i]\}\end{aligned}\right\} \tag{9-16}$$

式中:$X_{Q,S}$、$Y_{Q,S}$、$Z_{Q,S}$——标准样在KUBELKA-MUNK空间的假性三刺激值;

$\bar{x}(\lambda)$、$\bar{y}(\lambda)$、$\bar{z}(\lambda)$——标准色度观察者光谱三刺激值;

c_i——染料i的未知最初浓度;

$(k_i)_\lambda$——染料 i 在波长 λ 的单位浓度 K/S 值；

$S(\lambda)$——光源在波长 λ 的能量分布值。

在方程中未知数只有染料浓度，解方程可得到需要的染料浓度，但所得的结果正确性欠佳。尤其是鲜艳颜色和有色变现象的样品误差会更大。为了解决此问题，ALLEN 引进了一个适用于各波长的近似式，可以获得很好的结果。ALLEN 的矩阵解决方法如下：

$$T = \begin{bmatrix} (K/S)_{400}^{i} \\ (K/S)_{420}^{i} \\ \vdots \\ (K/S)_{700}^{i} \end{bmatrix}$$

$(K/S)_\lambda^i$ 是染料 i 的单位浓度 K/S 值，是 16×1 的矩阵。

$$F^{(S)} = \begin{bmatrix} (K/S)_{400}^{(s)} \\ (K/S)_{420}^{(s)} \\ \vdots \\ (K/S)_{700}^{(s)} \end{bmatrix}$$

$(K/S)_\lambda^{(S)}$ 是标准样的 K/S 值，16×1 矩阵。

$$F^{(m)} = \begin{bmatrix} (K/S)_{400}^{(m)} \\ (K/S)_{420}^{(m)} \\ \vdots \\ (K/S)_{700}^{(m)} \end{bmatrix}$$

$(K/S)_\lambda^{(m)}$ 是计算配方的 K/S 值，是 16×1 的矩阵。

$$F^{(t)} = \begin{bmatrix} (K/S)_{400}^{(t)} \\ (K/S)_{420}^{(t)} \\ \vdots \\ (K/S)_{700}^{(t)} \end{bmatrix}$$

$(K/S)_\lambda^{(t)}$ 是基质的 K/S 值，是 16×1 的矩阵。

$$r^{(s)} = \begin{bmatrix} \rho_{400}^{(s)} \\ \rho_{420}^{(s)} \\ \vdots \\ \rho_{700}^{(s)} \end{bmatrix}$$

$\rho_\lambda^{(s)}$ 是标准样的反射率值,是 16×1 的矩阵。

$$r^{(m)}=\begin{bmatrix}\rho_{400}^{(m)}\\ \rho_{420}^{(m)}\\ \vdots\\ \rho_{700}^{(m)}\end{bmatrix}$$

$\rho_\lambda^{(m)}$ 是计算配方的反射率值,是 16×1 的矩阵。

$$M=\begin{bmatrix}\overline{X}_{400} & \overline{X}_{420} & \cdots & \overline{X}_{700}\\ \overline{Y}_{400} & \overline{Y}_{420} & \cdots & \overline{Y}_{700}\\ \overline{Z}_{400} & \overline{Z}_{420} & \cdots & \overline{Z}_{700}\end{bmatrix}$$

$\overline{X}(\lambda)$、$\overline{Y}(\lambda)$、$\overline{Z}(\lambda)$是在波长 λ 的光谱匹配函数,是 3×16 的矩阵。

$$P=\begin{bmatrix}S_{400} & 0 & \cdots & 0\\ 0 & S_{420} & \cdots & 0\\ \vdots & & & \\ 0 & 0 & \cdots & S_{700}\end{bmatrix}$$

S_λ 是光源的相对光谱能量分布,是 16×16 的方阵。

$$D=\begin{bmatrix}d_{400} & 0 & \cdots & 0\\ 0 & d_{420} & \cdots & 0\\ \vdots & & & \\ 0 & 0 & \cdots & d_{700}\end{bmatrix}$$

d_λ 是标准样反射率随 K/S 值变化的速率。$d_\lambda=\mathrm{d}\rho\lambda/\mathrm{d}(K/S)\lambda$,是 16×16 的方阵。

$$V=\begin{bmatrix}c_1\\ c_2\\ c_3\end{bmatrix}$$

c_1、c_2、c_3 是未知的染料浓度。

$$t=\begin{bmatrix}X\\ Y\\ Z\end{bmatrix}$$

X、Y、Z 是标准样的三刺激值。

当样品和配样达到完全匹配时:

$$t=MPr^{(s)}=MPr^{(m)} \tag{9-17}$$

或
$$MP[r^{(s)}-r^{(m)}]=0 \tag{9-18}$$

除非达到非条件等色，否则色样与配比物的反射在某些波长上是会有差异的。ALLEN 引进了一个适用各波长的近似式：

$$\begin{aligned}\rho_\lambda^{(s)}-\rho_\lambda^{(m)}&=\Delta\rho_\lambda=[\mathrm{d}\rho/\mathrm{d}(K/S)]_\lambda\cdot\Delta(K/S)_\lambda\\&=[\mathrm{d}\rho/\mathrm{d}(K/S)]_\lambda\cdot[(K/S)_\lambda^{(s)}-(K/S)_\lambda^{(m)}]\end{aligned} \tag{9-19}$$

$\Delta\rho_\lambda$ 越小，式(9－19)越正确，也就说明越接近光谱配色。把式(9－19)改成矩阵的形式则：

$$r^{(s)}-r^{(m)}=D[F^{(s)}-F^{(m)}] \tag{9-20}$$

把式(9－20)代入式(9－18)得：

$$MPDF^{(s)}=MPDF^{(m)} \tag{9-21}$$

依据式(9－9)可知：

$$F^{(m)}=F^{(t)}+TV \tag{9-22}$$

将式(9－22)代入式(9－21)得：

$$MPDTV=MPD[F^{(s)}-F^{(t)}] \tag{9-23}$$

则
$$V=(MPDT)^{-1}MPD[F^{(s)}-F^{(t)}] \tag{9-24}$$

式(9－24)中矩阵$(MPDT)^{-1}$是矩阵$(MPDT)$的逆矩阵，在输入基础数据以后，计算机就可以按照标样的 K/S 值而解出所需的配方浓度。

在很多测配色计算机中，解决三刺激值向量问题的方法是采用线性方程技术。在文献中 BELANGER 叙述了此方法的特点：配色成本降低，减少了不必要的染料组合，在极短的时间内可连续地计算出配方，让使用者有更多的选择机会。如果参与选择配方的染料超过 14 种时，此线性方程能比标准组合方法节省更多的计算时间，染料数目越多，节省时间越多，如 100 种染料中每 3 种染料组合，若使用标准组合方法需 15.1min，而用线性方程法只需要 15s。

（2）重复法：最初解决法计算出标准样反射率曲线的近似值，若没发生有色变现象，则此近似值的正确性是很好的。有下列几种情况则需要使用重复法改善最初的染料配方。

①K/S 函数与染料浓度之间是非线性关系。

②ALLEN 所取的导数是近似值。

③三刺激值与染料浓度之间不是线性关系。

重复法是依据标准样与计算配方样两者三刺激值之间的色差，此色差必须在容许的色差范围内。这种解决法需要 2～4 次重复步骤，大多数计算机允许 7～15 次重复计算。

由最初方法计算得到反射率值 ρ_λ,染料浓度每增加一定量(通常是0.5% ~1%),反射率曲线会有一些变化。这种变化关系可用偏微分表示。如配方有3种染料,可写成下列16×3的矩阵。

$$N = \begin{bmatrix} \frac{\partial \rho_{400}^1}{\partial c_1} & \frac{\partial \rho_{400}^2}{\partial c_2} & \frac{\partial \rho_{400}^3}{\partial c_3} \\ \frac{\partial \rho_{420}^1}{\partial c_1} & \frac{\partial \rho_{420}^2}{\partial c_2} & \frac{\partial \rho_{420}^3}{\partial c_3} \\ \vdots & \vdots & \vdots \\ \frac{\partial \rho_{700}^1}{\partial c_1} & \frac{\partial \rho_{700}^2}{\partial c_2} & \frac{\partial \rho_{700}^3}{\partial c_3} \end{bmatrix}$$

$$B = MPN \tag{9-25}$$

B 矩阵表示染料浓度产生微小变化时,对三刺激值产生的变化是3×3的方阵。

$$B = \begin{bmatrix} \frac{\partial X}{\partial c_1} & \frac{\partial X}{\partial c_2} & \frac{\partial X}{\partial c_3} \\ \frac{\partial Y}{\partial c_1} & \frac{\partial Y}{\partial c_2} & \frac{\partial Y}{\partial c_3} \\ \frac{\partial Z}{\partial c_1} & \frac{\partial Z}{\partial c_2} & \frac{\partial Z}{\partial c_3} \end{bmatrix}$$

B 的逆矩阵是矩阵 A,即:

$$B^{-1} = A \tag{9-26}$$

新配方的染料浓度可根据下列方程计算得到。

$$\left.\begin{aligned} c_1^A &= c_1 + a_{11}\Delta X + a_{12}\Delta Y + a_{13}\Delta Z \\ c_2^A &= c_2 + a_{21}\Delta X + a_{22}\Delta Y + a_{23}\Delta Z \\ c_3^A &= c_3 + a_{31}\Delta X + a_{32}\Delta Y + a_{33}\Delta Z \end{aligned}\right\} \tag{9-27}$$

式中:c_1^A、c_2^A、c_3^A——调整配方的染料浓度;

ΔX、ΔY、ΔZ——标准样与配方的三刺激值之差;

c_1、c_2、c_3——最初配方的染料浓度;

a_{ij}——修正矩阵 A 内的元素。

重新调整配方浓度可计算新的反射率值和三刺激值,然后再与标准样的三刺激值比较,若还不够接近,再用重复法继续进行,直到符合要求为止。

ALLEN 提出了一种与前面所讲的内容有些不同的重复法,此方法是基于最初解决法的逆矩阵于重复法内,这样可以节省一些计算,两种方法在数学上是相等的。

$$\Delta c=\begin{bmatrix}\Delta c_1\\ \Delta c_2\\ \Delta c_3\end{bmatrix}$$

$$\Delta t=\begin{bmatrix}\Delta X\\ \Delta Y\\ \Delta Z\end{bmatrix}$$

$$\Delta t=B\Delta c \tag{9-28}$$

$$Q=\begin{bmatrix}\frac{\partial\rho_{400}^m}{\partial c_1} & \frac{\partial\rho_{400}^m}{\partial c_2} & \frac{\partial\rho_{400}^m}{\partial c_3}\\ \frac{\partial\rho_{420}^m}{\partial c_1} & \frac{\partial\rho_{420}^m}{\partial c_2} & \frac{\partial\rho_{420}^m}{\partial c_3}\\ \vdots & \vdots & \vdots\\ \frac{\partial\rho_{700}^m}{\partial c_1} & \frac{\partial\rho_{700}^m}{\partial c_2} & \frac{\partial\rho_{700}^m}{\partial c_3}\end{bmatrix}$$

$$S=\begin{bmatrix}\frac{\partial X}{\partial\rho_{400}^m} & \frac{\partial X}{\partial\rho_{420}^m} & \cdots & \frac{\partial X}{\partial\rho_{700}^m}\\ \frac{\partial Y}{\partial\rho_{400}^m} & \frac{\partial Y}{\partial\rho_{420}^m} & \cdots & \frac{\partial Y}{\partial\rho_{700}^m}\\ \frac{\partial Z}{\partial\rho_{400}^m} & \frac{\partial Z}{\partial\rho_{420}^m} & \cdots & \frac{\partial Z}{\partial\rho_{700}^m}\end{bmatrix}$$

则

$$B=SQ \tag{9-29}$$

S 矩阵可由下列得知：

$$X=\overline{X}_{400}S_{400}\,\rho_{400}^m+\overline{X}_{420}S_{420}\,\rho_{420}^m+\cdots+\overline{X}_{700}S_{700}\,\rho_{700}^m$$

$$\frac{X}{\rho_\lambda^m}=\overline{X}_\lambda S_\lambda$$

因此

$$S=MP \tag{9-30}$$

Q 矩阵可由下列得知：

$$\frac{\partial\rho_\lambda^m}{\partial c_1}=\left(\frac{\partial\rho}{\partial(K/S)}\right)_\lambda\times\frac{\partial(K/S)_\lambda^m}{\partial c_1}=\Delta\lambda\,\frac{\partial(K/S)_\lambda^m}{\partial c_1}$$

由式(9－9)可知：

$$(K/S)_\lambda^m=(K/S)_\lambda^t+c_1(K/S)_\lambda^1+c_2(K/S)_\lambda^2+c_3(K/S)_\lambda^3$$

式中$(K/S)_\lambda^1$、$(K/S)_\lambda^2$、$(K/S)_\lambda^3$ 分别是染料 1、染料 2、染料 3 单位浓度的 K/S 值。

而
$$\frac{\partial (K/S)_{\lambda}^{m}}{\partial c_1} = (K/S)_{\lambda}^{1}$$

因此
$$\frac{\partial \rho_{\lambda}^{m}}{\partial c_1} = \mathrm{d}\lambda (K/S)_{\lambda}^{1} \tag{9-31}$$

故
$$Q = DT \tag{9-32}$$

把式(9－32)和式(9－30)代入式(9－29)可得:

$$B = MPDT$$

即
$$\Delta t = MPDT\Delta c$$
$$\Delta c = (MPDT)^{-1}\Delta t$$

这些重复法只列举了三种染料的配方,若四种染料以上的配方可参照上述方法进行解决。

4. 预测色变指数及计算配方成本 计算计算机配方在某标准照明体下(D_{65})与标准样是否等色。如果更换另一种照明体时,是否仍等色,如不等色,其色差是多少,这些都是需要知道的。因此计算几种不同照明体下的色差,以便预测色变现象大小,即色变指数的大小。还可参照前面所输入的染料单价计算配方的成本。

四、打印出配方结果

一般计算机打印出的结果包括标准样名称、基质种类、染料编号、染料名称、不同配方组合、染料浓度、成本及在不同照明条件下的色差(色变指数)等。

五、小样染色

计算机给出的配方有若干组,根据需要按照染料的成本、相容性、匀染性、各种牢度及条件等色这些参考因素,选择一个理想的作为小样试染的配方,在化验室小样机内打小样,以确认能否实际达到与标样等色。由于计算机配色仅根据统一的计算模型进行计算,因此难免有不适应多变的实际情况,使得所预告的配方不能100%地一次准确,所以打小样是不能省的。

六、配方修正

小样试验结果如色差不符合要求,就需要调整配方重新再染。把小样试染出的样品送到分光仪上进行测色,然后调用修正程序,在输入试染的染料及其浓度后,计算机配色系统将立即输出修正后的浓度,按目前计算机配色系统的水平,一般修正一次即可,也有不少色样可能无须修正,或需要进行两次修正。

修正计算是一种重复步骤,因此修正数学表达式基本上与重复法相同。首先需知道标准样的反射率资料及试染样的反射率或三刺激值资料及试染配方的染料浓度,然后发展一套修正矩阵。如式(9-25)、式(9-26),或 ALLEN 式等。根据标准样与试染样之间三刺激值的差来计算浓度的变化。染料浓度与三刺激值之间的关系不是线性的。图9-9显示了绿色染料的 Y 值随浓度变化的非线性关系。

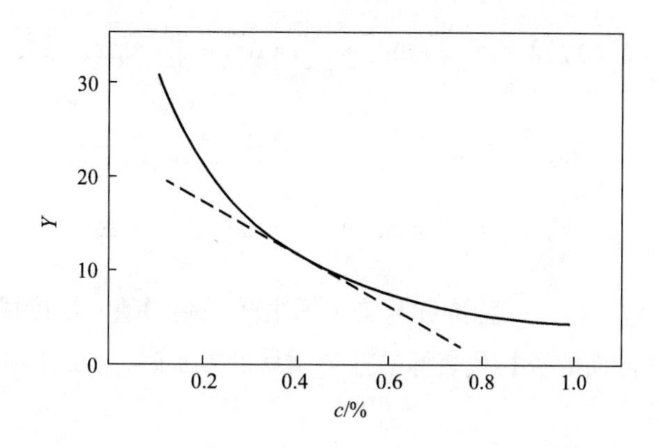

图9-9　绿色染料 Y 值与浓度的非线性关系

由前述可知,修正矩阵是线性的,修正计算是沿着上述曲线切线进行的,如果修正计算在三刺激值空间的距离过大,此时的误差是相当大的。

另一类修正方法是应用 KUBELKA-MUNK 函数,使三刺激值与浓度具有线性关系:

$$f(X)=\frac{(1-X)^2}{2X}$$

$$f(Y)=\frac{(1-Y)^2}{2Y}$$

$$f(Z)=\frac{(1-Z)^2}{2Z}$$

$$\frac{\partial X}{\partial c_1}=\{f(X)(c_1+\partial c_1)-f(X)(c_1)\}\times\frac{1}{\partial c_1}$$

$$\frac{\partial Y}{\partial c_1}=\{f(Y)(c_1+\partial c_1)-f(Y)(c_1)\}\times\frac{1}{\partial c_1}$$

$$\frac{\partial Z}{\partial c_1}=\{f(Z)(c_1+\partial c_1)-f(Z)(c_1)\}\times\frac{1}{\partial c_1}$$

$$\frac{\partial X}{\partial c_2}=\{f(X)(c_2+\partial c_2)-f(X)(c_2)\}\times\frac{1}{\partial c_2}$$

$$\frac{\partial Y}{\partial c_2}=\{f(Y)(c_2+\partial c_2)-f(Y)(c_2)\}\times\frac{1}{\partial c_2}$$

$$\frac{\partial Z}{\partial c_2}=\{f(Z)(c_2+\partial c_2)-f(Z)(c_2)\}\times\frac{1}{\partial c_2}$$

$$\frac{\partial X}{\partial c_3}=\{f(X)(c_3+\partial c_3)-f(X)(c_3)\}\times\frac{1}{\partial c_3}$$

$$\frac{\partial Y}{\partial c_3} = \{f(Y)(c_3 + \partial c_3) - f(Y)(c_3)\} \times \frac{1}{\partial c_3}$$

$$\frac{\partial Z}{\partial c_3} = \{f(Z)(c_3 + \partial c_3) - f(Z)(c_3)\} \times \frac{1}{\partial c_3}$$

$$\Delta f(X) = \frac{\partial X}{\partial c_1} \times \Delta c_1 + \frac{\partial X}{\partial c_2} \times \Delta c_2 + \frac{\partial X}{\partial c_3} \times \Delta c_3$$

$$\Delta f(Y) = \frac{\partial Y}{\partial c_1} \times \Delta c_1 + \frac{\partial Y}{\partial c_2} \times \Delta c_2 + \frac{\partial Y}{\partial c_3} \times \Delta c_3$$

$$\Delta f(Z) = \frac{\partial Z}{\partial c_1} \times \Delta c_1 + \frac{\partial Z}{\partial c_2} \times \Delta c_2 + \frac{\partial Z}{\partial c_3} \times \Delta c_3$$

式中:$\Delta f(X)$、$\Delta f(Y)$、$\Delta f(Z)$——标准样与染色样之间三刺激值与浓度成线形关系后的差。

如果只有三刺激值方面的资料代表标准样与试样的差别时,就要使用另一修正矩阵及新的浓度计算。

$$\Delta c = tA$$

$$c_c = c_u + \Delta c$$

式中:Δc——染料浓度调整向量;

t——标准样与染色样三刺激值差的向量;

A——修正矩阵;

c_c——修正后染料浓度的向量;

c_u——修正前染料浓度的向量。

如果已知标准样与试染样的反射率时,设原先计算的三种染料浓度分别为 c_1^a、c_1^b、c_1^c,试染色样计算的三种染料浓度分别为 c_2^a、c_2^b、c_2^c。修正系数就可以表示如下:

$$f_1 = \frac{c_2^a}{c_1^a} \qquad f_2 = \frac{c_2^b}{c_1^b} \qquad f_3 = \frac{c_2^c}{c_1^c}$$

染料浓度使用这些修正系数,就可得到标准样与染色样的修正配方。

$$c_3^a = f_1 c_1^a \qquad c_3^b = f_2 c_1^b \qquad c_3^c = f_3 c_1^c$$

$$c_4^a = f_1 c_2^a \qquad c_4^b = f_2 c_2^b \qquad c_4^c = f_3 c_2^c$$

$$c_5^a = c_3^a - c_4^a \qquad c_5^b = c_3^b - c_4^b \qquad c_5^c = c_3^c - c_4^c$$

式中:c_3^a、c_3^b、c_3^c——标准样的染料修正浓度;

c_4^a、c_4^b、c_4^c——染色样的染料修正浓度;

c_5^a、c_5^b、c_5^c——标准样与染色样的染料修正浓度调整。

这些方法可以避免修正矩阵的线性问题,而且计算机计算时间的增加可减至最小,若修正系数 f_i 值出现不合理的高或低值时,给试染色样带来的误差是明显的,若在合理范围内,若干修正系数能够平均而且可以用来调整基础资料。

另一种修正方法，是使用试染样计算的三种染料浓度（c_2^a、c_2^b、c_2^c）与最初计算机配方的三种染料浓度（c_1^a、c_1^b、c_1^c）的比值，此值称为 YIELD。

$$f_1 = \frac{c_2^a}{c_1^a} \qquad f_2 = \frac{c_2^b}{c_1^b} \qquad f_3 = \frac{c_2^c}{c_1^c}$$

实际使用于批染的染料浓度除以比值(f)即为新配方的染料浓度。评估计算配方的修正性能是许多人关心的问题。依据 HOFFMAUN 论点，式(9－24)的系数矩阵($MPDT$)$^{-1}$的相对决定值被计量如下：

$$D_R = (D_1 - D_2)(D_1 + D_2)$$

$$D_1 = (a_{11}a_{22}a_{33}) + (a_{12}a_{23}a_{31}) + (a_{13}a_{21}a_{32})$$

$$D_2 = (a_{31}a_{22}a_{13}) + (a_{32}a_{23}a_{11}) + (a_{33}a_{21}a_{12})$$

式中：a_{ik}——系数矩阵($MPDT$)$^{-1}$内的元素。

对非常相似的染料，D_R 值接近零，若染料的向量 KUBELKA－MUNK 空间是垂直时，此值接近 1。D_R 值高的配方能够在色彩空间任何方向被修正，D_R 值低的配方只能在某些方向修正。

在某些情况下，使用原始配方的染料来修正是不可能的，标准样反射率曲线与配方试样反射率曲线的差别，可补充加入其他的染料，使两者的色差达到要求，而这种染料的加入量，全凭操作者的经验来定。

七、校正后的新配方染色

用新配方染色后，其色样与标准色样的色差若在可接受的范围内，则此新配方就是我们所要的染色配方，若不在可接受的范围内，则要重新修正，直到取得合乎要求的染色配方为止。

第四节　其他情况的计算机配色

一、含荧光色样的计算机配色

若涉及荧光色染料时，其所用分光测色仪的光源要含有紫外线，而且要用后分光或前后分光的方式照射样品，否则会发生不正确的测色结果，如图 9－10 所示。

若客户色样或基础色样的反射率值超出空白染色织物的反射率时，其超出的部分应修改至与空白染色织物的反射率相同，如图 9－11 所示。然后再将此光学数据资料输入计算机，计算配方与实际染色配方相差很微小。

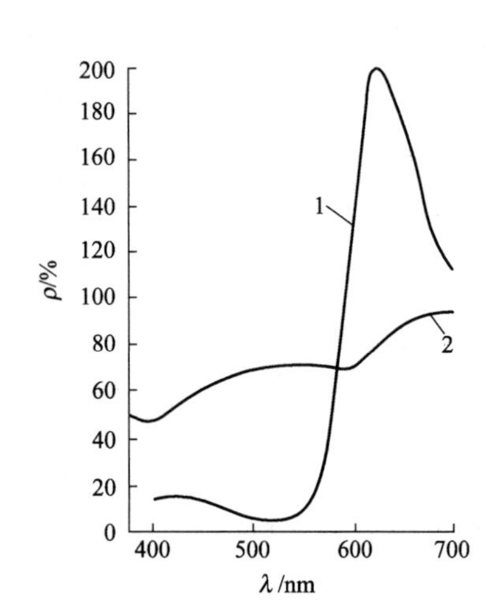

图9-10 荧光红色染料不同测色条件下的分光反射率曲线

1—正确的测色结果

2—不正确的测色结果

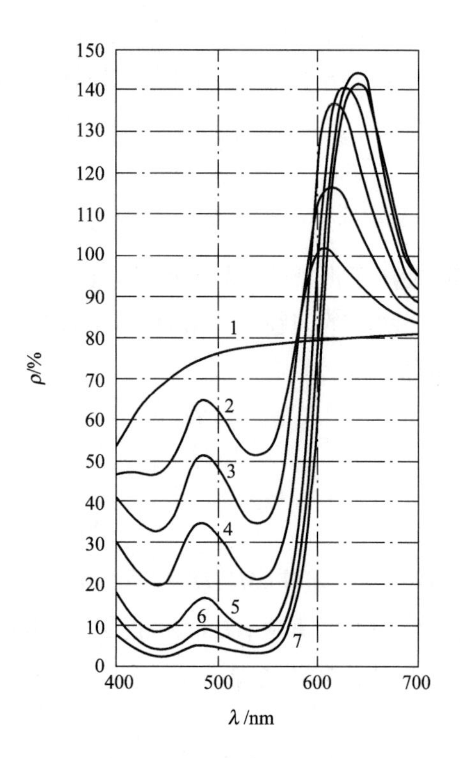

图9-11 空白染色织物与基础色样的分光反射率曲线

1—空白染色织物

2~7—染料浓度分别为0.03%、0.100%、0.300%、1.000%、2.000%、3.000%的基础色样

二、混纺织物的计算机配色

以染聚酯纤维和羊毛的混纺织物(聚酯纤维占40%,羊毛占60%)为例来说明混纺织物配色过程。

(1)制作100%的纯聚酯织物和100%纯羊毛织物的基础色样,分别由分光测色仪测定其反射率值,再输入计算机。

(2)将客户色样与所要染色的混纺纤维材质的反射率值输入计算机。

(3)计算机依据资料计算出染100%聚酯纤维的配方与染100%羊毛的配方。

(4)染聚酯纤维的配方染料量的40%与染羊毛的配方染料量的60%为试染配方。

(5)试染织物包括所要染色的混纺织物、一块只剩余羊毛纤维的织物(聚酯纤维被溶剂处理掉)及另一小块只剩余聚酯纤维(羊毛纤维被溶解)的织物。

(6)如果所试染的混纺织物的颜色不符合客户色样,比较只剩羊毛纤维的织物与客户色样的颜色,若不符合,由计算机来计算修色。

(7)如果所试染的混纺织物的颜色符合客户色样,则试染配方就是所要染此混纺织物的配方。

(8)此两小块经修色后的配方,即为试染的配方,如此继续(5)~(8)步骤可得到染混纺织物的配方。

三、其他织物的计算机配色

若所需染色织物的组织与基础色样的织物组织不一样,一般可按照混合色样的修正精确地转换到所要染色的织物组织上。所谓混合色样是任选红色、黄色、蓝色的三种染料,依同样浓度混合,如红色、黄色、蓝色染料的浓度为0.1%、0.3%、0.6%、1.0%四种不同浓度来染所要染色的织物,染后织物的色彩一般为不同深浅的灰色或褐色。为精确起见,将这些混合色样隔天或隔缸再染一次,以检查其稳定性和再现性。经分光仪测定反射率值,输入计算机,利用基础色样资料计算此混合色样的配方,再将此计算配方与已知配方比较,得到修正系数,如果三色的修正系数几乎相同,则三色修正系数的平均值可适用于档案内的所有资料。

第五节　精明配色

一、传统配色一次成功率低的原因

配色配方计算质量的好坏主要取决于描述反射、吸收和散射之间关系的算法的有效性。大多数配色计算都采用 KUBELKA—MUNK 理论,但是,实际使用的染料、染色工艺以及纺织品的性能却只能部分地满足这些理论所要求的边界条件。因此,一次配色的成功率通常只有30%~60%。传统配色一次成功率低的原因有以下几点:

(1)配色配方是根据选定染料不同浓度预先染色的结果计算出来的,计算给出所需的数据,这些数据的精度决定了染色配方的质量。因此,需要高精度、重现性好的染色工艺。

(2)预染必须在与正式生产中相同的材料上以相同的工艺进行,但在许多情况下,预染结果及数据是从外界得到的,在材料、工艺和测量条件方面都有所不同,这就恶化了计算得到配方的质量。

(3)如果染色配方在实施染色时与预染时的工艺条件、材料不同,则会出现严重色差,在这种情况下,必须进行配方的校正计算。

(4)传统配色配方计算假定染料混合后的特性与染料的单独特性相同,它不考虑染料间的相互作用,因而会导致配方不准确。

(5)在实践中,KUBELKA-MUNK 理论的边界条件常常得不到满足。

(6)一般来说,被染物与标准色样材料表面情况的差异会影响到测色的精度,从而影响配色配方的质量,而视觉评价与仪器测色结果之间有一定的差异,在这种情况下,配方校正的有效性就值得怀疑。

如果经过验证的试验室染色配方交付生产实施,则只有经过有效的校正后才能取得良好的染色结果。实际还没有这么幸运,而是常常要进行多次配方校正,这就降低了生产效率。

如果能确定影响一次配色计算精度的负面因素,就能预先对第一次染色实施所需的补偿,这会带来明显的经济效益。

二、精明配色方法

对最终生产用配色配方和计算得到的原始配方的差异进行系统的分析使得能够对三种负面影响因素进行定量描述。这一概念已经被 DCI 用以建立一种计算一次配方的新颖方法。除了原有配方计算之外,这种新的计算软件还包括能在第一次染色之前消除由于理论与实际不相符而产生的误差校正方法。有了这些校正计算功能,只需有一组从试验室或生产线上得到的简单色度数据和相应的配色配方即可。

实践表明,为了有效地提高一次配色的质量,采用精明配色(Smart Match)的计算方法,即使恶劣环境下,也能将一次配色的成功率提高到90%以上,甚至达到100%,这就提高了配色的产量和效率。

如上所述,大部分和所有的一次配方存在一定程度的误差。在生产实际中,误差的大小只有在试验室中或生产线上实际染色后才能发现,根据误差可进行校正计算。但是精明配色却是在第一次染色之前进行配方校正。精明配色方法需要随时都能调用包括配方内容、试样色度值数据在内的配方档案,这种档案必须按染料种类、染色工艺和纺织品的情况适当编制,档案也可以与试验室配方联系起来。

当精明配色对配方进行校正时,它就搜索与被校正染料组分相同且被染物和染色过程相似的染色配方档案,然后依标准染色结果与档案内染色结果的最大允许色差的判据找出一组 M 染色,其色度数据和配方构成了校正计算的基础。每一个 M 染色都或多或少地构成了配色计算中的一部分。

$$\frac{K}{S}=A_1C_1+A_2C_2+\cdots+A_NC_N+F_1(C_{11}\cdots C_{N1})+F_2(C_{12}\cdots C_{N2})+\cdots+F_M(C_{1M}\cdots C_{NM})$$

$$\frac{K}{S}=A_1C_1+A_2C_2+\cdots+A_NC_N+F_1(C_{11}\cdots C_{N1})+F_2(C_{12}\cdots C_{N2})+\cdots+F_M(C_{1M}\cdots C_{NM})$$

式中:$F_1,\cdots,F_M$——与 M 染色及其所用染料浓度有关的校正函数。

校正函数 F 的参数根据各种染色所提供的数据进行计算,为了能进行精明配色校正计算,M 应至少等于1。不过,M 越大,校正计算的质量越好。

由于精明配色校正是以同样的染料混合体的实际染色为基础的,所以一次配方的误差能基本消除。只要校正是基于生产实际数据,那么试验室与实际生产线之间的任何系统误差都能得到补偿,这大大增强了在实验室进行的初次染色的效用。

复习指导

1. 电子计算机配色有三种方法：

(1) 色号归档检索法：这是一个在特定条件下比较简单和有一定用途的方法。它需要长时间积累，不断完善。但在实际应用时，常常不容易找到我们需要的配方。

(2) 光谱拟和法：这是一种试图使染出的色样与标准样的分光反射率曲线完全相同的配色方法，是一种无条件等色的颜色匹配。这完全是一种从理论出发的理想的颜色匹配方法，但在实际实施中，由于纤维材料、染料、染色助剂、工艺条件等各种与染色相关的条件，并不能很好地满足光谱拟和法配色理论的要求，所以很多情况下难以得到理想的结果。

(3) 三刺激值匹配法：三刺激值匹配法是在约定条件下，使染得的色样与标准样的三刺激值相等，从而达到色样与标准样匹配的目的。这是目前生产中普遍应用的方法。

2. 三刺激值匹配法是以 KUBELKA - MUNK 函数为染色配方预测的理论基础。但必须注意，*K/S* 函数与染色浓度之间的线性关系并不太好，也给配方的预测计算带来一定的麻烦。但经过适当的处理后，结果还是比较好的。

3. 计算机配色的实施步骤。

(1) 输入染料的基础数据。这其中包括选择染料、选择织物、选择染色助剂、确定染色工艺。

(2) 将染好的布样用分光仪测色，并把相关的测量结果保存于计算机中。

(3) 测试标准样，由计算机进行配方预测计算。

(4) 按照计算机输出的配方染制小样。

(5) 将染得的小样用分光仪测色，并判断配色结果。

(6) 校正配方。按照计算机输出的配方染色后，常常会出现与标准样之间的色差超出规定允差范围的情况，因此需要对原有配方进行修正。

(7) 得到修正配方后，再进行染色。如此直到染得的布样与标准样匹配。

4. 荧光试样的配色是难度比较大的。因为在测量荧光色样时，照射光源紫外线的辐射强度对测量结果有很大影响。因此，准确地校正照射光源紫外线的辐射强度是配色一次成功率高低的关键。因为荧光色样与标准样所用荧光染料之间的差异可能会由于照射光源紫外线辐射强度的差异而被放大。

混纺织物比纯纺织物的计算机配色要困难得多。影响混纺织物计算机配色一次成功率的因素很多，如：

(1) 两种纤维材料都必须与标准样的颜色匹配。相比之下，混纺织物比纯纺织物产生误差的概率相对增大。

(2) 两种染色系统，染料上染纤维时会产生一定的干扰，而这种干扰往往会随染色工艺和纤维材料的微小差异而改变。

(3) 两种染料分别上染染色对象纤维外，可能还会对另一种纤维造成一定的沾色。

(4)混纺比的准确控制在实际生产中也不是很容易的。

5.精明配色通过对计算机输出与实验室或生产样实际染色结果的积累,可以方便地修正由于多种因素造成的计算机输出配方产生的偏差。如基础参数输入的偏差、生产时所用纤维材料与制作基础色样时纤维材料出现的偏差。染色用染料由于生产批次不同可能产生色光和力份的变化、染色用助剂及染色工艺条件也可能发生某些改变等。但是精明配色对配方的修正与前面讲到的配色配方修正是不同的,其差异主要在于精明配色配方的修正是指使计算机输出的配方更准确,一次成功率更高。而传统的配方修正则是指按计算机输出的配方染出的色样与标准样之间的色差,超出了允许的范围,需要对配方进行的修正。

习题

1.计算机配色大致分为几种方式?简述之。

2.计算机配色时,配色软件数据库中需要哪些必要的资料?配色基础资料包括哪些内容?

3.制作基础资料时,应注意哪些问题?

第十章　颜色信息管理

第十章　颜色信息管理

在成像系统中使用合适的硬件、软件和算法来控制和调整颜色的过程称为颜色管理。颜色管理可准确的描述为:通过科学化及数字化的方法将各种设备校准和稳定,将设备的颜色特性记录于特征档,得到可预知的色彩,可将颜色重现于不同的环境。

当今,数码照相机、彩色扫描仪、LCD 和 CRT 显示器、电子照相术打印机、喷墨打印机、热染料转移和热蜡转移打印机等都是颜色管理的应用领域。把计算机主机与输入设备、显示设备和输出设备相连所构成的彩色成像系统就是为系统的预期应用提供满意颜色质量的颜色管理系统。

任何产生高质量且稳定的有色产品的染色体系都必须对颜色进行管理。人们希望颜色管理系统评价颜色正确性的方法是简单的,颜色管理系统应适用于不同媒介,如 CRT、投影仪或打印纸之间原件和复制品颜色的转换及其评价;颜色管理系统能够通过软件调整来对调节不当的仪器、误用的材料、不可控的和常常为未知的照明与观察条件以及由于缺乏相关专业知识而引起的其他问题进行校正;应用颜色管理系统无论使用何种设备颜色都是一致的、正确的。

第一节　颜色信息管理的基本原理和工作过程

一、设备相关的颜色和设备无关的颜色

各种设备都有自己的颜色空间,设备的颜色空间是与设备相关的,在工作中各种设备之间要交换数据,颜色在各个设备的颜色空间之间转换。颜色转换的一个基本原则是,同一颜色在不同设备上保证仍然是同一颜色。为了达到此目的,要有一个与设备无关的颜色系统来衡量各设备上的颜色,这就需要采用 $L^*a^*b^*$ 颜色空间。任何一个与设备有关的颜色空间都可以在 $L^*a^*b^*$ 颜色空间中测量、标定。如不同的设备与相关颜色都能对应到 $L^*a^*b^*$ 颜色空间的同一点,它们之间的转换就一定是准确的。

1. 设备相关的颜色　设备相关的颜色是指 RGB 和 CMYK 等颜色空间表示的颜色,这些颜色的视觉效果是基于材料和设备的,即相同的颜色值在不同的设备上的视觉效果会有所不同。如显示器、数字相机、扫描仪等工作在 RGB 的色彩空间中,电子照相机、打印机、喷墨打印机、热染料转移和热蜡转移打印机等都工作在 CMYK 的色彩空间中,同一幅图像在这些设备上输出时,最后的颜色效果完全不可能相同。这就是因为它们处于不同的色彩空间的缘故,因而出现了色彩表达上的差异。

2. 设备无关的颜色　与设备相关的颜色相对应,设备无关的颜色是基于人眼的视觉色空间的。如由 CIE XYZ 表色体系表示的颜色或由 L*a*b* 颜色空间表示的颜色就是与设备无关的颜色。不依赖具体设备的颜色编码能力与 CIE 标准观察者联系起来,因而是合适而有效的。图 10-1 所示是分别采用设备无关的颜色编码和设备相关的颜色编码两种方式下颜色转换连接的情况。

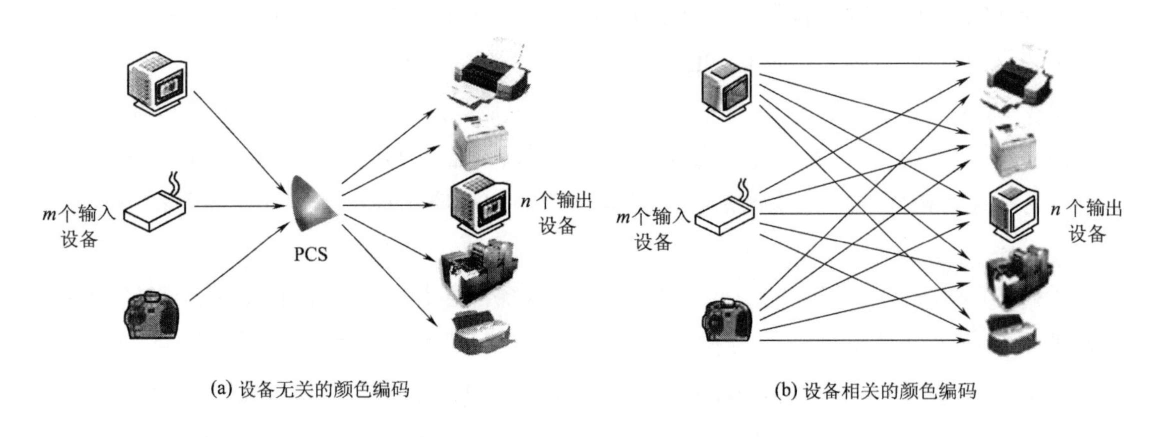

图 10-1　设备无关的颜色编码和设备相关的颜色编码的比较

二、ICC 国际色彩联盟

近代的颜色管理技术主要是根据色彩国际联盟(简称 ICC)这个组织提出的工业标准建立的,其主要工作是对所有的图像文件格式进行整合,并在统一标准下定义各种颜色复制设备的颜色特征文件,简称为 ICC。在彩色图像复制过程中,要做到从扫描、显示到输出的颜色统一性,就必须实行标准化、规范化、数据化的颜色管理。也就是将输入设备、显示设备、输出设备经过特征化的标准程序处理后,产生所谓的颜色特征文件,并通过嵌入图形文件的形式,将不同设备的颜色特征文件通过不同的设备颜色空间转换模式计算,从而达到管理颜色的目的。

ICC 的宗旨是创建一种开放式的颜色管理标准。ICC 颜色特征文件描述一款具体设备所产生的全部颜色与标准颜色空间中的哪个部分相对应,从而指引颜色空间的转换工作,即从与设备有关的颜色空间转换到与设备无关的颜色空间。简单地说,ICC 就是建立颜色空间的对应机制,通过数据运算的方法找到原始颜色在目标颜色空间中的精确位置。为每台设备建立自己的 ICC 文件是进行颜色管理的基础,但制定 ICC 文件需要实际测试,而且不是一成不变的,即使同一台设备,随着使用环境、耗材、老化等因素的变化,ICC 文件也需要定期更新。在输入、显示、输出三个环节中,系统和应用软件会自动调用三个环节的 ICC 文件进行颜色的匹配与转换,使颜色始终保持一致,这就是颜色管理的过程。

ICC颜色管理框架中的核心文件就是ICC特性文件格式规范的描述文件，它规定了一个所有厂商都可以使用的、开放性的特性文件格式，ICC通过定义一个通用文件格式，允许用户混合使用由不同厂商建立的特性文件，并达到同样的效果，这样就确定了基于ICC特性文件的颜色管理标准。

ICC国际色彩联盟组织成立于1993年，现已经发展为拥有70余个成员国的国际组织。

三、颜色管理原理

1. 颜色管理系统工作的核心　颜色管理系统工作的核心之一是建立描述设备颜色的特征文件，以反映设备表现色彩的范围和特征，设备特征文件为颜色管理系统提供将某一设备的颜色数据转换到与设备无关的色彩空间中所要的必须信息。针对每个输入、显示和输出设备，都有一个算法模式执行相应的色彩转换过程。

颜色管理的另一个核心是建立颜色连续空间，利用设备特征文件就可以完成该设备的色空间和 $L^*a^*b^*$ 色度空间进行映射转换。ICC特征文件不仅包含从设备颜色向色彩连接空间转化的数据，还包括从色彩连接空间到设备色彩空间转换的数据。

颜色管理的第三个核心是颜色转换模块，简称CMM，CMM是用于解释设备特征的文件，根据特征文件所描述的设备颜色特征进行不同设备间的颜色数据转换。CMM使用特征文件中对颜色的定义，使目的设备颜色空间的颜色与原设备色空间的颜色相匹配，为了要匹配这些颜色，就需要对送往目的设备空间的RGB或CMYK值做一定的改变，CMM把信息从一种设备色彩通过设备无关色彩空间，转换成另一种设备色彩。

2. 颜色信息管理应做到的匹配

（1）输入设备间的颜色匹配。

（2）原稿颜色与显示器颜色之间的匹配。

（3）输出设备间的颜色匹配。

3. 解决各种设备间颜色转换匹配的方法　颜色管理就是要解决各种设备间的颜色转换匹配问题。首先，建立标准颜色环境的标准光源，如 D_{50} 或 D_{65}，其次，选择与设备无关的 $L^*a^*b^*$ 颜色空间，根据色彩理论，任何一种白光颜色可由色光三原色红、绿、蓝匹配出来，但三原色的比例不是唯一的；在视觉上颜色的外观是一致的，这说明 $L^*a^*b^*$ 是与设备无关的独立描述颜色的物理量。$L^*a^*b^*$ 色彩空间的色域远远大于其他所有设备相关的色彩空间，从而在色彩转换映射的过程中不会在基准色彩空间上损失色域范围。色彩管理就是利用独立的与设备无关的 $L^*a^*b^*$ 沟通和推算出原稿色、屏幕色和打印色在色空间的对应关系，达到颜色在视觉上的一致，实现不同设备和色彩的转换。色彩转换是指颜色在不同色空间的转换。将 $L^*a^*b^*$ 色空间作为过渡色空间，可以完成各种设备颜色之间的转换，还可以将设备和设备之间的无穷组合转换关系转变成设备空间和标准色空间之间的对应关系，大大简化了匹配转换的复杂性。然后，建立描述设备颜色的特征文件，以反映设备表现色彩的范围和特征，利用这个特征文件就可以完成该设备的色空间和$L^*a^*b^*$色彩空间之间进行映射转换。色彩管理采用的流程结构,可以保证色彩转换这种跨平台和系统的传递统一性。从上面可以看出,通过一个核心的$L^*a^*b^*$色彩转换空间,将各种不同设备特征文件即扫描仪输入的 RGB 信息、显示器的 RGB 信息和打印设备输出的 CMYK 信息进行相互转换。各种信息数据的采集是颜色转换的基础工作,如果做不好,其他的转换工作都将错误。因此,必须建立设备标准,进行设备校准。使用校准过程来生成一个新的符合当前工作的颜色特征性文件。在色彩管理系统中,校准的根本目的就是使设备的实际工作状态和设备特征文件所描述的状况相一致。

四、颜色管理的过程

进行颜色管理必须遵循一系列规定的操作过程,才能实现预期的效果。颜色管理过程有3个要素,即校正、特性化及转换。

1. 校正 为了保证色彩信息传递过程中的稳定性、可靠性和可持续性,要求对输入设备、显示设备、输出设备进行标准化,以保证它们处于校准工作状态。

(1)输入校正:输入校正的目的是对输入设备的亮度、对比度、黑白场(三原色的平衡)进行校正。以对扫描仪的校正为例,当对扫描仪进行初始化归零后,对于同一份原稿,不论什么时候扫描,都应当获得相同的图像数据。

(2)显示器校正:显示器校正使得显示器的显示特性符合其自身设备描述文件中设置的理想参数值,使显示卡依据图像数据的色彩资料,在显示屏上准确显示色彩。

(3)输出校正:输出校正即对打印机进行校正,是校正过程的最后一步。依据设备制造商所提供的设备描述文件,对输出设备的特性进行校正,使该设备按照出厂时的标准特性输出。在打样校正时,必须使该设备所用纸张、印墨等印刷材料符合标准。

2. 特性化 当所有的设备都校正后,就需要将各设备的特性记录下来,这就是特性化过程。颜色管理系统中的每一种设备都具有其自身的颜色特性,为了实现准确的色空间转换和匹配,必须对设备进行特性化。对于输入设备和显示器,利用一个已知的标准色度值表(如 IT8 标准色标),对照该表的色度值和输入设备所产生的色度值,做出该设备的色度特性化曲线;对于输出设备,利用色空间图,做出该设备的输出色域特性曲线。在做出输入设备色度特性曲线的基础上,对照与设备无关的色空间,做出输入设备的色彩描述文件;同时,利用输出设备的色域特性曲线做出该输出设备的色彩描述文件,这些描述文件是从设备色空间向标准设备无关色空间进行转换的桥梁。

3. 转换 在对系统中的设备进行校准的基础上,利用设备描述文件,以标准设备无关色空间为媒介,实现各设备色空间之间的正确转换。由于输出设备的色域要比原稿、扫描仪、显示器的色域窄,因此在色彩转换时需要对色域进行压缩,色域压缩在 ICC 协议中提出了4种方法。

(1)绝对色度法:这种方法使在输出色域内的颜色转换后保持不变,而把超出输出色域的颜色用色域边界的颜色代替。对于输出色域和输入色域相近的情况,采用这种方法可以得到理想的复制。

(2)相对色度法:这种转换方法改变白点定标,所有颜色将根据定标点的改变而做相应改变,但不做色域压缩,因此所有超出色空间范围的颜色也都被色域边界最相近的颜色所代替。用这种方法可以根据打印用纸的颜色高速定标白点,适合于色域范围接近的色空间转换。

(3)突出饱和度法:这种方法追求高饱和度,对饱和度进行非线性压缩。这不一定忠实于原稿,其目的是在设备限制的情况下,得到饱和的颜色。

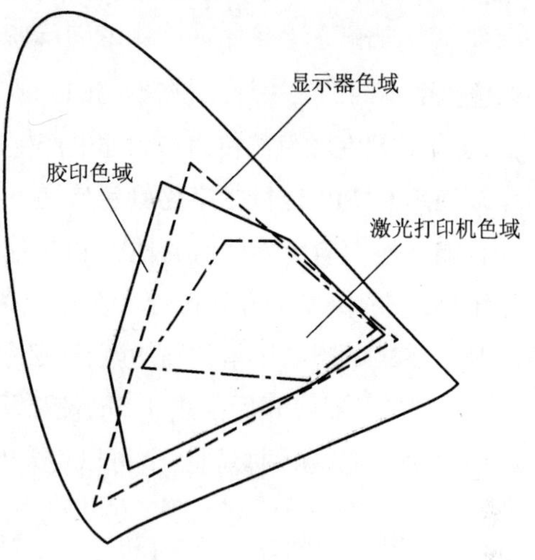

图 10-2　不同设备的色域

(4)感觉性:这种方法在进行色域映射的同时,还要进行梯度优化。它保持颜色的相对关系,也就是根据输出设备的显色范围调整转换比例,以求色彩在感觉上的一致性。图 10-2 表示了不同设备的色域。

第二节　颜色信息管理系统在纺织和服装行业中的应用

目前在欧美零售品牌厂商中约有 80% 以上在纺织和服装行业使用 Datacolor 提供的一整套数字化色彩管理的解决方案。这种颜色信息管理系统(简称 CIMS)可以帮助这些供应商提升产品质量,有效、快速地提高从产品设计到生产、到市场的颜色沟通效率。使用这套系统的世界著名企业中包括耐克、阿迪达斯、黛安芬、玛莎百货、沃尔玛等。

我国已是世界贸易组织的成员之一,纺织品及服装的传统营销方式必将面临电子商务、网上成交的挑战,首先是纺织品的颜色及其色差,将由实样转化用数字来表达,才能纳入其采购系统,我国是纺织品生产和出口大国,只有用这种国际化色彩交流语言,才有机会更多地同国际买主接触,才有可能转型成外销企业。这套 CIMS 系统有效地解决了供应商与采购商在颜色方面的信息传递和沟通。

一、颜色信息管理系统的特点和功能

1. 传统的颜色沟通与传递　在纺织与服装工业中,颜色传递通常是依靠样本进行的,这些样本可以是颜色标准样(如色卡、纤维和纸样品)或者是作为实验室和产品染色的标准,并传递到供应商手中。例如,产品开发经理把他的标准送到染厂,染厂制作一个实验室染色样品,并把它返回产品开发经理手中以便比较。如果达到了他的要求,产品开发经理将接受染厂的制作,否则,这个循环将再次开始。这个过程要花上几个星期的时间,供应商与采购商在颜色方面的传递和沟通会出现很多问题,如要求生产厂在不同材质的纤维上制作相同的颜色;实验室染色样品和标样之间的色差由不同的人去评定;在不同的光源和背景下观看样品和标样等,都会受主观颜色传递的支配,这就必然在颜色的传递和沟通上产生问题。

2. 使用 CIMS 进行数字化颜色传递 CIMS 颜色传递软件使得在银幕上显示真实的颜色结构并且能把他们向世界任何的地方和其他的 CIMS 系统快速传递。这个技术的基础是校准过的显示器,它确保发送方和接受者在相同条件下传递,供应商与采购商可即时在屏幕上判定颜色。为了在显示器上显示正确的颜色,必须按要求对显示器进行校正。校正的步骤如下:

(1)将显示器打开后预热 0.5h,使显示器处于稳定状态;

(2)将室内光源调整到一个可以经常保持的水平,关掉额外光源,以免这些动态变化影响显示;设定显示器的亮度和对比度;

(3)将显示器的背景色改为中性灰,有助于调节灰平衡;

(4)设定 Gamma 值;

(5)校正白场;

(6)校正色彩均衡度及灰平衡;

(7)校正黑场等。

图 10 - 3 所示为颜色信息管理系统示意图。

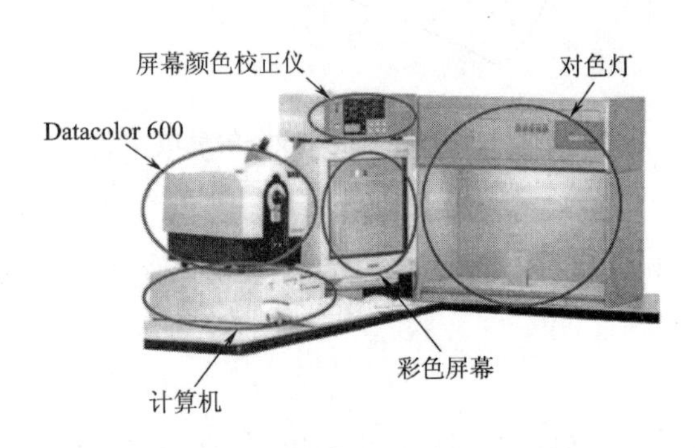

图 10 - 3 颜色信息管理系统示意图

3. 颜色与织物组织结构的输入 把颜色输入到系统中有几种不同的方法。

(1)用分光光度仪测量颜色;

(2)可用键盘输入颜色值(反射率数据、LAB、LCH 等);

(3)可从档案中选择颜色(例如 RAL/Pantone 电子数据档);

(4)可从测配色系统中导入颜色作为标样;

(5)用户还可用 CIMS 系统荧屏通过颜色板调节 LCH 量来提出你需要的颜色。

上述几种方法得到的颜色数据其实都是以前或现在通过分光测色仪测量而得到的,或是从 $L^*a^*b^*$ 空间得到的真实颜色。因此,分光仪的校正是必不可少的,非常重要的。CIMS 系统要求任何织物组织结构可以使用扫描仪(适用于平面结构)或数码相机(对三维立体物品)输入到系统中。除此之外,在 CIMS 中也可以从任何 CAD 系统输入格式。CIMS 系统只需要上述方法得到的图像是无色彩的织物组织结构影像,把分光测色仪得到的颜色数据与无色彩的织物组织结构影像整合,就得到了在 CIMS 系统彩色荧屏上显示的真实颜色结构。

4. CIMS 开拓了新的颜色表述和传递的可能性 在整个纺织和服装工业的供应链中,这个新的技术开拓了对颜色表述和传递的各样新的可能性。这里是一些例子。真正地把颜色在各种织物上表现出来的能力，作为世界领先的内衣制造公司，黛安芬在各方面都面临挑战，其中包括色彩管理。他们生产的文胸产品上有不同的材质，如有蕾丝、锦纶和莱卡织物、吊带、拉链、扣环等，这些不同的材质都需要进行颜色匹配，用 CIMS 系统就能很好地解决，在彩色荧屏上把标准样同上述材质的样一一对比，用调色板把这些材质样品的颜色调整成同标准样的颜色在目测上相一致，这就转换成了不同材质的标准样，用 E-mail 送给相应的工厂制作，这样就很容易达到最佳的颜色匹配。他们沟通的具体步骤包括：在供应商处或染色工厂用分光光度仪测定样本，在色彩校正之后，计算机显示器上出现样本的面料效果，然后由供应商将进行过最佳搭配的样本数字化图样电邮黛安芬，由黛安芬提出修改意见，再进行修改，直到黛安芬完全接受。如今，所有联系都可通过电子邮件进行，各种样本直接存入有关档案。在这种新的电子方式下色彩的评估是可视化的，而信息交换却是数字化的，往往几分钟就可以完成色彩确定工作，大大提高了效率。图 10－4 所示为颜色信息管理的数字化快捷途径示意图。

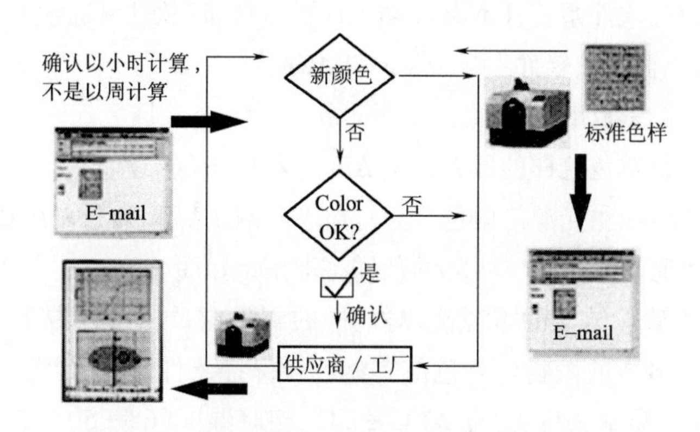

图 10－4　颜色信息管理的数字化快捷途径示意图

5. 建立产品开发人员与染厂之间信息交流的新平台　与直到现在仍需要传送实际样品的方法相比，如今，使用数字样品成为可能。产品开发人员使用颜色滑动板为特定的物品设计颜色。染厂把染色信息输入到他的配方计算软件。染厂考虑产品开发人员同意的关于牢度、同色异谱等的方案，然后虚拟制出一种适当的配方。工厂输出的配方并通过 E-mail发回到产品开发人员，而不需要在实验室中制作实际染色样品。产品开发人员把配方输入到 CIMS 系统软件中并显示配方的颜色。这样可以比较产品开发人员理论上创作的颜色与特定的物品上的结果。只要产品开发人员认可了显示器上显示的配方，染色工将进行实验室染色。如今，处理数字样本的方法可节省大量的时间与成本。首先不需要做大量的实验室染色。其次缩短了过程，过去 8～12 周的工作，现在只需 2～3 个工作日或更短时间即可完成。

CIMS 为颜色开发、颜色管理、颜色传递提供了解决方案与选择，满足了在全球纺织与服装业内传递颜色的任何人的需要。

二、颜色信息管理系统操作的实际步骤

我国是纺织品生产和出口大国,与国际各大百货公司都有贸易往来,这些公司都指定使用CIMS系统作颜色检测,并都严格的用文件的形式规定了整个采购过程中的颜色控制过程,见表10-1。各采购公司颜色控制文件的核心内容很相似,主要要求如下。

1.供应商必须使用指定的硬件和软件

(1)光源箱:

①Datacolor Color Matcher DCMB2028 或 DCMB2540。

②GretagMacbeth Spectralight III 或 Verivide CAC 60-D Light Cabinet。

(2)分光光度计:

Datacolor 650、Datacolor 600、Spectraflash 600X (SF600X)、Spectraflash 600 Plus CT (SF600XCT)或 GretagMacbeth-ColorEye 7000A。

(3)色彩品质管理QC软件:Datacolor-Colortools QC 软件或 GretagMacbeth-Color iQC 软件。

(4)成像软件、影像软件系统:Envision 颜色成像软件,该软件可通过 Datacolor 获得。

(5)颜色沟通及色样查核软件: Datacolor TRACK。

(6)电子颜色标准、索取电子标准(.qtx 文件)。

(7)评核公差:评核单色色样的最大公差 ΔE_{CMC} 为1.10(l:c 为2:1)。

(8)不同光源色差:在主光源冷白色荧光灯(CWF 或 F2)和第二光源日光(D_{65})照射下,所有色样必须相符。呈现条件等色(跳灯)的色样将被拒绝接受。

(9)测量技术:为确保结果的重现性,对色样的测量应严格遵守以下程序。根据其设计,这些程序可涵盖绝大多数的织物。测色前实物色样保存条件建议采用ASTM(美国检测与材料学会)规定的标准实验室条件:温度22℃±2℃、相对湿度(65±5)%(无冷凝)。所有的实物色样允许在实验室中进行环境调节,包括在测量之前在外界灯光下至少曝光30min。

表10-1 国际著名公司采购过程中颜色控制的具体要求

公司或品牌名称	沃尔玛(WAL-MART)	五月百货(MAY)	阿迪达斯(Adidas)
温度	22℃±2℃(需在环境中放置温湿度计)		20℃±2℃
相对湿度	65%±5%		65%±5%
主要光源	F2 (CWF)/ 10 Deg	F11(TL—84)/ 10 Deg	D_{65}/10 Deg
次要光源	D_{65}/ 10 Deg	IncA, D_{65}/ 10 Deg	F11 (TL—84)/10 Deg, CWF/10 Deg
测试次数	4次(平均)	4次(平均)	4次(平均)
折层	2~3层,较透明的布背景放白板使其不透光,长毛织物只需1层	2~4层(需折至不透光)	4层

续表

公司或品牌名称	沃尔玛(WAL - MART)	五月百货(MAY)	阿迪达斯(Adidas)
测量方式	90°,180°,270°,360°(0°)(同一面,不同点,从经向开始)	90°, 180°, 270°, 360°(0°)(经向)	90°, 180°, 270°, 360°(0°)
	标准样:每次需移动不同位置(4个相异点)		标准样:每次需移动不同位置(4个相异点)
	批次样:每次需移动不同位置(4个相异点)		批次样:每次需移动不同位置(4个相异点)
包括光泽(SCI)/不包括光泽(SCE)	SCI	SCE	SCI
紫外线滤光片选择	400nm 截止滤光片	紫外包含	紫外包含
孔径选择	首选中孔径,如果需要选大孔径	小孔径或中孔径	大孔径
绿板测试	需保存绿板测试结果		每天保存测量结果
绿板测试允差值	0.35	0.35	0.35
色差公式	$CMC_{(2:1)}$	$CMC_{(2:1)}$	$CMC_{(2:1)}$
允差范围	$\Delta E<1.10$	$\Delta E=1.0$ 且 $\Delta H<0.6$ 或 $\Delta E=0.8$ 且 $\Delta H<0.5$(只用在特殊布种)	试验室样:$\Delta L=0.6$,$\Delta C=0.3$,$\Delta H=0.3$,$\Delta E=0.6$;大生产样:$\Delta L=0.8$,$\Delta C=0.5$,$\Delta H=0.5$,$\Delta E=0.8$
校正时间	按一般规定	8h	4h
色样尺寸	5cm×5cm		
色样储存	所有标准样及批次样不测色时必须放在光源阻绝盒子内		光源阻绝盒子内
测色前准备	色样从不透明盒子中拿出必须在规定的标准环境中摆放30min才可以进行测色,灯芯绒和天鹅绒等面料必须在测色前把毛向梳顺,且面料必须处于放松状态		色样必须先放在标准环境中回温,离开标准环境后必须在5min内测色结束
显示格式	沃尔玛格式		阿迪达斯格式
参加认证人数	至少两人		至少两人
病毒检查	一定要做		
认证时间	新装机三个月内做一次,此后每年认证一次		
国际陶瓷协会颜色瓷砖试验			

续表

公司或品牌名称	蓝赞(Lands' End)	耐克(NIKE)	杰·西·潘尼(J·C·PENNY)
温度	20℃ ±2℃	20℃ ±2℃	
相对湿度	65% ±5%	65% ±5%	
主要光源	CWF/10 Deg		D_{65}/10 Deg
次要光源	D_{65}/10 Deg		A/10 Deg,CWF(F2)/10 Deg
测试次数	2次/4层 4次(平均)/1层	2次	4次
折层	4层	2~4层,必须在背后垫一块白板	
测量方式	90°、180°、270°、360°(0°)	90°旋转	
	标准样:每次需移动不同位置(四个相异点)	标准样:每次需移动不同位置(四个相异点)	
	批次样:每次需移动不同位置(四个相异点)	批次样:每次需移动不同位置(四个相异点)	
包括光泽(SCI)/不包括光泽(SCE)	SCI	SCI	SCI
紫外线滤光片选择	400nm截止滤光片	400nm截止滤光片	紫外线包含
孔径选择	中孔径	大孔径	大孔径
绿板测试	保存每天结果	保存每天结果	
绿板测试允差值	0.35	0.35	
色差公式	$CMC_{(2:0.5)}$	$CMC_{(2:1)}$	$CMC_{(l:c)}$
允差范围	试验室样 $\Delta E<1.00$,大生产样 $\Delta E<1.25$	试验室样:D_{65}/10 Deg,$\Delta E_{CMC}<0.7$,$\Delta H^*/SH<0.5$ F2(CWF)/10 Deg,$\Delta E_{CMC}<0.7$ A/10 Deg,$\Delta E_{CMC}<1.0$ 大生产样:D_{65}/10 Deg $\Delta E_{CMC}<0.7$;D_{65}/10 Deg $\Delta E_{CMC}=0.7\sim1.5$通过,$D_{65}$/10 Deg $\Delta E_{CMC}>1.5$拒收	$\Delta E<1.0$
校正时间	8h	8h	4h
色样尺寸	7.6cm×7.6cm		
色样储存			
测色前准备	必须先在标准环境中回温1h	测色前必须在标准环境中至少放置4h	
显示格式			
参加认证人数			
病毒检查			
认证时间			
国际陶瓷协会颜色砖试验			

续表

公司或品牌名称	耐克斯特(NEXT)	塔杰(TARGET)
温度	20℃ ±2℃	18 ~26℃
相对湿度	65% ±2%	65% ~70%
主要光源	D_{65}/10 Deg	D_{65}/10 Deg
次要光源	TL—84/10 Deg	UL3000/10 Deg
测试次数	4 次(平均)	4 次(平均)
折层		2 层
测量方式		90°旋转
包括光泽(SCI)/不包括光泽(SCE)	SCI	SCI
紫外线滤光片选择	紫外线包含	400nm 截止滤光片
孔径选择	大孔径	大孔径或小孔径
绿板测试		
绿板测试允差值		
色差公式	$CMC_{(l:c)}$	$CMC_{(2:1)}$
允差范围		$\Delta E<1.0$, $\Delta E<0.8$ 作为卡其布
校正时间	4h	4h
色样尺寸		
色样储存	(1)量测色样或运送色样前必须将色样放置在塑胶(可塑)容器内,以保持色样干净、干燥 (2)试验室小样在测色前必须先将色样放置在标准的恒温恒湿箱中 30min (3)大货样在测色前必须先将色样放置在标准的恒温恒湿箱中 1h (4)试验室小样或大货样在测色前如果放置在标准的实验室内,必须将色样在实验室内放置 16h 以上,或将色样放置到隔夜,才可进行测色	
测色前准备	(1)试验室小样或是大货样在测色前必须先将色样在标准的恒温恒湿箱中放置 30min,色样从标准的恒温恒湿箱中拿出来必须在 5min 内将色样完成测色 (2)色样必须保持干净,色样表面不可沾污 (3)色样必须标明经纬向	
显示格式		塔杰显示格式
参加认证人数		
病毒检查		
认证时间		
国际陶瓷协会颜色瓷砖试验		

续表

公司或品牌名称	爱派思(Express)	雷米特(Limited Brands)	雷米特(维多利亚)[Limited Brands(Victoria Secret)]
温度	18~24℃	20℃ ±2℃	20℃ ±2℃
相对湿度	35%~55%	45%~55%	40%~70%
主要光源	CWF (F2)/10 Deg	CWF(F2)/10 Deg	A/10 Deg
次要光源	A/10 Deg, D_{65}/10 Deg	D_{65}/10 Deg, A/10 Deg	CWF(F2)/10 Deg
测试次数		4次	2次
折层		4层	2层
测量方式	4次(平均)	90°旋转	
包括光泽(SCI)/不包括光泽(SCE)	SCI	SCE	SCE
紫外线滤光片选择	400nm截止滤光片	400nm截止滤光片	400nm截止滤光片
孔径选择	大孔径或中孔径	大孔径或中孔径	大孔径
绿板测试	每天	两周	一周
绿板测试允差值		0.35	0.35
色差公式	$CMC_{(2:1)}$	$CMC_{(2:1)}$	$CMC_{(2:1)}$
允差范围	(1)试验室:$\Delta E<0.8$, $\Delta L<\pm0.6$, $\Delta H<\pm0.5$, $\Delta C<\pm0.6$ (2)大生产:$\Delta E<1.0$, $\Delta L<\pm0.6$, $\Delta H<\pm0.5$, $\Delta C<\pm0.6$ (3)缸差:$\Delta E<0.7$, $\Delta L<\pm0.7$, $\Delta H<\pm0.5$, $\Delta C<\pm0.7$	试验室:$\Delta E<0.6$, ΔH^*比较低 大生产:$\Delta E<0.8$	
校正时间	8h	8h	8h
色样尺寸	5cm×5cm	7.6cm×7.6cm	
色样储存			
测色前准备			
显示格式			
参加认证人数			
病毒检查			
认证时间			
国际陶瓷协会颜色瓷砖试验		$\Delta E_{CMC}<0.40$	

续表

公司或品牌名称	雷米特(马斯特) [Limited Brands(MAST)]	汤米·海尔菲格 (Tommy Hilfiger)	琳玛(Linmark)
温度			
相对湿度			
主要光源		CWF(F2)/10 Deg	D_{65}/10 Deg
次要光源		D_{65}/10 Deg, A/10 Deg	CWF(F2)/10 Deg, A/10 Deg
测试次数		4次	4次
折层			4层
测量方式		(1)平织的色样每次旋转90°且分别移动不同的地区测量两点,其他的色样每次旋转90°且分别移动不同的地区测量4点 (2)测量纱线前须将纱线以适当的张力缠绕在5cm×5cm的卡纸上,卡纸上不可有漏缝且纱线必须完全覆盖 (3)透明的色样测色前必须折叠到不透光为止	(1)一般色样测色时必须将色样对折两次成4层,在不透明状态下进行测色,色样每次分别旋转及移动不同的地区测量4点 (2)极薄的色样进行测色时必须在色样后面垫一块标准白板,在此状态下才能进行测色,色样每次分别旋转及移动不同的地区测量4点(垫色样的白板必须是标准白板,part number 1200~1255) (3)将纱线依次经向绕一次,再纬向绕一次,将白版硬纸不漏空隙地绕满整个白版硬纸上,每次分别旋转及移动不同的地区测量4点 (4)灯芯绒、有组织方向、长绒类色样必须同一方向且移动不同地区进行测色,每次移动不同地区测量4点 (5)每次色样在不同地区点的测色必须间隔10s以上
包括光泽(SCI)/ 不包括光泽(SCE)		SCI	SCI

续表

公司或品牌名称	雷米特(马斯特) [Limited Brands(MAST)]	汤米·海尔菲格 (Tommy Hilfiger)	琳玛(Linmark)
紫外滤光片选择		400nm 截止滤光片	紫外线包含
孔径选择		中孔径	大孔径、小孔径
绿板测试			
绿板测试允差值			
色差公式	$CMC_{(2:1)}$	$CMC_{(l:c)}$	$CMC_{(l:c)}$
允差范围		(1)小样:$\Delta E<0.6$,色样很有可能接受;$\Delta E>1.0$,色样很有可能拒绝 (2)大货生产:$\Delta E<0.8$,色样很有可能接受;$\Delta E>1.3$,色样很有可能拒绝	(1)$\Delta E<1.0$ (2)Limmark 目视合格,允差值为1.0~1.2 (3)HBC 目视,合格允差值为1.2~1.5
校正时间	8h		
色样尺寸		5cm×5cm	12.7cm×12.7cm
色样储存			
测色前准备		(1)所有色样在测量前都必须在空气调节的房间(空气)中暴露,至少在灯光下暴露30min (2)色样必须保持干净,色样表面不可污染或沾污 (3)测量色样前必须清楚分辨正反面 (4)色样张贴方向必须一致	
显示格式			
参加认证人数			
病毒检查			
认证时间			
国际陶瓷协会颜色瓷砖试验			

续表

公司或品牌名称	莉兹(Liz Claimborne)	玛莎百货(Marks & Spencer)
温度	20~22℃	20℃ ±2℃
相对湿度	65%	65% ±2%
主要光源	A/10 Deg	msTL—84/10 Deg
次要光源	CWF(F2)/10 Deg	msD_{65}/10 Deg, msA/10 Deg
测试次数	4 次(平均)	
折层	2 层	
测量方式	标准样:测色时先将色样对折一次成两层,再将色样每次旋转 90°且分别移动不同的地区测量 4 点 批次样: (1)如果是透明或半透明的色样,测色前将色样对折两次成 4 层或是将色样折到不透明状态下再进行测色,色样每次旋转 90°且分别移动到不同的地区测量 4 点 (2)如是绒布(毛)或是毛巾布这类较厚的色样一层可测色,色样每次旋转 90°且分别移动不同的地区测量 4 点	
包括光泽(SCI)/不包括光泽(SCE)	SCI	SCI
紫外线滤光片选择	400nm 截止滤光片	紫外线包含
孔径选择	大孔径或中孔径	大孔径
绿板测试		
绿板测试允差值		
色差公式	$CMC_{(l:c)}$	MS 89
允差范围	(1)试验室样:$\Delta L<1.0$,$\Delta C<0.8$,$\Delta H<0.6$,$\Delta E<1.0$,M.I<1.5 (2)大生产样:$\Delta L<1.0$,$\Delta C<0.8$,$\Delta H<0.6$,$\Delta E<1.0$,M.I<1.5 (3)缸差:$\Delta L<0.8$,$\Delta C<0.6$,$\Delta H<0.6$,$\Delta E<0.8$,M.I<0.2	(1)msTL—84:$\Delta E<1.2$,$\Delta L<0.8$,$\Delta H<0.6$,$\Delta C<0.8$ (2)msD_{65}:$\Delta E<1.5$,$\Delta L<1.0$,$\Delta H<0.75$,$\Delta C<1.0$ (3)msA:$\Delta E<1.5$,$\Delta L<1.0$,$\Delta H<0.75$,$\Delta C<1.0$
校正时间		
色样尺寸		
色样储存		
测色前准备	所有色样在测量前,必须将色样暴露在标准实验室与空气接触至少 30min	所有色样测色前,必须将色样先在恒温(20℃ ±2℃)和恒湿(65% ±2%)箱及 D_{65} 中放置 30min

续表

公司或品牌名称	莉兹(Liz Claimborne)	玛莎百货(Marks & Spencer)
显示格式		玛莎百货格式
参加认证人数		
病毒检查		
认证时间		必须先经过 M&S 的审核
国际陶瓷协会颜色瓷砖试验		

(10)分光光度计设置(QC 软件的一项功能):

光源:CWF 或 F2

观察者:10°视场

镜面光泽:包含

紫外线:不包含

(11)孔径尺寸:中孔径 20mm 或大孔径 30mm

GretagMacbeth:大孔径 25mm

(12)色样提交及处理:所有色样须在测量前折叠 2 次形成 4 层,或将其折叠至不透明。透明或半透明的织物须折叠多次,直至变得不透明;摇粒绒和尿布等厚织物折叠次数较少,至不透明即可。所有的色样在测色前均须折叠至不透明。要获得最佳的测色结果,须对织物进行 4 次读数,每次读数将织物旋转 90°重新定位测量。织物的测量方向应固定在 90°、180°、270°和 360°(或 0°)。四次测量结果将由软件自动求平均数并保存。

2. 实验室小样测量程序规范 每份电子邮件提交一个标准色。同一标准色的多个对比色样测色结果可在同一电子邮件中提交。

(1)向 ColorSolutions International 索取电子颜色标准(.qtx 文件),并将该标准保存在 QC 软件(Colortools QC 或 Color iQC)。

(2)将样品折叠 2 次形成 4 层,或折叠至样品变得不透明,再比照电子颜色标准(.qtx 文件)测量该样品。

(3)将样品测量 4 次,每次旋转一定角度并重新定位。

(4)为每件色样填写电子申请表格。使用复制/粘贴按钮将数据从一件样品复制到另一件(只有 Colortools 软件可进行该快捷操作)。

(5)将样品测量结果电子邮件至采购商。

(6)用采购商套在 Envsion 上的标准色影像对不同色样影像进行目测评核,并参考 QC 软件中的相应数据。根据目测评核结果做出最终合格/不合格的判定。

(7)采购商将在收到测量色样后 1 个工作日内将测试结果电邮给供应商。

(8)若电子提交获得认可,供应商应将代表该电子认可的实物(色样)提交批核。实物样品应直接提交给采购商。

(9)样品必须附在“样品提交表格”(SP—1)上。必须同时附上已完成的“颜色评核申请”(CE—1)。申请表格上必须含有认可报告编号。

重要提示:不可根据电子认可进行大量生产。在实物(色样)获得认可后,才表明获得最终认可。

(10)采购商将发出报告(LD),对实物做出最终认可或指示需做出修正。若需进行修正,应遵循上述程序执行。图 10－5 所示为小样程序流程示意图。

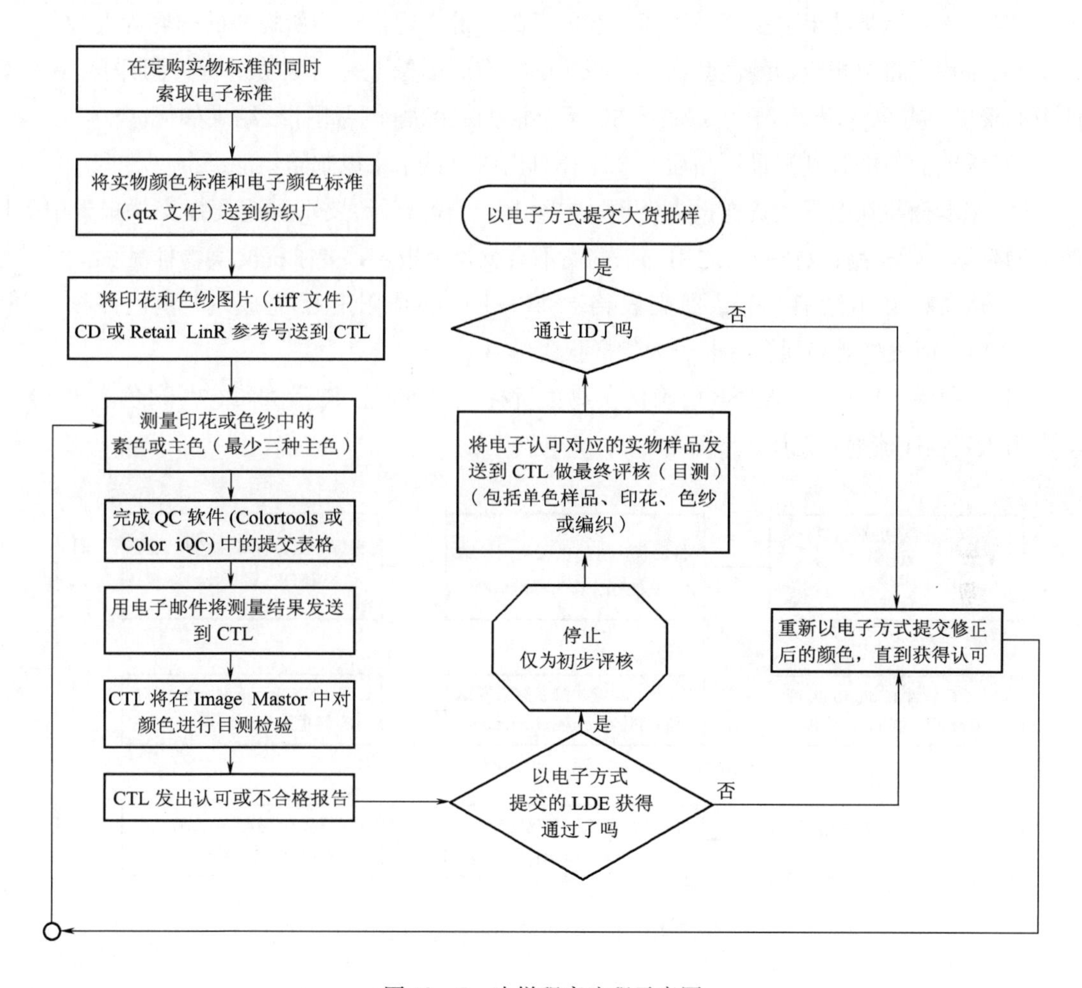

图 10－5　小样程序流程示意图

3. 大货样测量过程规范　必须提交所有大货色样。所有大货必须以电子文档的形式提交。每次最多可测量一种颜色的 20 套大货样,对同一种颜色可进行多次测量。

(1)将获得认可的电子色样测量结果作为大货标准保存在 QC 软件(Colortools QC 或 ColoriQC)中。该认可测量结果将用作所有大货评核的标准。

(2)每批产品的样品都要测量。比照获得认可的色样测量结果对最初的大货进行测量。评核后来的大货时,也可从数据库中调出先前获得认可的大货进行比较。

(3)大货样必须与获得认可的色样标准极为接近。为确保裁剪与缝纫时颜色的一致,强制要求大货色样组密集在认可的色样标准周围。染色块没有聚集在获得认可的色样周围或位于先前获得认可的大货样内时,供应商应在转交给 CTL 检测实验室前将其去除并重新处理。

(4)完成每种大货样品的电子提交表格。使用“复制”/“粘贴”按钮复制数据(仅在 Colortools 中有此快捷方式)。

(5)将大货测量结果电邮至采购商。在电子邮件的主题栏注明所提交的内容为大货。

(6)采购商将把相应的颜色套在 Envision 的标准底图像上并对大货进行目测评核。QC 软件中的聚集特点也将用于评核。最终合格/不合格决定将基于目测评核结果如何。

(7)采购商将在收到测量样品后一个工作日内将测试结果电邮给供应商。

(8)采购商将在电子大货样报告(SBE)中附上一个备忘录,要求供应商提交从报告中随机选出的具体大货样品,以作确认之用。采购商不会就每个报告都要求提交实物样品。

(9)大货样必须附有“样品提交表格”(SP—1),必须附有已完成的“颜色评核申请”(CE—1),申请表格上必须含有电子大货样报告编号。

(10)采购商将签发报告(SB),确认实物大货样获得通过。测量大货样—素色。图 10-6 所示为大货程序流程示意图。

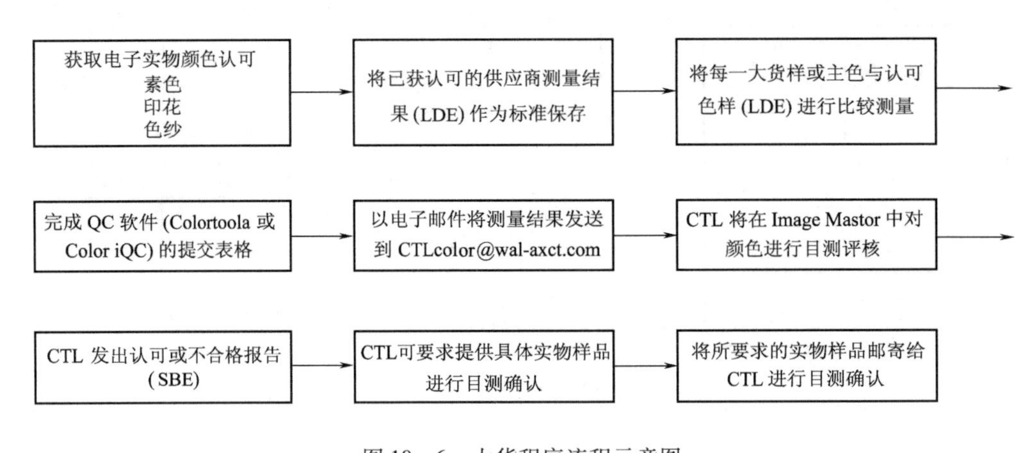

图 10-6　大货程序流程示意图

4. 供应商认证　这是为了确保供应商与采购商在颜色方面正确地传递和沟通所采取的必要措施。供应商认证要求如下:

(1)程序要求:经认证合格的供应商将遵守所规定的所有与颜色质量控制有关的程序。

(2)仪器要求:经认证合格的供应商必须具有经核准的分光光度计。

(3)服务要求:应与当地的代理机构或地方办事处签订服务合同,对分光光度计进行维护,以确保仪器功能正常。

(4)软件要求:为与采购商建立颜色结果数字交流通道,供应商应备有1.3R4或以上版本的Colortools QC或Color iQC软件。供应商将使用经核准的表格和数据栏对数据进行收集和交流。整个认证过程必须严格地按照颜色认证程序执行。评核流程包括如下步骤:

①检查供应商仪器和服务要求;

②分光光度计的服务程序;

③标准照明评核;

④实验室条件;

⑤病毒检查;

⑥校准标准;

⑦软件配置;

⑧对操作员的评核。

供应商必须每年更新其认证。如有需要,可安排临时评核。

复习指导

1.相关概念:

(1)设备相关颜色:指RGB和CIMK等颜色空间表示的颜色。这些颜色的视觉特征与材料和设备是相关的,如显示器、数字照相机、喷墨打印机等。同一幅图像,在不同的设备上输出时,可能会有不同的视觉效果。

(2)设备无关颜色:与设备相关颜色相对应,就是CIE颜色空间。

了解这些概念对理解色彩管理有重要意义。

2.设备相关颜色与设备无关颜色之间标准状态下的转换,是颜色管理的核心,是颜色异地沟通所必须,是颜色管理在实践中应用的关键。

3.颜色管理的实施过程:

(1)设备校正:设备正常是颜色可靠传递的保证。需要校正的设备包括输入设备、显示设备、输出设备等都必须标准化。

(2)特性化:所用设备经过校正后,必须记录各个设备的特性。输入设备和显示器,就是利用IT8标准色标,进而做出色度特性化曲线。输出设备也要用颜色空间做出输出色域特性曲线。在做出输入设备色度特性化曲线的基础上,对照与设备无关的颜色空间,做出输入设备的色彩描述文件,同时,利用输出设备的色域特性曲线,做出输出设备的色彩描述文件。这是从设备相关色空间向标准设备无关色空间进行转换的桥梁。

(3)从设备相关色空间向标准设备无关色空间的转换:转换的方法有很多种,如绝对法、相对法、突出饱和度法、以感觉性为基础的方法。

颜色的异地沟通正在被越来越广泛地应用于纺织、服装等行业的色彩管理中。书中所列举的应用实例,是深入了解颜色管理基础知识不可缺少的内容。

习题

一、单项选择题(下列每题的选项中,只有一个是正确的,请将其代号填在横线空白处)

1. 利用设备描述文件,以标准的设备无关色空间为媒介,实现各设备色空间之间的正确转换。色域压缩在ICC协议中提出的4种方法是:

A. 显示、对比、沟通及传递

B. 曲线拟合法、强行修正法、效应值法及差值法

C. 主波长、纯度、色域及色温

D. 绝对色度法、感觉性、突出饱和度法及相对色度法

2. 在Windows软件中打开一幅RGB图像时,选择将其转换为CMYK图像,则色彩转换将以__________为目标。

A. CMYK工作空间　　B. RGB工作空间

C. ICC文件色彩空间　　D. SPOT工作空间

3. 对于输入设备和显示器,利用一个已知的__________,对照该表的色度值和输入设备所产生的色度值,做出该设备的色度特性化曲线。

A. Munsell色标　　B. IT8标准色标

C. 潘通色标　　D. 自然色标准色标

4. 显示器相关色温值代表了显示器的__________。

A. 亮度　　B. 颜色

C. 灰度　　D. 白色区的色度值

5. 颜色管理过程中的3个要素是__________。

A. 明度、色相及彩度

B. 突出饱和度法、相对色度法及绝对色度法

C. 校正、特性化及转换

D. 亮度、对比度及黑白场

6. 在显示器上观察图像时,周围的颜色最好是__________。

A. 红色　　B. 绿色　　C. 中灰色　　D. 蓝色

7. 供应商与采购商在颜色方面用CIMS系统进行传递和沟通,他们通过E-mail传递的文件档案是__________格式的文件档案。

A. . qtx　　B. . doc　　C. . xls　　D. . xml

8. 玛莎百货用__________色差公式评定颜色的差别。

A. MS89　　B. CIELAB　　C. FMC_{II}　　D. $CMC_{(2:1)}$

9. 沃尔玛采购商在计算颜色时选用的第一光源和第二光源是______。

A. D_{65}和CWF　　B. CWF和D_{65}　　C. TL—84和D_{65}　　D. CWF和U3000

10. 沃尔玛采购商在测量颜色前对分光测色仪的紫外线滤光片设置是______。

A. 紫外线不包含　B. 紫外线包含　　　C. 420nm 截止　　　　　D. 460nm 截止

二、判断题(下列判断正确的请打“√”,错误的打“×”)

1. 任何一个与设备有关的颜色间都可以在 $L^*a^*b^*$ 颜色空间中测量、标定。

2. 扫描仪工作在 RGB 的色彩空间中。

3. 显示器工作在 CMYK 的色彩空间中。

4. 打印机工作在 CMYK 的色彩空间中。

5. 由 $L^*a^*b^*$ 颜色空间表示的颜色就是与设备有关的颜色。

6. ICC 的宗旨是创建一种开放式的颜色管理标准。

7. ICC 特征文件不仅包含从设备颜色向色彩连接空间转化的数据,还包括从色彩连接空间到设备色彩空间转换的数据。

8. CMM 是用于解释设备特征的文件,根据特征文件所描述的设备颜色特征进行不同设备间的颜色数据转换。

参考文献

[1] 日本色彩学会. 色彩科学ハンドブック[M]. 东京大学出版社,1982.

[2] Datacolor 技术资料 Color & Colorimetry[M]. 2006 年 Paris

[3] 纳谷嘉信. 产业色彩学[M]. 朝仓书店, 1980.

[4] 荆其诚,等 色度学[M]. 北京:科学出版社, 1979.

[5] 李再清,等. 颜色测量基础[M]. 北京:技术标准出版社,1979.

[6] 池田光男. 产业色彩学[M]. 朝仓书店,1980.

[7] 束越新. 颜色光学基础理论[M]. 济南:山东科技出版社,1981.

[8] 池田光男. 色彩工学の基础[M]. 朝仓书店,1986.

[9] E. Allen Basic equations used in computer color matching, J. Opt. Soc. Am. 56,1256 – 1259 (1966).

[10] E. Allen Advances in colorant formulation and shading, Pro. 3rd Cong. of AIC,153 – 179 (1978).

[11] J. S. Bonham, Fluoresscence and Kubelka – Mank theory, Color Res. Appl. 11,223 – 230 (1986).

[12] H. R. Davidson, The origin and development of instrumental color matching, in Proc. of AIC 25th Anniversary and ISCC 61st Annual Meeting, Orinceton, 1992, p. 27 – 32.

[13] R. McDonald, Industrial pass/fail color matching. Part Ⅰ – Preparation of visual colour – matching data, J. Soc, Dyers Colourists 96,372 – 376 (1974).

[14] I. Mendez – Diaz, J. A. Cogno, Mixed – integer programming algorithm for computer color matching, Color Res. Appl. 13,43 – 45 (1988).

[15] J. H. Nobbs, Colour – match prediction for pigmented materials, in R. McDonald, Ed., Colour Physics for Industry, 2nd ed., the Society of Dyers and Colourists, Bradford, England, 1997, pp. 292 – 372.

[16] D. C. Rich, F. W. Billmeyer, Jr., Small and moderate color difference ellipses in surface color space, Color Res. Appl. 18,11 – 27 (1993).

[17] B. Sluban, J. H. Nobbs, The Colour sensitivity of a Colour matching recipe, Color Res. Appl. 20,226 – 234 (1995).

[18] W. S. Stiles, J. M. Burch, N. P. L. Colour matching investigation: Final report (1958), Optica Acta 6,1 – 26 (1959).

[19] G. Wyszecki, G. H. Fielder, New color – matching ellipses, J. Opt. Soc. Am. 61,1135 – 1152 (1971).

[20] 刘浩学,等. 色彩管理[M]. 北京:电子工业出版社,2005.

[21] 李小梅,等. 颜色技术原理[M]. 北京:化学工业出版社,2002.

[22] 程杰铭,等. 印刷色彩学[M]. 北京:化学工业出版社,2006.

[23] 胡成发. 印刷色彩与色度学[M]. 北京:印刷工业出版社, 1993.

[24] R. S. Berna, Methods for characterizing CRT displays, Displays 16, 173 – 182 (1996).

[25] R. S. Berna, The importance of color appearance models in color management systems, Proc. 8th Cong.

International Colour Association, 110 – 115 (1997).

[26] J. Birch, Diagnosis of Defective Colour Vision, Oxford UniversityPress, New York, 1993.

[27] H. E. Ives, The transformation of color-mixture equations from one system to another, J. Franklia Inst. 180, 673 – 701 (1995).

[28] M. L. Simpson and J. F. Jansen, Imaging colorimetry: A new approach, Appl. Opt. 30, 4666 – 4671 (1991).

[29] Bruce Fraser, Chris Murphy, Fred Bunting. Real World Color Management[M]. Second Edition. Peachpit Press, 2005.

[30] 徐海松. 颜色信息工程[M]. 杭州:浙江大学出版社,2005.

[31] 薛朝华. 颜色科学与计算机测色配色实用技术[M]. 北京:化学工业出版社, 2004.

附　录

附录一　CIEXYZ 系统权重分布系数

附表 1－1　CIE 标准照明体 A、B、C（2°视场，$\lambda=380\sim770nm$，$\Delta\lambda=10nm$）

波长	A			B			C		
λ/nm	$S(\lambda)\bar{x}(\lambda)$	$S(\lambda)\bar{y}(\lambda)$	$S(\lambda)\bar{z}(\lambda)$	$S(\lambda)\bar{x}(\lambda)$	$S(\lambda)\bar{y}(\lambda)$	$S(\lambda)\bar{z}(\lambda)$	$S(\lambda)\bar{x}(\lambda)$	$S(\lambda)\bar{y}(\lambda)$	$S(\lambda)\bar{z}(\lambda)$
380	0.001	0.000	0.006	0.003	0.000	0.014	0.004	0.000	0.020
390	0.005	0.000	0.023	0.013	0.000	0.060	0.019	0.000	0.089
400	0.019	0.001	0.093	0.056	0.002	0.268	0.085	0.002	0.404
410	0.071	0.002	0.340	0.217	0.006	1.033	0.329	0.009	1.570
420	0.262	0.008	1.256	0.812	0.024	3.899	1.238	0.037	5.949
430	0.649	0.027	3.167	1.983	0.081	9.678	2.997	0.122	14.628
440	0.926	0.061	4.647	2.689	0.178	13.489	3.975	0.262	19.938
450	1.031	0.117	5.435	2.744	0.310	14.462	3.915	0.443	20.638
460	1.019	0.210	5.851	2.454	0.506	14.085	3.362	0.694	19.299
470	0.776	0.362	5.116	1.718	0.800	11.319	2.272	1.058	14.972
480	0.428	0.622	3.636	0.870	1.265	7.396	1.112	1.618	9.461
490	0.160	1.039	2.324	0.295	1.918	4.290	0.363	2.358	5.274
500	0.027	1.792	1.509	0.044	2.908	2.449	0.052	3.401	2.864
510	0.057	3.080	0.969	0.081	4.360	1.371	0.089	4.833	1.520
520	0.425	4.771	0.525	0.541	6.072	0.669	0.576	6.462	0.712
530	1.214	6.322	0.309	1.458	7.594	0.372	1.523	7.934	0.388
540	2.313	7.600	0.162	2.689	8.834	0.188	2.785	9.149	0.195
550	3.732	8.568	0.075	4.183	9.603	0.084	4.282	9.832	0.086
560	5.510	9.222	0.036	5.840	9.774	0.038	5.880	9.841	0.039
570	7.571	9.457	0.021	7.472	9.334	0.021	7.322	9.147	0.020
580	9.719	9.228	0.018	8.843	8.396	0.016	8.417	7.992	0.016
590	11.579	8.540	0.012	9.728	7.176	0.010	8.984	6.627	0.010
600	12.704	7.547	0.010	9.948	5.909	0.007	8.949	5.316	0.007
610	12.669	6.356	0.004	9.436	4.734	0.003	8.325	4.176	0.002
620	11.373	5.071	0.003	8.140	3.630	0.002	7.070	3.153	0.002
630	8.980	3.704	0.000	6.200	2.558	0.000	5.309	2.190	0.000
640	6.558	2.562	0.000	4.374	1.709	0.000	3.693	1.443	0.000

续表

波长 λ/nm	A			B			C		
	$S(\lambda)\bar{x}(\lambda)$	$S(\lambda)\bar{y}(\lambda)$	$S(\lambda)\bar{z}(\lambda)$	$S(\lambda)\bar{x}(\lambda)$	$S(\lambda)\bar{y}(\lambda)$	$S(\lambda)\bar{z}(\lambda)$	$S(\lambda)\bar{x}(\lambda)$	$S(\lambda)\bar{y}(\lambda)$	$S(\lambda)\bar{z}(\lambda)$
650	4.336	1.637	0.000	2.815	1.062	0.000	2.349	0.886	0.000
660	2.628	0.972	0.000	1.655	0.612	0.000	1.361	0.504	0.000
670	1.448	0.530	0.000	0.876	0.321	0.000	0.708	0.259	0.000
680	0.804	0.292	0.000	0.465	0.169	0.000	0.369	0.134	0.000
690	0.404	0.146	0.000	0.220	0.080	0.000	0.171	0.062	0.000
700	0.209	0.075	0.000	0.108	0.039	0.000	0.082	0.029	0.000
710	0.110	0.040	0.000	0.053	0.019	0.000	0.039	0.014	0.000
720	0.057	0.019	0.000	0.026	0.009	0.000	0.019	0.006	0.000
730	0.028	0.010	0.000	0.012	0.004	0.000	0.008	0.003	0.000
740	0.014	0.006	0.000	0.006	0.002	0.000	0.004	0.002	0.000
750	0.006	0.002	0.000	0.002	0.001	0.000	0.002	0.001	0.000
760	0.004	0.002	0.000	0.002	0.001	0.000	0.001	0.001	0.000
770	0.002	0.000	0.000	0.001	0.000	0.000	0.001	0.000	0.000
总和 (X,Y,Z)	109.828	100.000	35.547	99.072	100.000	85.223	98.041	100.000	118.103
(x,y,z)	0.4476	0.4075	0.1449	0.3485	0.3517	0.2998	0.3101	0.3163	0.3736
(u,v)	0.2560	0.3495		0.2137	0.3234		0.2009	0.3073	

附表 1-2　CIE 标准照明体 D_{55}、D_{65}、D_{75}（2°视场，$\lambda=380\sim770nm$，$\Delta\lambda=10nm$）

波长 λ/nm	D_{55}			D_{65}			D_{75}		
	$S(\lambda)\bar{x}(\lambda)$	$S(\lambda)\bar{y}(\lambda)$	$S(\lambda)\bar{z}(\lambda)$	$S(\lambda)\bar{x}(\lambda)$	$S(\lambda)\bar{y}(\lambda)$	$S(\lambda)\bar{z}(\lambda)$	$S(\lambda)\bar{x}(\lambda)$	$S(\lambda)\bar{y}(\lambda)$	$S(\lambda)\bar{z}(\lambda)$
380	0.004	0.000	0.020	0.006	0.000	0.031	0.009	0.000	0.040
390	0.015	0.000	0.073	0.022	0.001	0.104	0.028	0.001	0.132
400	0.083	0.002	0.394	0.112	0.003	0.531	0.137	0.004	0.649
410	0.284	0.008	1.354	0.377	0.010	1.795	0.457	0.013	2.180
420	0.915	0.027	4.398	1.188	0.035	5.708	1.424	0.042	6.840
430	1.834	0.075	8.951	2.329	0.095	11.365	2.749	0.112	13.419
440	2.836	0.187	14.228	3.456	0.228	17.336	3.965	0.262	19.889
450	3.135	0.354	16.523	3.722	0.421	19.621	4.200	0.475	22.139
460	2.781	0.574	15.960	3.242	0.669	18.608	3.617	0.746	20.759
470	1.857	0.865	12.239	2.123	0.989	13.995	2.336	1.088	15.397
480	0.935	1.358	7.943	1.049	1.525	8.917	1.139	1.656	9.683
490	0.299	1.942	4.342	0.330	2.142	4.790	0.354	2.302	5.147
500	0.047	3.095	2.606	0.051	3.342	2.815	0.054	3.538	2.979

续表

波长 λ/nm	D55			D65			D75		
	$S(\lambda)\bar{x}(\lambda)$	$S(\lambda)\bar{y}(\lambda)$	$S(\lambda)\bar{z}(\lambda)$	$S(\lambda)\bar{x}(\lambda)$	$S(\lambda)\bar{y}(\lambda)$	$S(\lambda)\bar{z}(\lambda)$	$S(\lambda)\bar{x}(\lambda)$	$S(\lambda)\bar{y}(\lambda)$	$S(\lambda)\bar{z}(\lambda)$
510	0.089	4.819	1.516	0.095	5.131	1.614	0.099	5.372	1.690
520	0.602	6.755	0.744	0.627	7.040	0.776	0.646	7.249	0.799
530	1.641	8.546	0.418	1.686	8.784	0.430	1.716	8.939	0.437
540	2.821	9.267	0.197	2.869	9.425	0.201	2.900	9.526	0.203
550	4.248	9.750	0.086	4.267	9.796	0.086	4.271	9.804	0.086
560	5.656	9.467	0.037	5.625	9.415	0.037	5.584	9.346	0.037
570	7.048	8.804	0.019	6.947	8.678	0.019	6.843	8.549	0.019
580	8.517	8.087	0.015	8.305	7.886	0.015	8.108	7.698	0.015
590	8.925	6.583	0.010	8.613	6.353	0.009	8.387	6.186	0.009
600	9.540	5.667	0.007	9.047	5.374	0.007	8.700	5.168	0.007
610	9.071	4.551	0.003	8.500	4.265	0.003	8.108	4.068	0.003
620	7.658	3.415	0.002	7.091	3.162	0.002	6.710	2.992	0.001
630	5.525	2.279	0.000	5.063	2.089	0.000	4.749	1.959	0.000
640	3.933	1.537	0.000	3.547	1.386	0.000	3.298	1.289	0.000
650	2.398	0.905	0.000	2.147	0.810	0.000	1.992	0.752	0.000
660	1.417	0.524	0.000	1.252	0.463	0.000	1.151	0.426	0.000
670	0.781	0.286	0.000	0.680	0.249	0.000	0.619	0.227	0.000
680	0.400	0.146	0.000	0.346	0.126	0.000	0.315	0.114	0.000
690	0.172	0.062	0.000	0.150	0.054	0.000	0.136	0.049	0.000
700	0.089	0.032	0.000	0.077	0.028	0.000	0.069	0.025	0.000
710	0.047	0.017	0.000	0.041	0.015	0.000	0.037	0.013	0.000
720	0.019	0.007	0.000	0.017	0.006	0.000	0.015	0.006	0.000
730	0.011	0.004	0.000	0.010	0.003	0.000	0.009	0.003	0.000
740	0.006	0.002	0.000	0.005	0.002	0.000	0.004	0.002	0.000
750	0.002	0.001	0.000	0.002	0.001	0.000	0.002	0.001	0.000
760	0.001	0.000	0.000	0.001	0.000	0.000	0.001	0.000	0.000
770	0.001	0.000	0.000	0.001	0.000	0.000	0.000	0.000	0.000
总和(X,Y,Z)	95.642	100.000	92.085	95.017	100.000	108.813	94.939	100.000	122.558
(x,y,z)	0.3324	0.3476	0.3200	0.3127	0.3291	0.3581	0.2990	0.3150	0.3860
(u,v)	0.2044	0.3205		0.1978	0.3122		0.1935	0.3057	

附表 1-3 CIE 标准照明体 A、B、C(10°视场,$\lambda = 380 \sim 770nm$,$\Delta\lambda = 10nm$)

波长	A			B			C		
λ/nm	$S(\lambda)\bar{x}_{10}(\lambda)$	$S(\lambda)\bar{y}_{10}(\lambda)$	$S(\lambda)\bar{z}_{10}(\lambda)$	$S(\lambda)\bar{x}_{10}(\lambda)$	$S(\lambda)\bar{y}_{10}(\lambda)$	$S(\lambda)\bar{z}_{10}(\lambda)$	$S(\lambda)\bar{x}_{10}(\lambda)$	$S(\lambda)\bar{y}_{10}(\lambda)$	$S(\lambda)\bar{z}_{10}(\lambda)$
380	0.000	0.000	0.001	0.000	0.000	0.002	0.001	0.000	0.002
390	0.003	0.000	0.011	0.007	0.001	0.029	0.009	0.001	0.043
400	0.025	0.003	0.111	0.070	0.007	0.313	0.103	0.011	0.463
410	0.132	0.014	0.605	0.388	0.040	1.786	0.581	0.060	2.672
420	0.377	0.040	1.795	1.137	0.119	5.411	1.708	0.179	8.122
430	0.682	0.083	3.368	2.025	0.249	9.997	3.011	0.370	14.865
440	0.968	0.156	4.962	2.729	0.442	13.994	3.969	0.643	20.349
450	1.078	0.260	5.802	2.787	0.673	14.997	3.914	0.945	21.058
460	1.005	0.426	5.802	2.350	0.997	13.568	3.168	1.343	18.292
470	0.737	0.698	4.965	1.585	1.500	10.671	2.062	1.952	13.887
480	0.341	1.076	3.274	0.674	2.125	6.470	0.849	2.675	8.144
490	0.076	1.607	1.968	0.137	2.880	3.528	0.167	3.484	4.268
500	0.020	2.424	1.150	0.032	3.822	1.812	0.037	4.398	2.085
510	0.218	3.523	0.650	0.299	4.845	0.894	0.327	5.284	0.976
520	0.750	4.854	0.387	0.927	6.002	0.478	0.971	6.285	0.501
530	1.644	6.086	0.212	1.920	7.103	0.247	1.973	7.302	0.255
540	2.847	4.267	0.104	3.214	8.207	0.117	3.275	8.362	0.119
550	4.326	8.099	0.033	4.711	8.818	0.035	4.744	8.882	0.036
560	6.198	8.766	0.000	6.382	9.025	0.000	6.322	8.941	0.000
570	8.277	9.002	0.000	7.936	8.630	0.000	7.653	8.322	0.000
580	10.201	8.740	0.000	9.017	7.726	0.000	8.444	7.235	0.000
590	11.967	8.317	0.000	9.768	6.789	0.000	8.874	6.168	0.000
600	12.748	7.466	0.000	9.697	5.679	0.000	8.583	5.027	0.000
610	12.349	6.327	0.000	8.935	4.579	0.000	7.756	3.974	0.000
620	10.809	5.026	0.000	7.515	3.494	0.000	6.422	2.986	0.000
630	8.583	3.758	0.000	5.757	2.520	0.000	4.851	2.124	0.000
640	5.992	2.496	0.00	3.883	1.618	0.000	3.226	1.344	0.000
650	3.892	1.561	0.000	2.454	0.984	0.000	2.014	0.808	0.000
660	2.306	0.911	0.000	1.410	0.557	0.000	1.142	0.451	0.000
670	1.277	0.499	0.000	0.751	0.294	0.000	0.598	0.233	0.000
680	0.666	0.259	0.000	0.374	0.145	0.000	0.293	0.114	0.000

续表

波长 λ/nm	A			B			C		
	$S(\lambda)\bar{x}_{10}(\lambda)$	$S(\lambda)\bar{y}_{10}(\lambda)$	$S(\lambda)\bar{z}_{10}(\lambda)$	$S(\lambda)\bar{x}_{10}(\lambda)$	$S(\lambda)\bar{y}_{10}(\lambda)$	$S(\lambda)\bar{z}_{10}(\lambda)$	$S(\lambda)\bar{x}_{10}(\lambda)$	$S(\lambda)\bar{y}_{10}(\lambda)$	$S(\lambda)\bar{z}_{10}(\lambda)$
690	0.336	0.130	0.000	0.178	0.069	0.000	0.136	0.053	0.000
700	0.167	0.064	0.000	0.084	0.033	0.000	0.062	0.024	0.000
710	0.083	0.033	0.000	0.039	0.015	0.000	0.028	0.011	0.000
720	0.040	0.015	0.000	0.018	0.006	0.000	0.013	0.004	0.000
730	0.019	0.008	0.000	0.008	0.004	0.000	0.005	0.003	0.000
740	0.010	0.004	0.000	0.004	0.002	0.000	0.003	0.001	0.000
750	0.006	0.002	0.000	0.003	0.001	0.000	0.002	0.001	0.000
760	0.002	0.000	0.000	0.001	0.000	0.000	0.001	0.000	0.000
770	0.002	0.000	0.000	0.001	0.000	0.000	0.001	0.000	0.000
总和 (X,Y,Z)	111.159	100.000	35.200	99.207	100.000	84.349	97.298	100.000	116.137
(x,y,z)	0.4512	0.4059	0.1429	0.3499	0.3526	0.2975	0.3104	0.3191	0.3705
(u,v)	0.2590	0.3494		0.2143	0.3239		0.2000	0.3084	

附表 1-4 CIE 标准照明体 D_{55}、D_{65}、D_{75}(10°视场,$\lambda=380\sim770nm$,$\Delta\lambda=10nm$)

波长 λ/nm	D_{55}			D_{56}			D_{75}		
	$S(\lambda)\bar{x}_{10}(\lambda)$	$S(\lambda)\bar{y}_{10}(\lambda)$	$S(\lambda)\bar{z}_{10}(\lambda)$	$S(\lambda)\bar{x}_{10}(\lambda)$	$S(\lambda)\bar{y}_{10}(\lambda)$	$S(\lambda)\bar{z}_{10}(\lambda)$	$S(\lambda)\bar{x}_{10}(\lambda)$	$S(\lambda)\bar{y}_{10}(\lambda)$	$S(\lambda)\bar{z}_{10}(\lambda)$
380	0.000	0.000	0.002	0.001	0.000	0.003	0.001	0.000	0.004
390	0.008	0.001	0.035	0.011	0.001	0.049	0.014	0.002	0.062
400	0.102	0.011	0.458	0.136	0.014	0.613	0.165	0.017	0.744
410	0.507	0.052	2.330	0.667	0.069	3.066	0.805	0.083	3.698
420	1.277	0.134	6.075	1.644	0.172	7.820	1.958	0.205	9.311
430	1.864	0.229	9.203	2.348	0.289	11.589	2.754	0.338	13.593
440	2.866	0.464	14.692	3.463	0.560	17.755	3.947	0.639	20.236
450	3.170	0.765	17.056	3.733	0.901	20.088	4.180	1.010	22.517
460	2.650	1.124	15.304	3.065	1.300	17.697	3.397	1.441	19.613
470	1.705	1.614	11.484	1.934	1.831	13.025	2.113	2.001	14.235
480	0.721	2.272	6.918	0.803	2.530	7.703	0.866	2.729	8.309
490	0.138	2.903	3.554	0.151	3.176	3.889	0.162	3.391	4.152
500	0.034	4.048	1.920	0.036	4.337	2.056	0.038	4.560	2.162
510	0.329	5.331	0.984	0.348	5.629	1.040	0.362	5.855	1.081
520	1.027	6.646	0.530	1.062	6.870	0.548	1.086	7.028	0.560
530	2.150	7.957	0.277	2.192	8.112	0.282	2.216	8.201	0.285

续表

波长	D_{55}			D_{56}			D_{75}		
λ/nm	$S(\lambda)\bar{x}_{10}(\lambda)$	$S(\lambda)\bar{y}_{10}(\lambda)$	$S(\lambda)\bar{z}_{10}(\lambda)$	$S(\lambda)\bar{x}_{10}(\lambda)$	$S(\lambda)\bar{y}_{10}(\lambda)$	$S(\lambda)\bar{z}_{10}(\lambda)$	$S(\lambda)\bar{x}_{10}(\lambda)$	$S(\lambda)\bar{y}_{10}(\lambda)$	$S(\lambda)\bar{z}_{10}(\lambda)$
540	3.356	8.569	0.122	3.385	8.644	0.123	3.399	8.679	0.123
550	4.761	8.912	0.036	4.744	8.881	0.036	4.717	8.830	0.036
560	6.153	8.701	0.000	6.069	8.583	0.000	5.985	8.465	0.000
570	7.451	8.103	0.000	7.285	7.922	0.000	7.129	7.753	0.000
580	8.645	7.407	0.000	8.361	7.163	0.000	8.108	6.947	0.000
590	8.919	6.199	0.000	8.537	5.934	0.000	8.259	5.740	0.000
600	9.257	5.422	0.000	8.707	5.100	0.000	8.318	4.872	0.000
610	8.550	4.381	0.000	7.946	4.071	0.000	7.530	3.858	0.000
620	7.038	3.271	0.000	6.463	3.004	0.000	6.076	2.824	0.000
630	5.107	2.236	0.000	4.641	2.031	0.000	4.325	1.894	0.000
640	3.475	1.448	0.000	3.109	1.295	0.000	2.872	1.197	0.000
650	2.081	0.835	0.000	1.848	0.741	0.000	1.703	0.683	0.000
660	1.202	0.475	0.000	1.053	0.416	0.000	0.962	0.380	0.000
670	0.666	0.261	0.000	0.575	0.225	0.000	0.520	0.203	0.000
680	0.321	0.125	0.000	0.275	0.107	0.000	0.248	0.097	0.000
690	0.139	0.054	0.000	0.120	0.046	0.000	0.108	0.042	0.000
700	0.069	0.027	0.000	0.059	0.023	0.000	0.053	0.021	0.000
710	0.034	0.013	0.000	0.029	0.011	0.000	0.026	0.010	0.000
720	0.013	0.005	0.000	0.012	0.004	0.000	0.010	0.004	0.000
730	0.007	0.003	0.000	0.006	0.002	0.000	0.006	0.002	0.000
740	0.004	0.001	0.000	0.003	0.001	0.000	0.003	0.001	0.000
750	0.002	0.001	0.000	0.001	0.001	0.000	0.001	0.000	0.000
760	0.001	0.000	0.000	0.001	0.000	0.000	0.000	0.000	0.000
770	0.000	0.000	0.000	0.000	0.000	0.000	0.000	0.000	0.000
总和 (X,Y,Z)	95.800	100.000	90.980	94.825	100.000	107.381	94.428	100.000	120.721
(x,y,z)	0.3341	0.3487	0.3172	0.3138	0.3309	0.3553	0.2996	0.3173	0.3831
(u,v)	0.2051	0.3211		0.1979	0.3130		0.1930	0.3066	

附录二 X、Y、Z与V_X、V_Y、V_Z的关系

X、Y、Z	V_X	V_Y	V_Z	X、Y、Z	V_X	V_Y	V_Z	X、Y、Z	V_X	V_Y	V_Z
0.0	0.000	0.000	0.000	4.0	2.336	2.310	2.019	8.0	3.340	3.308	3.049
0.1	0.085	0.083	0.070	4.1	2.369	2.343	2.130	8.1	3.360	3.323	3.068
0.2	0.172	0.168	0.142	4.2	2.401	2.374	2.160	8.2	3.379	3.347	3.087
0.3	0.260	0.255	0.215	4.3	2.432	2.405	2.190	8.3	3.399	3.367	3.106
0.4	0.349	0.342	0.288	4.4	2.463	2.436	2.219	8.4	3.419	3.386	3.124
0.5	0.438	0.429	0.362	4.5	2.493	2.466	2.248	8.5	3.438	3.406	3.142
0.6	0.526	0.516	0.436	4.6	2.523	2.496	2.276	8.6	3.457	3.425	3.160
0.7	0.613	0.601	0.509	4.7	2.552	2.525	2.304	8.7	3.476	3.444	3.178
0.8	0.697	0.621	0.582	4.8	2.581	2.554	2.331	8.8	3.495	3.462	3.196
0.9	0.780	0.765	0.653	4.9	2.609	2.582	2.358	8.9	3.514	3.481	3.214
1.0	0.859	0.844	0.722	5.0	2.637	2.610	2.385	9.0	3.532	3.499	3.231
1.1	0.936	0.920	0.790	5.1	2.665	2.637	2.411	9.1	3.551	3.518	3.248
1.2	1.010	0.993	0.856	5.2	2.692	2.665	2.437	9.2	3.569	3.536	3.266
1.3	1.031	1.063	0.920	5.3	2.719	2.691	2.463	9.3	3.587	3.554	3.283
1.4	1.149	1.131	0.982	5.4	2.746	2.718	2.488	9.4	3.605	3.572	3.300
1.5	1.215	1.196	1.042	5.5	2.772	2.744	2.513	9.5	3.623	3.590	3.317
1.6	1.279	1.259	1.101	5.6	2.798	2.769	2.537	9.6	3.641	3.607	3.333
1.7	1.340	1.320	1.157	5.7	2.823	2.795	2.561	9.7	3.659	3.625	3.350
1.8	1.398	1.378	1.212	5.8	2.849	2.820	2.585	9.8	3.676	3.643	3.367
1.9	1.455	1.434	1.264	5.9	2.874	2.845	2.609	9.9	3.694	3.660	3.383
2.0	1.510	1.489	1.316	6.0	2.898	2.869	2.632	10.0	3.711	3.677	3.399
2.1	1.563	1.541	1.365	6.1	2.922	2.893	2.655	10.1	3.728	3.694	3.416
2.2	1.614	1.592	1.414	6.2	2.947	2.917	2.678	10.2	3.745	3.711	3.432
2.3	1.664	1.642	1.460	6.3	2.970	2.941	2.700	10.3	3.762	3.728	3.448
2.4	1.712	1.689	1.506	6.4	2.994	2.964	2.723	10.4	3.779	3.745	3.463
2.5	1.759	1.736	1.560	6.5	3.017	2.987	2.745	10.5	3.796	3.761	3.479
2.6	1.804	1.781	1.593	6.6	3.040	3.010	2.766	10.6	3.813	3.778	3.495
2.7	1.848	1.825	1.635	6.7	3.063	3.033	2.788	10.7	3.829	3.795	3.510
2.8	1.891	1.868	1.676	6.8	3.085	3.055	2.809	10.8	3.846	3.811	3.526
2.9	1.933	1.909	1.715	6.9	3.108	3.078	2.830	10.9	3.862	3.827	3.541
3.0	1.974	1.950	1.754	7.0	3.130	3.099	2.851	11.0	3.879	3.843	3.557
3.1	2.014	1.990	1.792	7.1	3.152	3.121	2.872	11.1	3.895	3.859	3.572
3.2	2.053	2.029	1.819	7.2	3.173	3.143	2.892	11.2	3.911	3.875	3.587
3.3	2.091	2.066	1.865	7.3	3.195	3.164	2.913	11.3	3.927	3.891	3.602
3.4	2.128	2.103	1.911	7.4	3.216	3.185	2.933	11.4	3.943	3.907	3.617
3.5	2.165	2.140	1.935	7.5	3.237	3.206	2.953	11.5	3.958	3.923	3.632
3.6	2.200	2.175	1.969	7.6	3.258	3.227	2.972	11.6	3.974	3.928	3.646
3.7	2.235	2.210	2.033	7.7	3.279	3.247	2.992	11.7	3.990	3.954	3.661
3.8	2.270	2.244	2.035	7.8	3.299	3.268	3.011	11.8	4.005	3.969	3.676
3.9	2.303	2.278	2.067	7.9	3.319	3.288	3.030	11.9	4.021	3.985	3.690

续表

X、Y、Z	V_X	V_Y	V_Z	X、Y、Z	V_X	V_Y	V_Z	X、Y、Z	V_X	V_Y	V_Z
12.0	4.036	4.000	3.704	16.0	4.594	4.554	4.226	20.0	5.070	5.026	4.670
12.1	4.051	4.015	3.719	16.1	4.607	4.566	4.239	20.1	5.081	5.037	4.680
12.2	4.067	4.030	3.733	16.2	4.619	4.579	4.250	20.2	5.092	5.043	4.691
12.3	4.082	4.045	3.747	16.3	4.632	4.592	4.262	20.3	5.103	5.059	4.701
12.4	4.097	4.060	4.761	16.4	4.645	4.604	4.274	20.4	5.114	5.070	4.711
12.5	4.112	4.075	3.775	16.5	4.657	4.617	4.286	20.5	5.125	5.081	4.721
12.6	4.127	4.090	3.789	16.6	4.670	4.629	4.297	20.6	5.136	5.092	4.732
12.7	4.142	4.105	3.803	16.7	4.682	4.641	4.309	20.7	5.147	5.102	4.742
12.8	4.156	4.119	3.817	16.8	4.695	4.654	4.320	20.8	5.158	5.113	4.752
12.9	4.171	4.134	3.831	16.9	4.707	4.666	4.332	20.9	5.168	5.124	4.762
13.0	4.186	4.148	3.844	17.0	4.719	4.678	4.343	21.0	5.179	5.135	4.772
13.1	4.200	4.163	3.858	17.1	4.732	4.690	4.355	21.1	5.190	5.145	4.782
13.2	4.215	4.177	3.872	17.2	4.744	4.702	4.366	21.2	5.201	5.156	4.792
13.3	4.229	4.191	3.885	17.3	4.756	4.715	4.378	21.3	5.212	5.167	4.802
13.4	4.243	4.206	3.898	17.4	4.768	4.727	4.389	21.4	5.222	5.177	4.812
13.5	4.258	4.220	3.912	17.5	4.780	4.739	4.400	21.5	5.233	5.188	4.822
13.6	4.272	4.234	3.925	17.6	4.792	4.751	4.411	21.6	5.243	5.198	4.832
13.7	4.286	4.248	3.938	17.7	4.804	4.762	4.423	21.7	5.254	5.209	4.842
13.8	4.300	4.262	3.951	17.8	4.816	4.774	4.434	21.8	5.265	5.219	4.852
13.9	4.314	4.276	3.965	17.9	4.828	4.786	4.445	21.9	5.275	5.230	4.861
14.0	4.328	4.289	3.978	18.0	4.840	4.798	4.456	22.0	5.286	5.240	4.871
14.1	4.342	4.303	3.991	18.1	4.852	4.810	4.467	22.1	5.296	5.251	4.881
14.2	4.355	4.317	4.003	18.2	4.864	4.821	4.478	22.2	5.307	5.261	4.891
14.3	4.369	4.331	4.016	18.3	4.876	4.833	4.489	22.3	5.317	5.271	4.900
14.4	4.383	4.344	4.029	18.4	4.887	4.845	4.500	22.4	5.327	5.282	4.910
14.5	4.396	4.358	4.042	18.5	4.899	4.856	4.511	22.5	5.338	5.292	4.920
14.6	4.410	4.371	4.055	18.6	4.911	4.868	4.522	22.6	5.358	5.302	4.930
14.7	4.424	4.385	4.067	18.7	4.922	4.880	4.533	22.7	5.358	5.312	4.939
14.8	4.437	4.398	4.080	18.8	4.934	4.891	4.543	22.8	5.369	5.323	4.948
14.9	4.450	4.411	4.092	18.9	4.945	4.902	4.554	22.9	5.379	5.333	4.958
15.0	4.464	4.424	4.105	19.0	4.957	4.914	4.565	23.0	5.389	5.343	4.967
15.1	4.477	4.438	4.117	19.1	4.968	4.925	4.576	23.1	5.399	5.353	4.977
15.2	4.490	4.451	4.120	19.2	4.980	4.937	4.586	23.2	5.410	5.363	4.986
15.3	4.503	4.464	4.142	19.3	4.991	4.948	4.597	23.3	5.420	5.373	4.996
15.4	4.516	4.477	4.154	19.4	5.002	4.959	4.607	23.4	5.430	5.383	5.005
15.5	4.530	4.490	4.166	19.5	5.014	4.970	4.618	23.5	5.440	5.393	5.015
15.6	4.543	4.503	4.179	19.6	5.025	4.981	4.628	23.6	5.450	5.403	5.024
15.7	4.555	4.515	4.190	19.7	5.036	4.993	4.639	23.7	5.460	5.413	5.033
15.8	4.568	4.529	4.202	19.8	5.047	5.004	4.649	23.8	5.470	5.423	5.043
15.9	4.581	4.541	4.214	19.9	5.059	5.015	4.660	23.9	5.480	5.433	5.052

续表

X、Y、Z	V_X	V_Y	V_Z	X、Y、Z	V_X	V_Y	V_Z	X、Y、Z	V_X	V_Y	V_Z
24.0	5.490	5.443	5.061	28.0	5.869	5.819	5.414	32.0	6.217	6.165	5.737
24.1	5.500	5.453	5.070	28.1	5.878	5.828	5.422	32.1	6.226	6.173	5.745
24.2	5.510	5.463	5.080	28.2	5.887	5.837	5.431	32.2	6.234	6.181	5.753
24.3	5.520	5.472	5.089	28.3	5.896	5.846	5.439	32.3	6.242	6.189	5.760
24.4	5.530	5.482	5.098	28.4	5.905	5.855	5.448	32.4	6.251	6.198	5.768
24.5	5.539	5.492	5.107	28.5	5.914	5.864	5.456	32.5	6.259	6.206	5.776
24.6	5.549	5.502	5.116	28.6	5.923	5.873	5.464	32.6	6.267	6.214	5.784
24.7	5.559	5.511	5.125	28.7	5.932	5.882	5.472	32.7	6.275	6.222	5.791
24.8	5.569	5.521	5.134	28.8	5.941	5.891	5.481	32.8	6.284	6.230	5.799
24.9	5.578	5.531	5.144	28.9	5.950	5.900	5.489	32.9	6.292	6.239	5.807
25.0	5.588	5.540	5.153	29.0	5.959	5.908	5.497	33.0	6.300	6.247	5.814
25.1	5.598	5.550	5.162	29.1	5.968	5.917	5.506	33.1	6.308	6.255	5.822
25.2	5.608	5.560	5.171	29.2	5.977	5.926	5.514	33.2	6.316	6.263	5.829
25.3	5.617	5.569	5.180	29.3	5.986	5.935	5.522	33.3	6.325	6.271	5.837
25.4	5.627	5.579	5.189	29.4	5.994	5.943	5.530	33.4	6.333	6.279	5.845
25.5	5.636	5.588	5.197	29.5	6.003	5.952	5.538	33.5	6.341	6.287	5.852
25.6	5.646	5.598	5.206	29.6	6.012	5.961	5.546	33.6	6.349	6.295	5.860
25.7	5.656	5.607	5.215	29.7	6.021	5.970	5.555	33.7	6.357	6.303	5.867
25.8	5.665	5.617	5.224	29.8	6.029	5.978	5.563	33.8	6.365	6.311	5.875
25.9	5.675	5.626	5.233	29.9	6.038	5.987	5.571	33.9	6.373	6.319	5.882
26.0	5.684	5.636	5.242	30.0	6.017	5.995	5.579	34.0	6.381	6.327	5.890
26.1	5.694	5.645	5.251	30.1	6.055	6.004	5.587	34.1	6.389	6.335	5.897
26.2	5.703	5.654	5.259	30.2	6.064	6.013	5.595	34.2	6.397	6.343	5.905
26.3	5.713	5.664	5.268	30.3	6.073	6.021	5.603	34.3	6.405	6.351	5.912
26.4	5.722	5.673	5.277	30.4	6.081	6.030	5.611	34.4	6.413	6.359	5.920
26.5	5.731	5.682	5.286	30.5	6.090	6.038	5.619	34.5	6.421	6.367	5.927
26.6	5.741	5.692	5.294	30.6	6.099	6.047	5.627	34.6	6.429	6.375	5.934
26.7	5.750	5.701	5.303	30.7	6.107	6.055	5.635	34.7	6.437	6.383	5.942
26.8	5.759	5.710	5.312	30.8	6.116	6.064	5.643	34.8	6.445	6.391	5.949
26.9	5.769	5.719	5.320	30.9	6.124	6.072	5.651	34.9	6.453	6.399	5.957
27.0	5.778	5.728	5.329	31.1	6.133	5.081	5.659	35.0	6.461	6.407	5.964
27.1	5.787	5.738	5.337	31.2	6.141	6.089	5.667	35.1	6.469	6.414	5.971
27.2	5.796	5.747	5.346	31.3	6.150	6.098	5.675	35.2	6.477	6.422	5.979
27.3	5.805	5.756	5.355	31.4	6.158	6.106	5.683	35.3	6.485	6.430	5.986
27.4	5.815	5.765	5.363	31.5	6.167	6.114	5.690	35.4	6.493	6.438	5.993
27.5	5.824	5.774	5.372	31.6	6.175	6.123	5.698	35.5	6.501	6.446	6.001
27.6	5.833	5.783	5.380	31.7	6.184	6.131	5.706	35.6	6.508	6.453	6.008
27.7	5.842	5.792	5.389	31.8	6.192	6.140	5.714	35.7	6.516	6.461	6.015
27.8	5.851	5.801	5.397	31.9	6.200	6.143	5.722	35.8	6.524	6.469	6.022
27.9	5.860	5.810	5.406	32.0	6.209	6.156	5.729	35.9	6.532	6.477	6.030

续表

$X、Y、Z$	V_X	V_Y	V_Z	$X、Y、Z$	V_X	V_Y	V_Z	$X、Y、Z$	V_X	V_Y	V_Z
36.0	6.540	6.484	6.037	40.0	6.841	6.783	6.317	44.0	7.124	7.064	6.580
36.1	6.547	6.492	6.044	40.1	6.848	6.791	6.324	44.1	7.131	7.071	6.587
36.2	6.555	6.500	6.051	40.2	6.855	6.798	6.330	44.2	7.138	7.078	6.593
36.3	6.563	6.508	6.058	40.3	6.863	6.805	6.337	44.3	7.145	7.085	6.600
36.4	6.571	6.515	6.066	40.4	6.870	6.812	6.344	44.4	7.151	7.092	6.606
36.5	6.578	6.523	6.073	40.5	6.877	6.819	6.351	44.5	7.158	7.098	6.612
36.6	6.586	6.531	6.080	40.6	6.884	6.827	6.357	44.6	7.165	7.105	6.619
36.7	6.594	6.538	6.087	40.7	6.892	6.834	6.364	44.7	7.172	7.112	6.625
36.8	6.601	6.546	6.094	40.8	6.899	6.841	6.371	44.8	7.179	7.119	6.631
36.9	6.609	6.553	6.101	40.9	6.906	6.848	6.377	44.9	7.186	7.125	6.638
37.0	6.617	6.561	6.109	41.0	6.913	6.855	6.384	45.0	7.192	7.132	6.644
37.1	6.624	6.559	6.116	41.1	6.920	6.862	6.391	45.1	7.199	7.139	6.650
37.2	6.632	6.576	6.123	41.2	6.928	6.869	6.398	45.2	7.206	7.146	6.657
37.3	6.640	6.584	6.130	41.3	6.935	6.876	6.404	45.3	7.213	7.152	6.663
37.4	6.647	6.591	6.137	41.4	6.942	6.884	6.411	45.4	7.219	7.159	6.669
37.5	6.655	6.599	6.141	41.5	6.949	6.891	6.417	45.5	7.226	7.166	6.675
37.6	6.662	6.606	6.151	41.6	6.956	6.898	6.424	45.6	7.233	7.172	6.682
37.7	6.670	6.614	6.158	41.7	6.963	6.905	6.431	45.7	7.240	7.179	6.688
37.8	6.678	6.621	6.165	41.8	6.970	6.912	6.437	45.8	7.246	7.186	6.694
37.9	6.685	6.629	6.172	41.9	6.977	6.919	6.444	45.9	7.253	7.192	6.700
38.0	6.693	6.636	6.179	42.0	6.985	6.926	6.451	46.0	7.260	7.199	6.707
38.1	6.700	6.644	6.186	42.1	6.992	6.933	6.457	46.1	7.266	7.206	6.713
38.2	6.708	6.651	6.193	42.2	6.999	6.940	6.464	46.2	7.273	7.212	6.719
38.3	6.175	6.659	6.200	42.3	7.006	6.947	6.470	46.3	7.280	7.219	6.725
38.4	6.723	6.666	6.207	42.4	7.013	6.954	6.477	46.4	7.286	7.225	6.731
38.5	6.730	6.673	6.214	42.5	7.020	6.961	6.483	46.5	7.293	7.232	6.738
38.6	6.738	6.681	6.221	42.6	7.027	6.968	6.490	46.6	7.300	7.239	6.744
38.7	6.745	6.688	6.228	42.7	7.034	6.975	6.496	46.7	7.306	7.245	6.750
38.8	6.752	6.696	6.235	42.8	7.041	6.982	6.503	46.8	7.313	7.252	6.756
38.9	6.760	6.703	6.242	42.9	7.048	6.989	6.509	46.9	7.319	7.258	6.762
39.0	6.767	6.710	6.248	43.0	7.055	6.996	6.516	47.0	7.326	7.265	6.769
39.1	6.775	6.718	6.255	43.1	7.062	7.003	6.523	47.1	7.333	7.271	6.775
39.2	6.782	6.725	6.262	43.2	7.069	7.009	6.529	47.2	7.339	7.278	6.781
39.3	6.789	6.732	6.269	43.3	7.076	7.016	6.536	47.3	7.346	7.285	6.787
39.4	6.797	6.740	6.276	43.4	7.083	7.023	6.542	47.4	7.352	7.291	6.793
39.5	6.804	6.747	6.283	43.5	7.090	7.030	6.548	47.5	7.359	7.298	6.799
39.6	6.812	6.754	6.290	43.6	7.096	7.037	6.555	47.6	7.365	7.304	6.805
39.7	6.819	6.762	6.296	43.7	7.103	7.044	6.561	47.7	7.372	7.311	6.811
39.8	6.826	6.769	6.303	43.8	7.110	7.051	6.568	47.8	7.379	7.317	6.817
39.9	6.834	6.776	6.310	43.9	7.117	7.058	6.574	47.9	7.385	7.323	6.824

续表

X、Y、Z	V_X	V_Y	V_Z	X、Y、Z	V_X	V_Y	V_Z	X、Y、Z	V_X	V_Y	V_Z
48.0	7.392	7.330	6.830	52.0	7.645	7.582	7.066	56.0	7.887	7.822	7.292
48.1	7.398	7.336	6.836	52.1	7.652	7.588	7.072	56.1	7.893	7.828	7.298
48.2	7.405	7.343	6.842	52.2	7.658	7.594	7.078	56.2	7.899	7.833	7.303
48.3	7.411	7.349	6.848	52.3	7.664	7.600	7.084	56.3	7.905	7.839	7.309
48.4	7.418	7.356	6.854	52.4	7.670	7.606	7.089	56.4	7.910	7.845	7.314
48.5	7.424	7.362	6.860	52.5	7.676	7.613	7.095	56.5	7.916	7.851	7.320
48.6	7.430	7.369	6.866	52.6	7.682	7.619	7.101	56.6	7.922	7.857	7.325
48.7	7.437	7.375	6.872	52.7	7.688	7.625	7.107	56.7	7.928	7.863	7.331
48.8	7.443	7.381	6.878	52.8	7.695	7.631	7.112	56.8	7.934	7.868	7.336
48.9	7.450	7.383	6.884	52.9	7.701	7.637	7.118	56.9	7.940	7.874	7.341
49.0	7.456	7.394	6.890	53.0	7.707	7.643	7.124	57.0	7.945	7.880	7.347
49.1	7.463	7.401	6.896	53.1	7.713	7.649	7.130	57.1	7.951	7.886	7.352
49.2	7.469	7.407	6.902	53.2	7.719	7.655	7.135	57.2	7.957	7.892	7.358
49.3	7.475	7.413	6.908	53.3	7.725	7.661	7.141	57.3	7.963	7.897	7.363
49.4	7.482	7.419	6.914	53.4	7.731	7.667	7.147	57.4	7.969	7.903	7.369
49.5	7.488	7.426	6.920	53.5	7.737	7.673	7.152	57.5	7.975	7.909	7.374
49.6	7.495	7.432	6.926	53.6	7.743	7.679	7.158	57.6	7.980	7.915	7.380
49.7	7.501	7.439	6.932	53.7	7.749	7.685	7.164	57.7	7.986	7.920	7.385
49.8	7.507	7.445	6.938	53.8	7.755	7.691	7.169	57.8	7.992	7.926	7.390
49.9	7.514	7.451	6.944	53.9	7.762	7.697	7.175	57.9	7.998	7.932	7.396
50.0	7.520	7.458	6.949	54.0	7.768	7.703	7.181	58.0	8.003	7.938	7.401
50.1	7.526	7.464	6.955	54.1	7.774	7.709	7.186	58.1	8.009	7.943	7.407
50.2	7.533	7.470	6.961	54.2	7.780	7.715	7.192	58.2	8.015	7.949	7.412
50.3	7.539	7.476	6.967	54.3	7.786	7.721	7.197	58.3	8.021	7.955	7.417
50.4	7.545	7.483	6.973	54.4	7.792	7.727	7.203	58.4	8.026	7.960	7.423
50.5	7.552	7.489	6.979	54.5	7.798	7.733	7.209	58.8	8.032	7.966	7.428
50.6	7.558	7.495	6.985	54.6	7.804	7.739	7.214	58.6	8.038	7.972	7.433
50.7	7.564	7.501	6.991	54.7	7.810	7.745	7.220	58.7	8.044	7.978	7.439
50.8	7.571	7.508	6.997	54.8	7.816	7.751	7.225	58.8	8.049	7.983	7.444
50.9	7.577	7.514	7.002	54.9	7.822	7.757	7.231	58.9	8.055	7.989	7.449
51.0	7.583	7.520	7.008	55.0	7.828	7.763	7.237	59.0	8.061	7.994	7.455
51.1	7.589	7.526	7.014	55.1	7.834	7.769	7.242	59.1	8.066	8.000	7.460
51.2	7.596	7.533	7.020	55.2	7.839	7.775	7.248	59.2	8.072	8.006	7.465
51.3	7.602	7.539	7.026	55.3	7.845	7.781	7.253	59.3	8.078	8.011	7.471
51.4	7.608	7.545	7.032	55.4	7.851	7.787	7.259	59.4	8.083	8.017	7.476
51.5	7.614	7.551	7.037	55.5	7.857	7.792	7.264	59.5	8.089	8.023	7.481
51.6	7.621	7.557	7.043	55.6	7.863	7.798	7.270	59.6	8.095	8.028	7.487
51.7	7.627	7.563	7.049	55.7	7.869	7.804	7.276	59.7	8.100	8.034	7.492
51.8	7.633	7.570	7.055	55.8	7.875	7.810	7.281	59.8	8.106	8.039	7.497
51.9	7.639	7.576	7.061	55.9	7.881	7.816	7.287	59.9	8.112	8.045	7.503

续表

X、Y、Z	V_X	V_Y	V_Z	X、Y、Z	V_X	V_Y	V_Z	X、Y、Z	V_X	V_Y	V_Z
60.0	8.117	8.051	7.508	64.0	8.338	8.270	7.715	68.0	8.549	8.480	7.913
60.1	8.123	8.056	7.513	64.1	8.343	8.275	7.720	68.1	8.554	8.435	7.918
60.2	8.129	8.062	7.518	64.2	8.348	8.280	7.725	68.2	8.559	8.490	7.923
60.3	8.134	8.067	7.524	64.3	8.354	8.286	7.730	68.3	8.564	8.495	7.938
60.4	8.140	8.073	7.529	64.4	8.359	8.291	7.735	68.4	8.570	8.500	7.933
60.5	8.145	8.079	7.534	64.5	8.365	8.296	7.740	68.5	8.575	8.505	7.938
60.6	8.151	8.084	7.539	64.6	8.370	8.302	7.745	68.6	8.580	8.510	7.942
60.7	8.157	8.090	7.545	64.7	8.375	8.307	7.750	68.7	8.585	8.515	7.947
60.8	8.162	8.095	7.550	64.8	8.381	8.312	7.755	68.8	8.590	8.521	7.952
60.9	8.168	8.101	7.555	64.9	8.386	8.318	7.760	68.9	8.595	8.526	7.957
61.0	8.173	8.106	7.560	65.0	8.391	8.323	7.765	69.0	8.600	8.531	7.962
61.1	8.179	8.112	7.563	65.1	8.397	8.328	7.770	69.1	8.606	8.536	7.967
61.2	8.184	8.117	7.571	65.2	8.402	8.331	7.775	69.2	8.611	8.541	7.971
61.3	8.190	8.123	7.576	65.3	8.407	8.339	7.780	69.3	8.616	8.546	7.976
61.4	8.196	8.128	7.581	65.4	8.413	8.341	7.785	69.4	8.621	8.551	7.981
61.5	8.201	8.134	7.585	65.5	8.418	8.349	7.790	69.5	8.626	8.556	7.986
61.6	8.207	8.139	7.592	65.6	8.423	8.355	7.795	69.6	8.631	8.561	7.991
61.7	8.212	8.145	7.597	65.7	8.429	8.360	7.800	69.7	8.636	8.566	7.995
61.8	8.218	8.150	7.602	65.8	8.434	8.365	7.805	69.8	8.641	8.571	8.000
61.9	8.223	8.156	7.607	65.9	8.439	8.370	7.810	69.9	8.646	8.576	8.005
62.0	8.229	8.161	7.612	66.0	8.444	8.376	7.815	70.0	8.651	8.581	8.010
62.1	8.234	8.167	7.618	66.1	8.450	8.381	7.820	70.1	8.656	8.586	8.014
62.2	8.240	8.172	7.623	66.2	8.455	8.386	7.825	70.2	8.661	8.591	8.019
62.3	8.245	8.178	8.628	66.3	8.460	8.391	7.830	70.3	8.667	8.596	8.024
62.4	8.251	8.183	7.633	66.4	8.466	8.397	7.835	70.4	8.672	8.601	8.029
62.5	8.256	8.189	7.638	66.5	8.471	8.402	7.840	70.5	8.677	8.606	8.034
62.6	8.262	8.194	7.643	66.6	8.476	8.407	7.845	70.6	8.682	8.611	8.038
62.7	8.267	8.200	7.648	66.7	8.481	8.412	7.850	70.7	8.687	8.616	8.043
62.8	8.273	8.205	7.654	66.8	8.486	8.418	7.855	70.8	8.692	8.621	8.048
62.9	8.278	8.210	7.659	66.9	8.492	8.423	7.859	70.9	8.697	8.626	8.053
63.0	8.284	8.216	7.664	67.0	8.497	8.428	7.864	71.0	8.702	8.631	8.057
63.1	8.289	8.221	7.669	67.1	8.502	8.433	7.869	71.1	8.707	8.636	8.062
63.2	8.294	8.227	7.674	67.2	8.507	8.438	7.874	71.2	8.712	8.641	8.067
63.3	8.300	8.232	7.679	67.3	8.513	8.443	7.879	71.3	8.717	8.616	8.071
63.4	8.305	8.237	7.684	67.4	8.518	8.449	7.884	71.4	8.722	8.651	8.076
63.5	8.311	8.243	7.689	67.5	8.523	8.454	7.889	71.5	8.727	8.656	8.081
63.6	8.316	8.248	7.694	67.6	8.528	8.459	7.894	71.6	8.732	8.661	8.086
63.7	8.322	8.254	7.699	67.7	8.533	8.464	7.899	71.7	8.737	8.666	8.090
63.8	8.327	8.259	7.705	67.8	8.539	8.469	7.904	71.8	8.742	8.671	8.095
63.9	8.332	8.264	7.710	67.9	8.544	8.474	7.909	71.9	8.747	8.676	8.100

续表

X、Y、Z	V_X	V_Y	V_Z	X、Y、Z	V_X	V_Y	V_Z	X、Y、Z	V_X	V_Y	V_Z
72.0	8.752	8.681	8.104	76.0	8.947	8.875	8.288	80.0	9.134	9.062	8.466
72.1	8.757	8.686	8.109	76.1	8.951	8.880	8.293	80.1	9.139	9.066	8.470
72.2	8.762	8.691	8.110	76.2	8.956	8.884	8.297	80.2	9.143	9.071	8.475
72.3	8.767	8.696	8.113	76.3	8.961	8.889	8.302	80.3	9.148	9.075	8.479
72.4	8.772	8.701	8.123	76.4	8.966	8.894	8.306	80.4	9.153	9.080	8.483
72.5	8.777	8.706	8.128	76.5	8.970	8.899	8.311	80.5	9.157	9.084	8.488
72.6	8.781	8.711	8.132	76.6	8.975	8.903	8.315	80.6	9.162	9.089	8.492
72.7	8.786	8.716	8.137	76.7	8.980	8.908	8.320	80.7	9.166	9.093	8.497
72.8	8.791	8.720	8.142	76.8	8.985	8.913	8.324	80.8	9.171	9.098	8.501
72.9	8.796	8.725	8.146	76.9	8.990	8.918	8.829	80.9	9.175	9.103	8.505
73.0	8.801	8.730	8.151	77.0	8.994	8.922	8.333	81.0	9.180	9.107	8.510
73.1	8.806	8.735	8.156	77.1	8.999	8.927	8.338	81.1	9.185	9.112	8.514
73.2	8.811	8.740	8.160	77.2	9.004	8.932	8.342	81.2	9.189	9.116	8.518
73.3	8.816	8.745	8.165	77.3	9.008	8.936	8.347	81.3	9.194	9.121	8.522
73.4	8.821	8.750	8.170	77.4	9.013	8.941	8.351	81.4	9.198	9.125	8.527
73.5	8.826	8.755	8.174	77.5	9.018	8.946	8.356	81.5	9.203	9.130	8.531
73.6	8.831	8.760	8.179	77.6	9.022	8.950	8.360	81.6	9.207	9.134	8.535
73.7	8.835	8.764	8.183	77.7	9.027	8.955	8.365	81.7	9.212	9.139	8.540
73.8	8.840	8.769	8.188	77.8	9.032	8.960	8.369	81.8	9.216	9.143	8.544
73.9	8.845	8.774	8.193	77.9	9.037	8.964	8.374	81.9	9.221	9.148	8.548
74.0	8.850	8.779	8.197	78.0	9.041	8.969	8.378	82.0	9.225	9.152	8.553
74.1	8.855	8.784	8.202	78.1	9.046	8.974	8.382	82.1	9.230	9.157	8.557
74.2	8.860	8.789	8.206	78.2	9.051	8.978	8.387	82.2	9.234	9.161	8.561
74.3	8.865	8.793	8.211	78.3	9.055	8.983	8.391	82.3	9.239	9.166	8.565
74.4	8.870	8.798	8.216	78.4	9.060	8.988	8.396	82.4	9.243	9.170	8.570
74.5	8.874	8.803	8.220	78.5	9.065	8.992	8.400	82.5	9.248	9.175	8.574
74.6	8.879	8.808	8.225	78.6	9.069	8.997	8.405	82.6	9.252	9.179	8.578
74.7	8.881	8.813	8.229	78.7	9.074	9.002	8.409	82.7	9.257	9.184	8.583
74.8	8.889	8.818	8.234	78.8	9.079	9.006	8.413	82.8	9.261	9.188	8.587
74.9	8.894	8.822	8.238	78.9	9.083	9.011	8.418	82.9	9.266	9.193	8.591
75.0	8.899	8.827	8.243	79.0	9.088	9.016	8.422	83.0	9.270	9.197	8.595
75.1	8.903	8.832	8.248	79.1	9.093	9.020	8.427	83.1	9.275	9.202	8.600
75.2	8.908	8.837	8.252	79.2	9.097	9.025	8.431	83.2	9.279	9.206	8.604
75.3	8.913	8.842	8.257	79.3	9.102	9.030	8.435	83.3	9.284	9.210	8.608
75.4	8.918	8.846	8.261	79.4	9.106	9.034	8.440	83.4	9.288	9.215	8.612
75.5	8.923	8.851	8.266	79.5	9.111	9.039	8.444	83.5	9.293	9.219	8.617
75.6	8.927	8.856	8.270	79.6	9.116	9.043	8.449	83.6	9.297	9.224	8.621
75.7	8.932	8.861	8.275	79.7	9.120	9.048	8.453	83.7	9.302	9.228	8.625
75.8	8.937	8.865	8.280	79.8	9.125	9.052	8.457	83.8	9.306	9.233	8.629
75.9	8.942	8.370	8.284	79.9	9.130	9.057	8.462	83.2	9.311	9.237	8.633

续表

X、Y、Z	V_X	V_Y	V_Z	X、Y、Z	V_X	V_Y	V_Z	X、Y、Z	V_X	V_Y	V_Z
84.0	9.315	9.241	8.638	88.0	9.490	9.415	8.804	92.0	9.658	9.583	8.964
84.1	9.319	9.246	8.642	88.1	9.494	9.419	8.808	92.1	9.662	9.587	8.968
84.2	9.324	9.250	8.646	88.2	9.498	9.424	8.812	92.2	9.666	9.591	8.972
84.3	9.328	9.255	8.650	88.3	9.502	9.428	8.816	92.3	9.670	9.595	8.976
84.4	9.333	9.259	8.655	88.4	9.507	9.432	8.820	92.4	9.674	9.599	8.980
84.5	9.337	9.263	8.659	88.5	9.511	9.436	8.824	92.5	9.679	9.603	8.984
84.6	9.342	9.268	8.663	88.6	9.515	9.441	8.828	92.6	9.683	9.607	8.988
84.7	9.346	9.272	8.667	88.7	9.519	9.445	8.832	92.7	9.687	9.612	8.992
84.8	9.350	9.277	8.671	88.8	9.524	9.449	8.836	92.8	9.691	9.616	8.996
84.9	9.355	9.281	8.675	88.9	9.528	9.453	8.840	92.9	9.695	9.620	9.000
85.0	9.359	9.285	8.680	89.0	9.532	9.458	8.844	93.0	9.699	9.624	9.004
85.1	9.364	9.290	8.684	89.1	9.536	9.462	8.848	93.1	9.703	9.628	9.008
85.2	9.368	9.294	8.688	89.2	9.541	9.466	8.852	93.2	9.707	9.632	9.012
85.3	9.372	9.299	8.692	89.3	9.545	9.470	8.856	93.3	9.711	9.636	9.015
85.4	9.377	9.303	8.696	89.4	9.549	9.474	8.860	93.4	9.716	9.640	9.019
85.5	9.381	9.307	8.701	89.5	9.553	9.479	8.865	93.5	9.720	9.644	9.023
85.6	9.386	9.312	8.705	89.6	9.558	9.482	8.869	93.6	9.724	9.648	9.027
85.7	9.390	9.316	8.709	89.7	9.562	9.487	8.873	93.7	9.728	9.652	9.031
85.8	9.394	9.320	8.713	89.8	9.566	9.491	8.877	93.8	9.732	9.656	9.035
85.9	9.399	9.325	8.717	89.9	9.570	9.495	8.881	93.9	9.736	9.660	9.039
86.0	9.403	9.329	8.721	90.0	9.574	9.500	8.885	94.0	9.740	9.664	9.043
86.1	9.407	9.333	8.725	90.1	9.579	9.504	8.889	94.1	9.744	9.669	9.047
86.2	9.412	9.338	8.730	90.2	9.583	9.508	8.893	94.2	9.748	9.673	9.051
86.3	9.416	9.342	8.734	90.3	9.587	9.512	8.897	94.3	9.752	9.677	9.054
86.4	9.420	9.346	8.738	90.4	9.591	9.516	8.901	94.4	9.756	9.681	9.058
86.5	9.425	9.351	8.742	90.5	9.595	9.521	8.905	94.5	9.760	9.685	9.062
86.6	9.429	9.355	8.746	90.6	9.600	9.525	8.909	94.6	9.764	9.689	9.066
86.7	9.433	9.359	8.750	90.7	9.604	9.529	8.913	94.7	9.768	9.693	9.070
86.8	9.438	9.364	8.754	90.8	9.608	9.533	8.917	94.8	9.773	9.697	9.074
86.9	9.442	9.368	8.759	90.9	9.612	9.537	8.921	94.9	9.777	9.701	9.078
87.0	9.446	9.372	8.763	91.0	9.616	9.541	8.925	95.0	9.781	9.705	9.082
87.1	9.451	9.377	8.767	91.1	9.621	9.546	8.929	95.1	9.785	9.709	9.085
87.2	9.455	9.381	8.771	91.2	9.625	9.550	8.933	95.2	9.789	9.713	9.089
87.3	9.459	9.385	8.775	91.3	9.629	9.554	8.937	95.3	9.793	9.717	9.093
87.4	9.464	9.389	8.779	91.4	9.633	9.558	8.941	95.4	9.797	9.721	9.097
87.5	9.468	9.394	8.783	91.5	9.637	9.562	8.945	95.5	9.801	9.725	9.101
87.6	9.472	9.398	8.787	91.6	9.641	9.566	8.948	95.6	9.805	9.729	9.105
87.7	9.477	9.402	8.791	91.7	9.645	9.570	8.952	95.7	9.809	9.733	9.109
87.8	9.481	9.407	8.795	91.8	9.650	9.575	8.956	95.8	9.813	9.737	9.113
87.9	9.485	9.411	8.800	91.9	9.654	9.579	8.960	95.9	9.817	9.741	9.116

续表

X、Y、Z	V_X	V_Y	V_Z	X、Y、Z	V_X	V_Y	V_Z	X、Y、Z	V_X	V_Y	V_Z
96.0	9.821	9.745	9.120	100.0	9.978	9.902	9.271	104.0			9.418
96.1	9.825	9.749	9.124	100.1	9.982	9.906	9.275	104.1			9.421
96.2	9.829	9.753	9.128	100.2	9.986	9.910	9.279	104.2			9.425
96.3	9.833	9.757	9.132	100.3	9.990	9.913	9.282	104.3			9.428
96.4	9.837	9.761	9.135	100.4	9.994	9.917	9.286	104.4			9.432
96.5	9.841	9.765	9.139	100.5	9.998	9.921	9.290	104.5			9.436
96.6	9.845	9.769	9.143	100.6		9.925	9.293	104.6			9.439
96.7	9.849	9.773	9.147	100.7		9.929	9.297	104.7			9.443
96.8	9.853	9.777	9.151	100.8		9.933	9.301	104.8			9.446
96.9	9.857	9.781	9.154	100.9		9.936	9.304	104.9			9.450
97.0	9.861	9.785	9.158	101.0		9.940	9.308	105.0			9.454
97.1	9.865	9.789	9.162	101.1		9.944	9.312	105.1			9.457
97.2	9.869	9.793	9.166	101.2		9.948	9.316	105.2			9.461
97.3	9.873	9.796	9.170	101.3		9.952	9.319	105.3			9.464
97.4	9.877	9.800	9.173	101.4		9.956	9.323	105.4			9.468
97.5	9.880	9.804	9.177	101.5		9.959	9.327	105.5			9.471
97.6	9.884	9.808	9.181	101.6		9.963	9.330	105.6			9.475
97.7	9.888	9.812	9.185	101.7		9.967	9.334	105.7			9.479
97.8	9.892	9.816	9.189	101.8		9.971	9.338	105.8			9.482
97.9	9.896	9.820	9.192	101.9		9.975	9.341	105.9			9.486
98.0	9.900	9.824	9.196	102.0		9.978	9.345	106.0			9.489
98.1	9.904	9.828	9.200	102.1		9.982	9.349	106.1			9.493
98.2	9.908	9.832	9.204	102.2		9.986	9.352	106.2			9.496
98.3	9.912	9.836	9.207	102.3		9.990	9.356	106.3			9.500
98.4	9.916	9.840	9.211	102.4		9.994	9.360	106.4			9.504
98.5	9.920	9.844	9.215	102.5		9.997	9.363	106.5			9.507
98.6	9.924	9.847	9.219	102.6			9.367	106.6			9.511
98.7	9.928	9.851	9.222	102.7			9.370	106.7			9.514
98.8	9.932	9.855	9.226	102.8			9.374	106.8			9.518
98.9	9.936	9.859	9.230	102.9			9.378	106.9			9.521
99.0	9.939	9.863	9.234	103.0			9.381	107.0			9.525
99.1	9.943	9.867	9.237	103.1			9.385	107.1			9.528
99.2	9.947	9.871	9.241	103.2			9.389	107.2			9.532
99.3	9.951	9.875	9.245	103.3			9.392	107.3			9.535
99.4	9.955	9.879	9.249	103.4			9.396	107.4			9.539
99.5	9.959	9.883	9.253	103.5			9.400	107.5			9.542
99.6	9.963	9.886	9.256	103.6			9.403	107.6			9.546
99.7	9.967	9.890	9.260	103.7			9.407	107.7			9.549
99.8	9.970	9.894	9.264	103.8			9.410	107.8			9.553
99.9	9.974	9.898	9.267	103.9			9.414	107.9			9.556

续表

X、Y、Z	V_X	V_Y	V_Z	X、Y、Z	V_X	V_Y	V_Z	X、Y、Z	V_X	V_Y	V_Z
108.0			9.560	112.0			9.698	116.0			9.833
108.1			9.563	112.1			9.702	116.1			9.836
108.2			9.567	112.2			9.705	116.2			9.839
108.3			9.570	112.3			9.708	116.3			9.843
108.4			9.574	112.4			9.712	116.4			9.846
108.5			9.577	112.5			9.715	116.5			9.849
108.6			9.581	112.6			9.719	116.6			9.853
108.7			9.584	112.7			9.722	116.7			9.856
108.8			9.588	112.8			9.725	116.8			9.859
108.9			9.591	112.9			9.729	116.9			9.862
109.0			9.595	113.0			9.732	117.0			9.866
109.1			9.598	113.1			9.736	117.1			9.869
109.2			9.602	113.2			9.739	117.2			9.872
109.3			9.605	113.3			9.742	117.3			9.876
109.4			9.609	113.4			9.746	117.4			9.879
109.5			9.612	113.5			9.749	117.5			9.882
109.6			9.616	113.6			9.752	117.6			9.885
109.7			9.619	113.7			9.756	117.7			9.889
109.8			9.623	113.8			9.759	117.8			9.892
109.9			9.626	113.9			9.763	117.9			9.895
110.0			9.630	114.0			9.766	118.0			9.899
110.1			9.633	114.1			9.769	118.1			9.902
110.2			9.636	114.2			9.773	118.2			9.905
110.3			9.640	114.3			9.776	118.3			9.908
110.4			9.643	114.4			9.779	118.4			9.912
110.5			9.647	114.5			9.783	118.5			9.915
110.6			9.650	114.6			9.786	118.6			9.918
110.7			9.654	114.7			9.789	118.7			9.921
110.8			9.657	114.8			9.793	118.8			9.925
110.9			9.661	114.9			9.796	118.9			9.928
111.0			9.664	115.0			9.799	119.0			9.931
111.1			9.667	115.1			9.803	119.1			9.934
111.2			9.671	115.2			9.806	119.2			9.938
111.3			9.674	115.3			9.809	119.3			9.941
111.4			9.678	115.4			9.813	119.4			9.944
111.5			9.681	115.5			9.816	119.5			9.947
111.6			9.685	115.6			9.819	119.6			9.951
111.7			9.688	115.7			9.823	119.7			9.954
111.8			9.691	115.8			9.826	119.8			9.957
111.9			9.695	115.9			9.829	119.9			9.960

续表

X、Y、Z	V_X	V_Y	V_Z	X、Y、Z	V_X	V_Y	V_Z	X、Y、Z	V_X	V_Y	V_Z
120.0			9.964	120.4			9.976	120.8			9.989
120.1			9.967	120.5			9.980	120.9			9.993
120.2			9.970	120.6			9.983	121.0			9.996
120.3			9.973	120.7			9.986	121.1			9.999

附录三 CIE 1931 色度图标准照明体 A、B、C、E 恒定主波长线的斜率

A		B		波长/nm	C		E	
$x_0=0.4476, y_0=0.4075$		$x_0=0.3485, y_0=0.3517$			$x_0=0.3101, y_0=0.3163$		$x_0=0.3333, y_0=0.3333$	
$\frac{x-x_0}{y-y_0}$	$\frac{y-y_0}{x-x_0}$	$\frac{x-x_0}{y-y_0}$	$\frac{y-y_0}{x-x_0}$		$\frac{x-x_0}{y-y_0}$	$\frac{y-y_0}{x-x_0}$	$\frac{x-x_0}{y-y_0}$	$\frac{y-y_0}{x-x_0}$
+0.67950		+0.50303		380	+0.43688		+0.48508	
0.67954		0.50307		381	0.43693		0.48513	
0.67957		0.50311		382	0.43698		0.48517	
0.67963		0.50319		383	0.43706		0.48525	
0.67968		0.50326		384	0.43714		0.48532	
+0.67972		+0.50330		385	+0.43719		+0.48537	
0.67980		0.50340		386	0.43731		0.48548	
0.67986		0.50347		387	0.43739		0.48555	
0.67991		0.50355		388	0.43747		0.48563	
0.68000		0.50365		389	0.43759		0.48574	
+0.68008		+0.50375		390	+0.43770		+0.48584	
0.68016		0.50385		391	0.43782		0.48595	
0.68024		0.50395		392	0.43793		0.48606	
0.68035		0.50408		393	0.43808		0.48620	
0.68046		0.50421		394	0.43822		0.48633	
+0.68052		+0.50430		395	+0.43832		+0.48643	
0.68066		0.50445		396	0.43850		0.48659	
0.68076		0.50458		397	0.43865		0.48673	
0.68087		0.50471		398	0.43879		0.48687	
0.68102		0.50489		399	0.43899		0.48705	
+0.68115		+0.50504		400	+0.43917		+0.48722	
0.68130		0.50522		401	0.43936		0.48740	
0.68143		0.50538		402	0.43954		0.48757	
0.68157		0.50553		403	0.43971		0.48774	
0.68171		0.50571		404	0.43991		0.48792	
+0.68189		+0.50591		405	+0.44013		+0.48813	
0.68202		0.50607		406	0.44031		0.48830	
0.68222		0.50630		407	0.44057		0.48854	
0.68241		0.50651		408	0.44081		0.48877	
0.68265		0.50679		409	0.44111		0.48906	

续表

A		B		波长/nm	C		E	
$x_0=0.4476, y_0=0.4075$		$x_0=0.3485, y_0=0.3517$			$x_0=0.3101, y_0=0.3163$		$x_0=0.3333, y_0=0.3333$	
$\frac{x-x_0}{y-y_0}$	$\frac{y-y_0}{x-x_0}$	$\frac{x-x_0}{y-y_0}$	$\frac{y-y_0}{x-x_0}$		$\frac{x-x_0}{y-y_0}$	$\frac{y-y_0}{x-x_0}$	$\frac{x-x_0}{y-y_0}$	$\frac{y-y_0}{x-x_0}$
+0.6829		+0.5071		410	+0.4414		+0.4893	
0.6831		0.5074		411	0.4417		0.4897	
0.6834		0.5076		412	0.4421		0.4900	
0.6836		0.5079		413	0.4424		0.4903	
0.6839		0.5082		414	0.4427		0.4906	
+0.6841		+0.5085		415	+0.4430		+0.4909	
0.6846		0.5089		416	0.4435		0.4913	
0.6848		0.5092		417	0.4438		0.4916	
0.6855		0.5100		418	0.4446		0.4924	
0.6857		0.5102		419	0.4449		0.4927	
+0.6864		+0.5110		420	+0.4457		+0.4935	
0.6870		0.5117		421	0.4465		0.4942	
0.6877		0.5124		422	0.4473		0.4950	
0.6886		0.5133		423	0.4482		0.4959	
0.6892		0.5140		424	0.4490		0.4966	
+0.6903		+0.5152		425	+0.4502		+0.4979	
0.6914		0.5163		426	0.4515		0.4991	
0.6923		0.5172		427	0.4524		0.5000	
0.6933		0.5184		428	0.4537		0.5012	
0.6944		0.5196		429	0.4550		0.5024	
+0.6957		+0.5209		430	+0.4564		+0.5038	
0.6972		0.5225		431	0.4581		0.5055	
0.6988		0.5241		432	0.4598		0.5072	
0.7000		0.5254		433	0.4613		0.5086	
0.7020		0.5275		434	0.4635		0.5108	
+0.7037		+0.5293		435	+0.4654		+0.5126	
0.7056		0.5314		436	0.4676		0.5148	
0.7074		0.5332		437	0.4695		0.5167	
0.7095		0.5354		438	0.4719		0.5190	
0.7115		0.5375		439	0.4742		0.5212	

续表

A		B		波长/nm	C		E	
$x_0=0.4476, y_0=0.4075$		$x_0=0.3485, y_0=0.3517$			$x_0=0.3101, y_0=0.3163$		$x_0=0.3333, y_0=0.3333$	
$\frac{x-x_0}{y-y_0}$	$\frac{y-y_0}{x-x_0}$	$\frac{x-x_0}{y-y_0}$	$\frac{y-y_0}{x-x_0}$		$\frac{x-x_0}{y-y_0}$	$\frac{y-y_0}{x-x_0}$	$\frac{x-x_0}{y-y_0}$	$\frac{y-y_0}{x-x_0}$
+0.7141		+0.5402		440	+0.4771		+0.5240	
0.7165		0.5428		441	0.4798		0.5267	
0.7191		0.5455		442	0.4827		0.5296	
0.7215		0.5481		443	0.4855		0.5323	
0.7244		0.5511		444	0.4888		0.5354	
+0.7277		+0.5546		445	+0.4926		+0.5391	
0.7310		0.5581		446	0.4964		0.5428	
0.7344		0.5617		447	0.5002		0.5465	
0.7382		0.5657		448	0.5045		0.5507	
0.7424		0.5702		449	0.5094		0.5555	
+0.7465		+0.5746		450	+0.5141		+0.5600	
0.7508		0.5791		451	0.5190		0.5648	
0.7556		0.5842		452	0.5244		0.5701	
0.7602		0.5891		453	0.5297		0.5753	
0.7655		0.5947		454	0.5358		0.5811	
+0.7708		+0.6003		455	+0.5419		+0.5871	
0.7766		0.6065		456	0.5486		0.5935	
0.7826		0.6129		457	0.5555		0.6003	
0.7894		0.6201		458	0.5633		0.6079	
0.7963		0.6273		459	0.5711		0.6155	
+0.8036		+0.6351		460	+0.5796		+0.6236	
0.8110		0.6429		461	0.5881		0.6319	
0.8192		0.6516		462	0.5975		0.6410	
0.8281		0.6611		463	0.6078		0.6510	
0.8382		0.6717		464	0.6192		0.6622	
0.8490		+0.6831		465	+0.6317		+0.6743	
0.8610		0.6958		466	0.6455		0.6877	
0.8747		0.7103		467	0.6612		0.7030	
0.8899		0.7263		468	0.6788		0.7200	
0.9062		0.7435		469	0.6976		0.7382	

续表

A		B		波长/nm	C		E	
$x_0=0.4476,y_0=0.4075$		$x_0=0.3485,y_0=0.3517$			$x_0=0.3101,y_0=0.3163$		$x_0=0.3333,y_0=0.3333$	
$\frac{x-x_0}{y-y_0}$	$\frac{y-y_0}{x-x_0}$	$\frac{x-x_0}{y-y_0}$	$\frac{y-y_0}{x-x_0}$		$\frac{x-x_0}{y-y_0}$	$\frac{y-y_0}{x-x_0}$	$\frac{x-x_0}{y-y_0}$	$\frac{y-y_0}{x-x_0}$
+0.9251		+0.7635		470	+0.7195		+0.7594	
0.9455		0.7852		471	0.7434		0.7825	
0.9682		0.8094		472	0.7702		0.8084	
0.9934	+1.0066	0.8364		473	0.8002		0.8372	
+1.0217	0.9788	0.8669		474	0.8342		0.8699	
	+0.9488	+0.9018		475	+0.8736		+0.9075	
	0.9168	0.9421		476	0.9193		0.9510	+1.0515
	0.8832	0.9879	+1.0122	477	0.9719	+1.0289	+1.0009	0.9991
	0.8479	+1.0405	0.9611	478	+1.0328	0.9682		0.9449
	0.8107		0.9076	479		0.9050		0.8883
	+0.7713		+0.8515	480		+0.8391		+0.8290
	0.7296		0.7927	481		0.7705		0.7670
	0.6863		0.7322	482		0.7002		0.7033
	0.6410		0.6695	483		0.6277		0.6374
	0.5943		0.6056	484		0.5543		0.5704
	+0.5458		0.5397	485		+0.4789		+0.5013
	0.4953		0.4717	486		+0.4015		+0.4302
	0.4433		0.4023	487		+0.3227		+0.3577
	0.3899		0.3315	488		+0.2428		+0.2838
	0.3353		0.2596	489		+0.1619		+0.2089
	+0.2797		+0.1871	490		+0.0805		+0.1333
	+0.2224		+0.1127	491		-0.0026		+0.0560
	+0.1638		+0.0371	492		-0.0869		-0.0225
	+0.1051		-0.0382	493		-0.1706		-0.1008
	+0.0464		-0.1131	494		-0.2537		-0.1785
	-0.0123		-0.1877	495		-0.3364		-0.2559
	-0.0708		-0.2619	496		0.4185		0.3329
	-0.1287		-0.3350	497		0.4993		0.4087
	-0.1860		-0.4074	498		0.5793		0.4838
	-0.2423		-0.4784	499		0.6579		0.5574

续表

A		B		波长/nm	C		E	
$x_0=0.4476, y_0=0.4075$		$x_0=0.3485, y_0=0.3517$			$x_0=0.3101, y_0=0.3163$		$x_0=0.3333, y_0=0.3333$	
$\frac{x-x_0}{y-y_0}$	$\frac{y-y_0}{x-x_0}$	$\frac{x-x_0}{y-y_0}$	$\frac{y-y_0}{x-x_0}$		$\frac{x-x_0}{y-y_0}$	$\frac{y-y_0}{x-x_0}$	$\frac{x-x_0}{y-y_0}$	$\frac{y-y_0}{x-x_0}$
	-0.2979		-0.5486	500		-0.7357		-0.6304
	0.3519		0.6169	501		0.8114		0.7013
	0.4050		0.6842	502		0.8863		0.7714
	0.4569		0.7504	503	-1.0415	0.9601		0.8403
	0.5075		0.8153	504	0.9681	-1.0330		0.9081
	-0.5574		-0.8796	505	-0.9046		-1.0252	-0.9754
	0.6062	-1.0601	0.9433	506	0.8490		0.9594	-1.0423
	0.6539	0.9939	-1.0061	507	0.8002		0.9021	
	0.7006	0.9359		508	0.7567		0.8516	
	0.7459	0.8850		509	0.7178		0.8068	
	-0.7902	-0.8396		510	-0.6826		-0.7666	
	0.8329	0.7992		511	0.6507		0.7304	
	0.8742	0.7629		512	0.6216		0.6977	
	0.9143	0.7298		513	0.5947		0.6677	
	0.9530	0.6998		514	0.5699		0.6403	
-1.0104	-0.9897	-0.6726		515	-0.5471		-0.6153	
0.9767	-1.0239	0.6483		516	0.5263		0.5928	
0.9473		0.6262		517	0.5072		0.5722	
0.9208		0.6057		518	0.4890		0.5528	
0.8969		0.5865		519	0.4718		0.5347	
-0.8757		-0.5688		520	-0.4557		-0.5178	
0.8568		0.5522		521	0.4403		0.5019	
0.8399		0.5368		522	0.4258		0.4870	
0.8244		0.5221		523	0.4117		0.4726	
0.8101		0.5079		524	0.3979		0.4587	
-0.7963		-0.4938		525	-0.3842		-0.4448	
0.7833		0.4802		526	0.3708		0.4313	
0.7704		0.4664		527	0.3572		0.4177	
0.7583		0.4531		528	0.3439		0.4045	
0.7467		0.4398		529	0.3306		0.3913	

续表

A		B		波长/nm	C		E	
$x_0=0.4476, y_0=0.4075$		$x_0=0.3485, y_0=0.3517$			$x_0=0.3101, y_0=0.3163$		$x_0=0.3333, y_0=0.3333$	
$\frac{x-x_0}{y-y_0}$	$\frac{y-y_0}{x-x_0}$	$\frac{x-x_0}{y-y_0}$	$\frac{y-y_0}{x-x_0}$		$\frac{x-x_0}{y-y_0}$	$\frac{y-y_0}{x-x_0}$	$\frac{x-x_0}{y-y_0}$	$\frac{y-y_0}{x-x_0}$
-0.7352		-0.4267		530	-0.3174		-0.3782	
0.7240		0.4137		531	0.3043		0.3652	
0.7129		0.4008		532	0.2913		0.3523	
0.7021		0.3879		533	0.2782		0.3394	
0.6913		0.3749		534	0.2650		0.3264	
-0.6808		-0.3619		535	-0.2519		-0.3135	
0.6704		0.3490		536	0.2386		0.3005	
0.6598		0.3357		537	0.2252		0.2872	
0.6493		0.3223		538	0.2114		0.2737	
0.6389		0.3088		539	0.1977		0.2602	
-0.6286		-0.2953		540	-0.1838		-0.2466	
0.6179		0.2812		541	0.1694		0.2325	
0.6073		0.2671		542	0.1548		0.2182	
0.5962		0.2523		543	0.1397		0.2034	
0.5851		0.2373		544	0.1243		0.1884	
-0.5739		-0.2220		545	-0.1086		-0.1729	
0.5625		0.2063		546	-0.0926		0.1573	
0.5504		0.1899		547	-0.0759		0.1409	
0.5381		0.1730		548	-0.0586		0.1239	
0.5257		0.1558		549	-0.0410		0.1067	
-0.5126		-0.1377		550	-0.0226		-0.0886	
0.4989		-0.1189		551	-0.0035		-0.0698	
0.4849		-0.0996		552	+0.0160		-0.0506	
0.4700		-0.0792		553	+0.0365		-0.0304	
0.4547		-0.0583		554	+0.0575		-0.0096	
-0.4387		-0.0365		555	+0.0794		+0.0120	
0.4217		-0.0133		556	0.1025		+0.0348	
0.4036		+0.0109		557	0.1265		+0.0587	
0.3847		+0.0359		558	0.1512		+0.0833	
0.3644		+0.0626		559	0.1774		+0.1094	

续表

A		B		波长/nm	C		E	
$x_0=0.4476, y_0=0.4075$		$x_0=0.3485, y_0=0.3517$			$x_0=0.3101, y_0=0.3163$		$x_0=0.3333, y_0=0.3333$	
$\frac{x-x_0}{y-y_0}$	$\frac{y-y_0}{x-x_0}$	$\frac{x-x_0}{y-y_0}$	$\frac{y-y_0}{x-x_0}$		$\frac{x-x_0}{y-y_0}$	$\frac{y-y_0}{x-x_0}$	$\frac{x-x_0}{y-y_0}$	$\frac{y-y_0}{x-x_0}$
-0.3433		+0.0902		560	+0.2044		+0.1364	
0.3210		0.1193		561	0.2327		0.1647	
0.2966		0.1503		562	0.2627		0.1949	
0.2708		0.1826		563	0.2938		0.2261	
0.2433		0.2168		564	0.3264		0.2591	
-0.2136		+0.2530		565	+0.3608		+0.2939	
-0.1816		0.2915		566	0.3969		0.3307	
-0.1469		0.3323		567	0.4350		0.3695	
-0.1092		0.3757		568	0.4752		0.4107	
-0.0681		0.4221		569	0.5177		0.4544	
-0.0238		+0.4709		570	+0.5621		+0.5002	
+0.0242		0.5227		571	0.6086		0.5485	
+0.0780		0.5788		572	0.6585		0.6005	
+0.1377		0.6394		573	0.7119		0.6564	
+0.2033		0.7039		574	0.7679		0.7154	
+0.2768		+0.7733		575	+0.8274		+0.7784	
0.3588		0.8479		576	0.8904		0.8456	
0.4521		0.9290	+1.0764	577	0.9580	+1.0439	0.9180	
0.5574		+1.0162	0.9841	578	+1.0294	0.9714	0.9952	+1.0048
0.6791			0.8996	579		0.9039	+1.0788	0.9269
+0.8205			+0.8226	580		+0.8414		+0.8554
0.9862	+1.0140		0.7521	581		0.7833		0.7894
+1.1818	0.8462		0.6877	582		0.7295		0.7289
	0.7053		0.6285	583		0.6793		0.6729
	0.5853		0.5737	584		0.6322		0.6207
	+0.4825		+0.5232	585		+0.5884		+0.5724
	0.3936		0.4765	586		+0.5475		0.5276
	0.3157		0.4332	587		0.5091		0.4857
	0.2463		0.3925	588		0.4727		0.4463
	0.1859		0.3552	589		0.4392		0.4101

续表

A		B		波长/nm	C		E	
$x_0=0.4476, y_0=0.4075$		$x_0=0.3485, y_0=0.3517$			$x_0=0.3101, y_0=0.3163$		$x_0=0.3333, y_0=0.3333$	
$\frac{x-x_0}{y-y_0}$	$\frac{y-y_0}{x-x_0}$	$\frac{x-x_0}{y-y_0}$	$\frac{y-y_0}{x-x_0}$		$\frac{x-x_0}{y-y_0}$	$\frac{y-y_0}{x-x_0}$	$\frac{x-x_0}{y-y_0}$	$\frac{y-y_0}{x-x_0}$
	+0.1309		+0.3198	590		+0.4070		+0.3755
	+0.0817		0.2869	591		0.3769		0.3433
	0.0381		0.2566	592		0.3490		0.3136
	0.0021		0.2277	593		0.3222		0.2852
	0.0380		0.2011	594		0.2974		0.2589
	-0.0708		+0.1761	595		+0.2739		+0.2341
	-0.1004		0.1530	596		0.2521		0.2112
	-0.1270		0.1316	597		0.2318		0.1899
	-0.1516		0.1114	598		0.2125		0.1698
	-0.1744		0.0923	599		0.1943		0.1508
	-0.1951		+0.0747	600		+0.1773		+0.1332
	0.2148		+0.0576	601		0.1609		0.1161
	0.2326		+0.0418	602		0.1455		0.1002
	0.2497		+0.0264	603		0.1306		0.0847
	0.2654		+0.0122	604		0.1167		0.0704
	-0.2797		-0.0010	605		+0.1038		+0.0572
	0.2926		-0.0132	606		0.0918		+0.0449
	0.3051		-0.0251	607		0.0802		+0.0329
	0.3166		-0.0360	608		0.0693		+0.0218
	0.3271		-0.0462	609		0.0593		+0.0115
	-0.3368		-0.0558	610		+0.0498		+0.0018
	0.3461		0.0649	611		+0.0407		-0.0075
	0.3549		0.0736	612		+0.0321		-0.0162
	0.3628		0.0815	613		+0.0241		-0.0243
	0.3703		0.0891	614		+0.0166		-0.0320
	-0.3776		-0.0965	615		+0.0092		-0.0395
	0.3843		0.1033	616		+0.0024		0.0464
	0.3902		0.1094	617		-0.0037		0.0526
	0.3961		0.1154	618		-0.0098		0.0588
	0.4016		0.1211	619		-0.0156		0.0646

续表

A		B		波长/nm	C		E	
$x_0=0.4476, y_0=0.4075$		$x_0=0.3485, y_0=0.3517$			$x_0=0.3101, y_0=0.3163$		$x_0=0.3333, y_0=0.3333$	
$\frac{x-x_0}{y-y_0}$	$\frac{y-y_0}{x-x_0}$	$\frac{x-x_0}{y-y_0}$	$\frac{y-y_0}{x-x_0}$		$\frac{x-x_0}{y-y_0}$	$\frac{y-y_0}{x-x_0}$	$\frac{x-x_0}{y-y_0}$	$\frac{y-y_0}{x-x_0}$
	-0.4067		-0.1265	620		-0.0210		-0.0701
	0.4111		0.1313	621		0.0258		0.0750
	0.4157		0.1361	622		0.0306		0.0798
	0.4199		0.1405	623		0.0351		0.0844
	0.4238		0.1447	624		0.0394		0.0886
	-0.4277		-0.1488	625		-0.0435		-0.0929
	0.4313		0.1527	626		0.0474		0.0968
	0.4346		0.1562	627		0.0511		0.1005
	0.4377		0.1596	628		0.0544		0.1038
	0.4409		0.1631	629		0.0580		0.1074
	-0.4437		-0.1661	630		-0.0611		-0.1105
	0.4465		0.1691	631		0.0641		0.1136
	0.4492		0.1721	632		0.0672		0.1167
	0.4517		0.1748	633		0.0700		0.1195
	0.4542		0.1776	634		0.0727		0.1223
	-0.4565		-0.1800	635		-0.0753		-0.1248
	0.4587		0.1825	636		0.0778		0.1273
	0.4607		0.1847	637		0.0800		0.1296
	0.4627		0.1869	638		0.0823		0.1319
	0.4647		0.1891	639		0.0846		0.1341
	-0.4665		-0.1911	640		-0.0866		-0.1362
	0.4682		0.1931	641		0.0886		0.1382
	0.4696		0.1947	642		0.0903		-0.1399
	0.4712		0.1965	643		0.0921		0.1417
	0.4725		0.1980	644		0.0936		0.1432
	-0.4739		-0.1995	645		-0.0952		-0.1448
	0.4752		0.2010	646		0.0967		0.1463
	0.4763		0.2022	647		0.0980		0.1476
	0.4775		0.2035	648		0.0993		0.1489
	0.4786		0.2048	649		0.1006		0.1502

续表

A		B		波长/nm	C		E	
$x_0=0.4476, y_0=0.4075$		$x_0=0.3485, y_0=0.3517$			$x_0=0.3101, y_0=0.3163$		$x_0=0.3333, y_0=0.3333$	
$\frac{x-x_0}{y-y_0}$	$\frac{y-y_0}{x-x_0}$	$\frac{x-x_0}{y-y_0}$	$\frac{y-y_0}{x-x_0}$		$\frac{x-x_0}{y-y_0}$	$\frac{y-y_0}{x-x_0}$	$\frac{x-x_0}{y-y_0}$	$\frac{y-y_0}{x-x_0}$
	-0.4795		-0.2058	650		-0.1017		-0.1513
	0.4805		0.2069	651		0.1028		0.1524
	0.4814		0.2079	652		0.1039		0.1535
	0.4821		0.2088	653		0.1047		0.1543
	0.4831		0.2098	654		0.1058		0.1554
	-0.4838		-0.2106	655		-0.1066		-0.1562
	0.4845		0.2115	656		0.1075		0.1571
	0.4851		0.2121	657		0.1081		0.1577
	0.4858		0.2129	658		0.1090		0.1586
	0.4864		0.2135	659		0.1096		0.1592
	-0.4869		-0.2142	660		-0.1103		-0.1599
	0.4873		0.2146	661		0.1107		0.1603
	0.4878		0.2152	662		0.1113		0.1609
	0.4882		0.2156	663		0.1117		0.1613
	0.4885		0.2160	664		0.1122		0.1618
	-0.4889		-0.2164	665		-0.1126		-0.1622
	0.4892		0.2168	666		0.1130		0.1626
	0.4896		0.2172	667		0.1134		0.1630
	0.4900		0.2176	668		0.1139		0.1634
	0.4901		0.2178	669		0.1141		0.1637
	-0.4905		-0.2183	670		-0.1145		-0.1641
	0.4907		0.2185	671		0.1147		0.1643
	0.4910		0.2189	672		0.1151		0.1647
	0.4912		0.2191	673		0.1153		0.1649
	0.4916		0.2195	674		0.1157		0.1653
	-0.4918		-0.2197	675		-0.1159		-0.1655
	0.4921		0.2201	676		0.1164		0.1660
	0.4923		0.2203	677		0.1166		0.1662
	0.4925		0.2205	678		0.1168		0.1664
	0.4928		0.2209	679		0.1172		0.1668
	-0.49300		-0.22110	680		-0.11741		-0.16700
	0.49321		0.22134	681		0.11766		0.16725

续表

A		B		波长/nm	C		E	
$x_0=0.4476, y_0=0.4075$		$x_0=0.3485, y_0=0.3517$			$x_0=0.3101, y_0=0.3163$		$x_0=0.3333, y_0=0.3333$	
$\frac{x-x_0}{y-y_0}$	$\frac{y-y_0}{x-x_0}$	$\frac{x-x_0}{y-y_0}$	$\frac{y-y_0}{x-x_0}$		$\frac{x-x_0}{y-y_0}$	$\frac{y-y_0}{x-x_0}$	$\frac{x-x_0}{y-y_0}$	$\frac{y-y_0}{x-x_0}$
	0.49343		0.22158	682		0.11791		0.16750
	0.49362		0.22180	683		0.11814		0.16773
	0.49382		0.22203	684		0.11837		0.16796
	-0.49401		-0.22225	685		-0.11860		-0.16819
	0.49419		0.22245	686		0.11881		0.16839
	0.49435		0.22263	687		0.11899		0.16858
	0.49451		0.22281	688		0.11918		0.16877
	0.49465		0.22297	689		0.11935		0.16893
	-0.49477		-0.22311	690		-0.11949		-0.16908
	0.49488		-0.22324	691		-0.11962		-0.16920
	0.49496		0.22334	692		0.11972		0.16931
	0.49503		0.22342	693		0.11980		0.16939
	0.49510		0.22350	694		0.11987		0.16947
	-0.49514		-0.22354	695		-0.11993		-0.16951
	0.49519		0.22360	696		0.11999		0.16957
	0.49521		0.22362	697		0.12001		0.16960
	0.49523		0.22364	698		0.12003		0.16962
	-0.49525		-0.22366	699		-0.12005		-0.16964

附录四　高尔式计算标准深度有关参数表

(C 照明体,2°视场)

1/1 标准深度

序号	ϕ_0	$\alpha(\phi_0)$	K_1	K_2	K_3
1	0	2.162	2.11456	5.66846	-7.69141
2	56	3.773	2.29816	-11.7495	17.6848
3	88	3.885	-1.40472	0.860046	-0.547974
4	200	2.6205	-0.712646	-7.25098	-6.42383
5	228	1.711	-2.56482	-57.7461	316.031
6	244	2.117	3.67960	-4.18445	1.54260
7	328	2.170	-1.01903	4.70361	-18.6445
8	344	2.051	-1.46170	15.4683	-12.2627
9	360				

1/3 标准深度

序号	ϕ_0	$\alpha(\phi_0)$	K_1	K_2	K_3
1	0	1.971	1.88544	7.21387	-9.80811
2	52	3.523	0.569638	-0.97366	0.380866
3	156	3.491	-0.369324	-5.51416	1.48145
4	188	2.856	-2.81256	-2.37598	11.2539
5	216	2.130	-2.74438	-25.4053	62.6152
6	252	0.771	-0.421143	70.0625	-182.867
7	276	2.177	2.79831	-12.0183	17.0195
8	308	2.400	-0.492714	3.15607	-8.72205
9	344	2.224	-2.95581	-5.12891	85.1523
10	360				

1/9 标准深度

序号	ϕ_0	$\alpha(\phi_0)$	K_1	K_2	K_3
1	0	2.338	-0.899719	11.9614	-10.4897
2	48	3.502	5.24835	-17.4316	19.165
3	92	4.069	-0.36496	0.647095	-1.41742
4	188	3.061	-1.78186	-3.7832	-4.89355
5	224	1.701	-5.83112	14.4609	-12.9414
6	244	1.010	4.65631	-0.212402	-5.78418
7	288	2.525	1.51682	-1.57715	-0.630615
8	344	2.769	-0.353577	-31.7139	125.77
9	360				

续表

1/25 标准深度					
序号	ϕ_0	$\alpha(\phi_0)$	K_1	K_2	K_3
1	0	2. 399	−3. 06669	16. 38	−10. 9985
2	24	2. 454	6. 05066	19. 0391	−87. 7031
3	44	3. 725	6. 83469	−38. 7412	69. 4805
4	72	4. 126	−0. 303894	5. 60791	5. 65527
5	104	4. 788	3. 50299	−17. 5785	20. 2175
6	144	4. 671	−1. 60059	−3. 75781	2. 90381
7	196	3. 231	−3. 99182	−3. 58398	−7. 41406
8	220	1. 964	−8. 67981	27. 377	−17. 6328
9	236	1. 204	3. 00708	4. 0166	−7. 15625
10	296	2. 908	0. 416885	−1. 06287	−1. 29846
11	360				

1/200 标准深度					
序号	ϕ_0	$\alpha(\phi_0)$	K_1	K_2	K_3
1	0	5. 781	−8. 22876	−7. 56250	32. 1875
2	20	4. 090	−6. 29501	27. 7158	−28. 7322
3	56	4. 075	3. 92737	13. 5898	−14. 1484
4	88	6. 260	6. 75366	−11. 4219	−22. 2578
5	104	6. 957	2. 35322	−12. 4543	14. 9242
6	140	6. 887	−2. 55719	4. 14014	−9. 9624
7	196	5. 003	−4. 13501	−31. 582	78. 5703
8	216	3. 542	−4. 12299	16. 9131	24. 6016
9	232	3. 416	0. 285156	121. 195	−299. 687
10	248	5. 336	19. 0779	−110. 375	311. 437
11	264	6. 839	4. 34583	−12. 8137	15. 3516
12	304	7. 510	−1. 00726	1. 25439	−4. 74463
13	344	7. 004	−5. 10107	−17. 707	10. 2500
14	360				

习题答案

第一章

1. 答：单一波长的光称之为单色光。由光栅、棱镜、滤光片等可以得到较窄波长范围的光。虽然理论上仍然是由不同波长的光组成的复色光，但在颜色测量上，通常也将其看成是单色光。

2. 答：当物体对可见光产生选择性吸收时，物体在人的视觉中显示出各种颜色，其光谱反射率曲线存在明显的波峰和波谷，颜色决定于光谱反射率曲线的形状和发生明显吸收所对应的可见光波长；当物体对可见光产生非选择性吸收时，物体在人的视觉中显示无彩色（黑、白、灰），其光谱反射率曲线为平坦的直线，反射率越高、反射强度越大，明度越高。

3. 答：人眼睛的视网膜中，有两种不同的感光细胞，分别被称为锥体细胞和杆体细胞。锥体细胞在明亮的条件下，可以分辨物体的细节和颜色，杆体细胞在黑暗的条件下可以分辨物体的轮廓，而不能分辨物体的细节和颜色。

明视觉的最高感受波长为555nm的绿光，最低感受波长为可见光谱的两端，即小于400nm和大于700nm的区域。暗视觉的最高感受波长为507nm，而最低感受波长为大于700nm的红色区域。

4. 答：人的眼睛在颜色刺激的作用下所造成的颜色视觉变化称为颜色适应。对某一颜色光适应以后，再观察另一颜色时，后者的颜色会发生变化。一般对某一颜色的光适应以后，再观察其他颜色，则其明度会降低，饱和度通常也会降低。

在眼睛看来完全相同的两个颜色，即两个相匹配的颜色，即使在不同的颜色适应状态下观察，两个颜色仍然始终是匹配的，这种现象叫作颜色匹配的恒定性。

5. 答：在视场中，相邻区域两个不同颜色的互相影响叫作颜色对比。

6. 答：自然界中的所有颜色，都可以用明度、色相和彩度三个属性来描述。明度是表示物体颜色明亮程度的一种属性，是一个与颜色的浓淡相关的量。色相是色彩彼此互相区分的特性，是描述颜色色相属性的量。饱和度是指色彩的纯度，与物体颜色的鲜艳度相关联。

7. 答：所谓的加法混色是指各种不同颜色的光的混合。它的三原色为红（R）、绿（G）、蓝（B）。把这三种光以适当的比例混合可以得到白光。

加法混色基本规律是格拉斯曼颜色混合定律。其基本内容是：

（1）人的视觉只能分辨颜色的三种变化，即明度、色相、饱和度。

（2）在由两个成分组成的混合色中，如果一个成分连续变化，混合色的外貌也连续变化。

由这个定律导出两个定律。

①补色定律：每种颜色都有一种相应的外貌。如果某一颜色与其补色以适当的比例混合，便产生近似于比重较大颜色的非饱和色。

②中间色定律：任何两个非补色相混合，便产生中间色，其色相决定于两颜色的相对数量，其彩度决定于两者在色相顺序上的远近。

(3)颜色外貌相同的光，不管其光谱组成是否一样，在颜色混合中，具有相同的效果。即在视觉上相同的颜色，都是等效的。由这一定律导出颜色代替律。

代替律：相似色混合后仍相似。如果颜色 A 与颜色 B 等色，颜色 C 与颜色 D 等色，则：

颜色 A + 颜色 C = 颜色 B + 颜色 D

(4)混合色的总明度等于组成混合色各颜色明度的总和。这一定律叫作明度相加定律。

8. 答：滤光片的叠加以及染色过程中染料的混合等使入射光减弱的混色过程称减法混色。

与加法混色相比，减法混色中的三原色为黄、品红、青，混合后样品的明度是降低的。而且减法混色不像加法混色那样容易预测。

9. 答：光谱反射率曲线中发生明显吸收所对应的可见光波长与色相有密切关系；反射率越高、反射强度越大，明度就越高；反射率曲线的形状和反射率曲线峰的宽窄与饱和度有一定关系，即同一个色彩只有饱和度变化时，其光谱的反射率曲线只有反射峰宽窄的变化，而吸收反射峰对应的波长和吸收反射的强度都基本没有变化。

第二章

1. 答：在颜色匹配实验中，R、G、B 分别表示三种原色光混色时的数量，即匹配某种颜色时，各需要多少个单位量的红(R)、绿(G)、蓝(B)原色光，R、G、B 三个数值，完全决定了匹配后所得混合光的颜色(性质)和光通量(数量)，而且，只要选定了原色光，匹配某一颜色光时，R、G、B 的值就是唯一的。在色度学中通常把 R、G、B 称为三刺激值。

按照公式：

$$r=\frac{R}{R+G+B} \qquad g=\frac{G}{R+G+B} \qquad b=\frac{B}{R+G+B}$$

把三刺激值 R、G、B 转换成与其相关的相对值，这样就把三维空间的直角坐标改变成了二维的平面直角坐标，只要知道了这三个值中的两个，通过计算就可以很容易知道第三个值，在色度学中，通常把 r、g 值称之为色度坐标。

2. 当 $\lambda=470\text{nm}$ 时，由表 2－1 查出：

$r(\lambda)=-0.03933$、$\bar{g}(\lambda)=0.02538$、$\bar{b}(\lambda)=0.22991$

色度坐标 $r(\lambda)=-0.18212$；$g(\lambda)=0.11752$；$b(\lambda)=1.0646$

分布系数 $\bar{x}(\lambda)=0.1954$；$\bar{y}(\lambda)=0.0910$；$\bar{z}(\lambda)=1.2876$

色度坐标 $x(\lambda)=0.1241$;$y(\lambda)=0.0578$;$z(\lambda)=0.8181$

3. 答:光源的颜色通常以完全辐射体加热到不同温度所发出的不同光色来表示,完全辐射体的温度称为色温,光的颜色决定于其光谱功率分布。

4. 答:用某一光谱色,按一定比例与一个确定的标准照明体(如 CIE 标准照明体 A、B、C 或 D_{65})相混合而匹配出样品色,该光谱色的波长就是样品色的主波长。通常用样品的颜色接近同一主波长光谱色的程度来表示该样品颜色的纯度。

5. 答:主波长分别为 481.97nm、482.19nm,兴奋纯度分别为 0.459、0.539。

第三章

1. 答:三者的联系:CIEXYZ 表色系统是在 CIERGB 表色系统的基础上建立起来的,而 CIELAB 表色系统在 CIEXYZ 表色系统的基础上进行了均匀化修正。三者之间可以通过公式相互转换。

三者的区别:

CIE1931RGB 表色系统中的 $\bar{r}(\lambda)$,$\bar{g}(\lambda)$,$\bar{b}(\lambda)$ 值是由颜色匹配实验得到的,可以直接用来进行颜色计算,但由于计算过程中会出现负值,使计算变得既复杂,又不容易理解。

CIE1931XYZ 表色系统是以三个假想的原色光(X)、(Y)、(Z)建立起来的一个新的色度学系统,修正了 CIE1931—RGB 表色系统存在的问题。

CIELAB 表色系统在 CIEXYZ 表色系统的基础上进行了均匀化修正。使色差的计算变得更加简单明了,计算结果与人的视觉之间有更好的相关性。

2. 答:所谓的均匀颜色空间主要是针对色差计算结果与人视觉之间的相关性而言的,颜色空间越均匀,色差的计算结果与人的视觉之间就有更好的相关性。

实际中是以人的视觉为基准,对原有建立在均匀颜色空间基础上的色差式,根据色相差、纯度差和明度差对总色差贡献大小的不同,分别对原来建立在均匀颜色空间基础上的色差式进行加权处理,使色差的计算结果与人的视觉之间有更好的相关性。

3. 答:CIE Lab 色差式计算:

$\Delta L=2.000$

$\Delta a=1.000$

$\Delta b=-2.000$

$\Delta E=3.000$

$CMC_{(2:1)}$ 色差式计算:

$\Delta E=2.213$

4. 答:$\Delta L^*=2.002$

$\Delta a^*=-5.899$

$\Delta b^* = 1.551$

$\Delta E^* = 6.42$

5. 答:$\Delta E_{94(2:1:1)} = 1.35$　　$\Delta E_{94(1:1:1)} = 1.41$

6. 答:用仪器进行染色纺织品的牢度评级时,首先按相关标准中规定的条件,对需要评价牢度的纺织品试样进行处理。然后,对处理前后的试样,用测色仪进行测色,并用选定的色差公式计算出处理前后的总色差。再根据选定的公式,找到相应的表,根据计算得到的总色差值,很容易就可以找到对应的牢度级别。有些测色仪已经配备了相应的牢度评价软件。这些软件把相关数据都已经储存到计算机当中了,所以,把按标准要求条件处理后的试样与未处理试样用测色仪测色后,牢度级别会直接显示出来。

第四章

1. 答:使用 CIE1982 白度评价公式需要注意如下一些问题:

(1)CIE1982 白度公式适用于中性无彩色试样评价。在使用这一公式进行试样白度计算之前,应该进行色偏差计算。计算出的色偏差值,需要在 $-3 < T_{W10} < 3$ 范围内。

(2)荧光增白剂的用量以及种类对于评价结果没有大的影响。

(3)在进行白度测量时,测色仪应该具有 UV(紫外光)可调功能,相互比较的试样的测量,最好选择同一生产厂家,相同型号的测试仪器。并且测试的时间不应该相隔太长。所测得的白度值通常在以下范围:$40 < W_{10} < (5Y_{10} - 280)$。

(4)还需要注意的是,当两对试样 W_{10} 的白度差相等时,仅仅表示两对白色试样,在白度计算上的数值差异。并不表示在视觉上,两对试样一定具有相同的白度差别。

2. 答:首先,测量仪器在使用过程中,照明光源、积分球内涂层都会老化,积分球内表面,有时甚至会被污染等原因,会造成仪器颜色测量的基础条件,发生一定程度的变化。而这种简易地校正方法,往往会忽略各个参数之间,并非以线性关系改变的现实。从而使白度测量结果产生某种偏差。

其次,因为白度计算公式并不是建立在严格的色度学理论基础之上的,很多情况下,是理论与人眼对带不同微小淡色的白色样品的不同喜好,相互融合后的结果,所以,就造成各个参数对白度公式计算结果的贡献,是随白度公式而异。

第五章

1. 答:作为"标准白板"一般应满足如下条件:

(1)具有良好的化学和机械稳定性,在整个使用期间其分光反射率因数应保持不变。

(2)具有良好的漫反射性。

(3)在各个波长下的分光反射率一般都在90%以上,并且分光反射率在360~780nm波长范围内十分平坦。

2. 答:在实际的颜色测量中,经常使用经过精确校正的陶瓷、搪瓷等材料制成的白板来代替不易保存、不易清洁的标准白板,这种白板又称工作白板。

工作白板不像标准白板那样,对整个可见光范围内的所有波长的光都有那样好的反射功能,但它容易保存,容易清洁,经久耐用,所以经常用于实际颜色测量中。

3. 答:(1)垂直/45(记作0/45):照明光束的光轴和样品表面的法线之间的夹角不超过10°,在与样品表面法线成45°±5°的方向上观测。

(2)45/垂直(记作45/0):样品可以被一束或多束光照射,照明光束的轴线与样品表面法线间的夹角为45°±5°,观测方向和样品法线之间的夹角不应超过10°。

(3)垂直/漫射(记作0/d):照明光束的光轴和样品法线之间的夹角不超过10°,反射光借助于积分球来收集,照明光束的任一光线与照明光束光轴之间的夹角不超过5°。

(4)漫射/垂直(记作d/45):用积分球漫射照明样品,样品的法线和观测光束光轴之间的夹角不应超过10°。

4. 答:分光光度仪在结构上主要由光源、单色仪、积分球、光电检测器和数据处理装置等几个部分组成。

光源的作用:能发射稳定的、强度足够、光谱连续的辐射。

单色仪的作用:将来自光源的连续光辐射色散,并从中分离出一定宽度的谱带。

积分球的作用:受光时积分球内因呈充分的漫反射状态而通体照亮,从而提供一种相当均匀和稳定的漫射光照明样品。

光电检测器的作用:将接受到的辐射功率变成电流的转换器。

数据处理装置的作用:采集并处理数据,计算出各种要求的参数。

5. 答:传统的接触式颜色检测系统在检测颜色时,样品必须与测量仪器紧密接触,也就是说被测量的颜色物体必须放置在仪器的测量孔径上,并在测量时不能让孔径漏光,否则将无法得到准确的颜色数据。接触式颜色测量需要将产品从生产线上取下来进行检测,因而无法及时得到生产线上的实时颜色数据。同时,也无法测量常见较小的被测样品(如纱线)、粉状物体、不规则表面的被测物体、液体样品等。

非接触式颜色测量在进行颜色检测时,产品与检测仪器保持一定的距离,而且还可以在生产线上直接检测产品,突破了传统的颜色检测方式,对被测试样品的形状、大小和状态局限性小。另外,非接触式颜色测量对颜色数据的获取方式和计算方法也与接触式不同。

6. 答:颜色测量包括发光物体颜色的测量与不发光物体颜色的测量。不发光物体颜色测量又分为荧光物体颜色测量和非荧光物体颜色测量。

非荧光物体颜色的测量方法可分为目视测量和仪器测量两大类。

用仪器测量物体颜色时,由于测量方式的差异,又可把其分为接触式颜色测量和非接触式颜色测量。

根据测色仪器所获取色度值的方式不同,可将非荧光物体颜色测量方法分类为:光电积分测色法、分光光度测色法、在线分光测色法和数码摄像测色法。

目视测量方法是一种古老而基本的颜色测量方法,人眼具有敏锐地识别物体微小色差的能力,人们长期应用目视比较方法辨别或控制产品的颜色质量。但是由于观测人员的经验和心理、生理上的影响,使得该方法可变因素太多,并且无法进行定量描述,从而影响到评估的准确性和可靠性。但该方法简单灵活,是实际中应用最多的颜色测量方法。

7. 答:非接触式颜色检测系统可以检测非平面的产品,而且非接触检测系统的测量范围要宽泛得多,检测的准确度和精度也得到了极大的改善。非接触测量可以避开容器的影响,同时测量面积更大,还可以显著削弱样品排列方式对测量结果的影响,从而更易得到准确的颜色数据。另外,非接触式检测系统还可以检测湿样,如未干的涂料刮样等。

8. 答:DigiEye(数慧眼)数码摄像测色系统是一种非接触式数码图像分析系统,可用于全自动的色牢度评级与颜色测量。硬件包括一个特定的数码相机、专用样品影像颉取箱及经校准的高清晰度的 LED 荧屏。

DigiEye 系统的软件功能包括:

(1)在样品影像颉取箱的固定光照条件下,将相机的 RGB 输入信号转为 CIE 规格。

(2)经校准的 CRT 显示屏,显示准确的颜色和图像。

(3)以色度值及彩色光谱反射值来描述所捕捉的图像颜色。

(4)色彩模拟功能,建立代表性的结构数据库,并对指定结构进行模拟着色。

(5)按最新的 CIE DE2000 标准,在屏幕上测定色差与色牢度评级。其优点是:DigiEye 的自动色牢度评级功能可以改变纺织测试行业的人工评级的传统,测定的色牢度评级能与人工评级对比,并具有更高的稳定性。

第六章

1. 答:孟塞尔表色系统是以人的视觉为基础建立起来的,从表色原理来说,它是一种物体表面知觉色的心理颜色的属性。

实际中常常制作成大量的各种颜色的样卡,按照它们的颜色知觉属性,例如:色相、明度、彩度等,系统地排列起来制成图册,并附以适当的标记和编号,作为物体知觉色的标准。因此在实际中,可以把各种不同的颜色以孟塞尔标号,即用一组孟塞尔表色系统的参数来表示。

在这个坐标系中,每个颜色都对应着由色相、明度、彩度组成的圆柱坐标系中的点,并且色相、明度、彩度在视觉上都是等间隔的,而且色卡间的色差,是与这个颜色空间中两个颜色点之间的直线距离成比例的。

5R4/6:5R 为红色,明度中等,饱和度中等,所以它是一个中等深度和鲜艳度的红色。

N3:中等深度的灰色。

7G5/8:明度中等,饱和度中上,所以它是一个中等深度和鲜艳度的稍微带蓝光的绿色。

2. 答:(1)由附录二查得 $Y=30.05$ 时,$V_Y=5.9995$。

(2)利用 $V_Y=5$ 的图6-15 和 $V_Y=6$ 的图6-16,由内插法求色相和彩度。在图6-15中,色度坐标 $x=0.3927$,$y=0.1892$ 时,色相接近 $H=2.5$RP,彩度在20~22,估计为21.8。在图6-16中,色度坐标 $x=0.3927$,$y=0.1892$ 时,色相接近2.5RP,因小于0.25色差等级,所以定为2.5RP,彩度接近24。

(3)由上述结果可知:色相 $H=2.5$RP,在 $V=5$ 时,彩度 $C=21.8$,在 $V_Y=6$ 时,彩度 $C=24$,而该样品的 $V_Y=5.9995$,利用线性内差法,该样品的彩度 C 可由下式求得:

$$C=21.8+0.9995(24-21.8)=23.9999$$

(4)样品的孟塞尔标号为:2.5RP·5.9995/23.9999。

3. 答:1937年开始,美国光学学会(OSA)测色委员会,开始对原孟塞尔颜色系统的每个色卡进行了精确的测量,把所得到的结果精确地描绘于 $x-y$ 色度图上,并且在"即保持原来孟塞尔颜色系统在视觉上的等色差性,又使其从物理学的角度看,也没有什么不太合理之处"这样一个基本原则下,对孟塞尔表色系统做了修正,于1943年公布了新的经过修正的孟塞尔系统。我国称之为孟塞尔新标系统。孟塞尔新标系统与原来的孟塞尔表色系统具有完全不同的含义,每个色卡都标有CIEXYZ颜色系统的三刺激值和色度坐标。成了孟塞尔表色系统与CIEXYZ表色系统之间相互联系的桥梁。

由于孟塞尔表色系统为一均匀的颜色空间,经过修正以后的孟塞尔新标系统被赋予了CIEXYZ表色系统的参数,因而有了很多新的用途。例如可以检验各种不同颜色空间的均匀性。为了进行色差计算,常常需要把不均匀的CIEXYZ颜色空间转换成均匀颜色空间,而颜色空间均匀与否,是与色差评价结果密切相关的,因此人们都努力争取建立均匀的颜色空间,而颜色空间均匀与否,可以用孟塞尔表色系统来检验。其检验方法为:将相同明度而色相和彩度不同的孟塞尔色卡,根据每一色卡的(Y、x、y)表色值,求出新表色系统的表色值,然后将其绘于表色系统的坐标图上,根据图形的形状,则可以大体上判断出新颜色空间的均匀性。

第七章

1. 答:样品A的$\frac{K}{S}$值: $\frac{K}{S}=\frac{(1-\rho)^2}{2\rho}=\frac{(1-0.202)^2}{2\times0.202}=1.58$

样品B的$\frac{K}{S}$值: $\frac{K}{S}=\frac{(1-\rho)^2}{2\rho}=\frac{(1-0.182)^2}{2\times0.182}=1.84$

样品C的$\frac{K}{S}$值: $\frac{K}{S}=\frac{(1-\rho)^2}{2\rho}=\frac{(1-0.132)^2}{2\times0.132}=2.85$

可以根据彼此的 K/S 值大小比较A与B之间表面深度的深浅,B深于A。

根据彼此的 K/S 值大小不能比较 A 与 C、B 与 C 之间的深浅关系，因为彼此的色相不同。因此不能使用上述公式的计算值来比较彼此的深度。

2. 答：表面深度的测量，可以用于染料提深力的评价，也可以用来进行染料力份的测定，在进行染色牢度评价时，也常常有应用。因为染料的染色牢度往往是随着表面深度的变化而变化的。例如，耐日晒牢度。当用同一个染料对相同的纤维材料染色时，一般染料用量比较高的，染得比较深的织物，耐日晒牢度通常会高一些。表面深度低的，耐日晒牢度也相对较低。因此，在比较两个染料的耐光牢度时，通常应在相同深度下进行。否则，测量出的结果是没有意义的。

第八章

1. 答：分光光谱组成不同的两个颜色三刺激值，被判断为等色的现象，就是所谓的条件等色现象，也常称之为同色异谱。

2. 答：(1) 相关三刺激值的比：

$$f_X = \frac{X_{0D_{65}}}{X_{1D_{65}}} = \frac{41.70}{42.73} = 0.9759$$

$$f_Y = \frac{Y_{0D_{65}}}{Y_{1D_{65}}} = \frac{33.79}{33.19} = 1.0181$$

$$f_Z = \frac{Z_{0D_{65}}}{Z_{1D_{65}}} = \frac{16.08}{15.18} = 1.0593$$

(2) 校正三刺激值及条件等色指数 M 的计算：

样品 A 与样品 B 的条件等色指数：

$$X_{1A} = f_X X_{1A} = 0.9759 \times 60.02 = 58.57$$

$$Y_{1A} = f_Y Y_{1A} = 1.0181 \times 40.23 = 40.96$$

$$Z_{1A} = f_Z Z_{1A} = 1.0593 \times 5.35 = 5.67$$

条件等色指数 M_A 由 CIE1976$L^*a^*b^*$ 色差式计算。

将 $X_{0A} = 59.23$，$Y_{0A} = 40.25$，$Z_{0A} = 4.95$ 与 $X_{1A} = 58.57$，$Y_{1A} = 40.96$，$Z_{1A} = 5.67$ 代入计算公式得：

$$L_{0A}^* = 69.65 \qquad L_{1A}^* = 70.15$$

$$a_{0A}^* = 36.2 \qquad a_{1A}^* = 32.5$$

$$b_{0A}^* = 43.66 \qquad b_{1A}^* = 39.72$$

$$M_A = \Delta E = (\Delta L^{*2} + \Delta a^{*2} + \Delta b^{*2})^{1/2} = 5.43$$

样品 A 与样品 C 的条件等色指数：

$$X_{2A} = f_X X_{2A} = 0.9759 \times 57.27 = 55.89$$

$$Y_{2A} = f_Y Y_{2A} = 1.0181 \times 40.86 = 41.6$$

$$Z_{2A}=f_Z Z_{2A}=1.0593\times4.78=5.06$$

条件等色指数 M_A 由 CIE1976L*a*b*色差式计算。

将 $X_{0A}=59.23$,$Y_{0A}=40.25$,$Z_{0A}=4.95$ 与 $X_{2A}=55.89$,$Y_{2A}=41.6$,$Z_{2A}=5.06$ 代入计算公式得:

$$L^*_{0A}=69.65 \qquad L^*_{2A}=70.59$$

$$a^*_{0A}=36.2 \qquad a^*_{2A}=23.85$$

$$b^*_{0A}=43.66 \qquad b^*_{2A}=44.54$$

$$M_{2A}=(\Delta L^{*2}+\Delta a^{*2}+\Delta b^{*2})^{1/2}=12.42$$

从这里我们可以看出,试样 A 与试样 B 和试样 A 与试样 C,虽然在 D_{65} 照明体下具有相同的色差,但通过条件等色计算,两样品出现了完全不同的结果,样品 A 与样品 C 之间的色差在 A 光源下比样品 A 与样品 B 的色差大得多。

3. 答:光源导致条件等色造成的。

第九章

1. 答:计算机配色有三种方式。

(1)色号归档检索:以往生产的品种按色度值分类编号、存档,需要时输出,可以避免实样保存中的变褪色,但只是近似配方。

(2)反射光谱匹配:最完善的配色(无条件等色),但是计算复杂,不容易真正实现。

(3)三刺激值匹配:条件等色匹配,与光源和观察者关系密切。但却是计算机配色所采用的方式。

2. 答:测色与配色软件数据库中需要具有的资料:

(1)标准照明体 A、B、C、D_{65}、TL—84、CWF 等的光谱功率分布值。

(2)2°和 10°标准色度观察者光谱三刺激值 $x(\lambda)$、$y(\lambda)$、$z(\lambda)$。

(3)各种计算公式,如配方计算、配方修正公式、色差式、三刺激值计算、成本计算、反射率、白度、深度等。

配色基础资料包括浸染与轧染等不同染色方式的相关信息,如基材、染色程序、染料/助剂、空白染色、制定染色的浓度级数等。

3. 答:(1)由人目视检查。

(2)测量色样反射率。

(3)检查反射率曲线。

(4)检查浓度与 lg(K/S)的曲线。

(5)由已知配方确认结果。

(6)能持续地监测其效果。

第十章

一、单项选择题

1. D　2. A　3. B　4. D　5. C　6. C　7. A　8. A　9. B　10. A

二、判断题

1. √　2. √　3. ×　4. √　5. ×　6. √　7. √　8. √